Strömungsenergie und mechanische Arbeit

Beiträge zur abstrakten Dynamik und ihre Anwendung auf Schiffspropeller, schnelllaufende Pumpen und Turbinen, Schiffswiderstand, Schiffssegel, Windturbinen, Trag- und Schlagflügel und Luftwiderstand von Geschossen

Von

Paul Wagner
Oberingenieur in Berlin

Mit 151 Textfiguren

Springer-Verlag Berlin Heidelberg GmbH 1914

ISBN 978-3-642-50479-2 ISBN 978-3-642-50788-5 (eBook)
DOI 10.1007/978-3-642-50788-5

Softcover reprint of the hardcover 1st edition 1914

Vorwort.

Durch die im Herbst 1911 in Angriff genommene Arbeit über den „Wirkungsgrad von Dampfturbinenbeschauflungen“[1]) sah sich der Verfasser veranlaßt, gelegentlich der Erörterungen über die reine Überdruckturbine und die Expansionsdüsen, das Wesen der Entstehung von Energieströmungen in Mündungen und der Arbeitsübertragung von einer Strömung auf eine Maschine kritisch zu untersuchen. Das führte auf die einfachen Fragen, wie entstehen Bewegungsgröße $P = G\frac{c}{g}$ und mittlere Geschwindigkeit $\frac{c}{2}$ des Sekundenarbeitswertes $L = G\frac{c}{g}\frac{c}{2}$ einer Strömung und wie aus dieser wiederum der Sekundenwert der mechanischen Arbeit $L = Pu$ resp. ihre Treibkraft P und ihre Geschwindigkeit u. Bei näherer Betrachtung ergab sich, daß bei konsequenter Verfolgung der abstrakten Vorgänge die Berechnung mancher Formen der Energiewandlung mit weniger Mühe gefunden werden kann, als auf dem Wege der empirischen Forschung, d. i. über den Umweg der wissenschaftlichen Untersuchung der mehr oder weniger untergeordneten verlustbringenden Nebenerscheinungen. Die letztere Methode kennzeichnet im allgemeinen die gebräuchliche theoretische Behandlung von physikalisch-technischen Problemen, wobei das energetische Prinzip als ein Faktum in die Kalkulation eingeführt wird, ohne nähere Untersuchung der Frage, wie die meßbaren Äußerungen der Energieübertragung, Kraft und Bewegung, im Idealfall von einem Körper auf den anderen übergeleitet werden.

Die Resultate, die sich aus den angestellten Betrachtungen über die Energiewandlung in Düsen ergaben, und die durch das Gesetz von der Erhaltung der Energie bedingte Identität der Arbeitsübertragung von Wasser-, Luft- und Dampfströmungen nötigten zur Untersuchung weiterer Vorgänge, bei denen eine im wesentlichen geordnete Form der Strömungen vorliegt. In der Folge entstand im Sommer 1912 der Entschluß, diese Arbeiten, die von dem Thema

[1]) Der Wirkungsgrad von Dampfturbinenbeschauflungen. Berlin 1913. Verlag von Julius Springer.

der zuerst in Angriff genommenen zu weit abseits führten, als Buch für sich herauszugeben. Um dies mit einem gewissen Abschluß zu ermöglichen, wurde die Arbeit auf mehrere wichtige, den Inhalt des vorliegenden Buches bildende Vorgänge ausgedehnt, bei denen Strömungsenergie in mechanische Arbeit verwandelt wird oder der umgekehrte Prozeß stattfindet.

In anbetracht, daß für die Bearbeitung der einzelnen Probleme nur kurze Zeiträume zur Verfügung standen und es undurchführbar war, auch nur das wesentlichste der einzelnen Spezialliteraturen für die Bearbeitung zu Rate zu ziehen, ist es selbstverständlich möglich, daß manches bereits früher ebenso oder treffender gesagt worden ist. Da das Buch aber zweifellos auch in der vorliegenden Form viele neue Anregungen geben wird, erschien es ratsam, die unübersehbare Arbeit einer gewissenhaften Berücksichtigung alles bisher Geleisteten überhaupt auszuschalten.

Obgleich dem Verfasser die Mittel zur praktischen Erprobung von Mantelpropellern angeboten wurden, erschien es selbst auf das Risiko größerer Irrtümer hin ratsam, die dadurch eintretende jahrelange Verzögerung der Publikation zu vermeiden. Bis jetzt wurden daher überhaupt keine Versuche zur praktischen Bestätigung der Theorien, soweit sie Neues enthalten, unternommen. Da außerdem die Durchführung von Versuchen auf allen berührten Gebieten sowohl die mögliche Lebensarbeit eines Einzelnen, als auch das Interessengebiet einer einzelnen Industriefirma übersteigen würde, ergab sich ein weiterer Grund dafür, das Buch zu veröffentlichen wie es ist und so Vielen willkommene Anregung zur Weiterarbeit zu geben. Das Buch enthält, wie hiernach erklärlich, nur eine skizzenhafte Bearbeitung der einzelnen Gebiete. Deren mathematische Behandlung mag dem routinierten Mathematiker primitiv erscheinen, sie dürfte dafür aber auch dem weniger Begabten gestatten, den Abhandlungen zu folgen.

Bei der Bearbeitung des Abschnitts 69 wurde ein Irrtum erkannt, der dem Verfasser bei Erörterung der Strömungserscheinungen der Dampfdüse unterlaufen ist.

Die in Abschnitt 87 und in der Einleitung enthaltene Definition dynamischer Kräfte, als „relative Gewichtsäußerung von Körpern" ist erst entstanden, als der größte Teil des Buches bereits gedruckt vorlag. Es war daher nicht möglich, ihn dort noch einzuführen, obgleich seine konsequente Anwendung mancher Erörterung zu größerer Klarheit verholfen hätte.

Berlin, im November 1913.

Der Verfasser.

Inhaltsverzeichnis.

Seite

Ausflußmündungen für Wasser.

A. Ausfluß aus einfachen runden Öffnungen 1
1. Einteilung der Mündungsverluste in Strömungs- und Reibungsverluste 1
2. Energieverlust der Ausströmung einer Öffnung in dünner Wand . 2
3. Energiezunahme im Kontraktionsstrom 3
4. Entstehung des Gefäßrückdrucks 4
5. Zylindrische Mündung mit Verlängerung im Gefäß 4
6. Angenäherte Berechnung der Strömverluste innerhalb einer Öffnung in dünner Wand 5
B. Mündungsformen mit geringen Strömverlusten 8
7. Einfache verjüngte Mündungen 8
8. Einfluß der Änderung der Druckhöhe und Mündungslänge 14
9. Der Verlauf des Mündungsunterdruckes 16
10. Mündungen mit unrunden oder eckigen Querschnitten 17
11. Mündungen mit erweiterter Fortsetzung 17

Die Umwandlung von Strömungsenergie in mechanische Arbeit.

A. Geradlinige Bewegung 21
12. Arbeitsübertragung bei entgegengesetzt zur Ausströmrichtung bewegtem Gefäß 21
13. Maximal nutzbare Energie 50 % der verfügbaren 24
14. Möglichkeit voller Energieausnutzung durch Anwendung von Leitvorrichtungen 25
15. Verschwinden des Gefäßrückdruckes 28
16. Grundformeln der Arbeitsleistung im ganzen Überdruckgebiet . . . 30
Allgemeine Formel 31
a) Voller Überdruck in der Laufvorrichtung. Keine Leitvorrichtung (Fig. 26) 32
b) Leitvorrichtung für halbe Nutzgeschwindigkeit. Veränderlicher Überdruck (Fig. 27) 32
c) Leitvorrichtung für volle Nutzgeschwindigkeit. Veränderlicher Überdruck (Fig. 28) 33
d) Überdruckverhältnis gleich 0,5 (Fig. 29) 34
e) Veränderlicher Überdruck bei $c_e = w_2$ (Fig. 30) 36
f) Reine Druckwirkung mit vollkommener Umlenkung (Fig. 31) . . 37
g) Reine Druckwirkung mit halber Umlenkung (Fig. 32) 38
17. Leistungskurven der Grundformeln 39
18. Schlußfolgerungen 40

Seite

B. Kreisförmige Bewegung 41
19. Übergang von der geradlinigen Gefäßbewegung in die Kreisbewegung 41
20. Anwendung von Fall a auf die Axialturbine (Fig. 34 bis 36) . . 42
21. Reine Überdruckturbine ohne Eintrittbeschleunigung (Fig. 37 und 38) 45
22. Anwendung von Fall b auf die Axialturbine (Fig. 41) 47
23. Fall b ohne Eintrittbeschleunigung im Laufkanal (Fig. 44) . . . 51
24. Nachweis des Nutzverhältnisses aus der Druckverteilung in den Schaufeln 53
I. Für den Fall b mit Eintrittbeschleunigung im Laufkanal (Fig. 41a) 53
II. Für Fall b ohne Eintrittbeschleunigung im Laufkanal (Fig. 44a) 55

Strömung in Mündungen unter Wasser.

25. Einleitende Bemerkungen 57
26. Einfache konvergierende Mündung 57
27. Konvergent-divergente Mündung 59
28. Zylindrische Mündung 62
29. Grenzbedingung für die erreichbare Strömgeschwindigkeit 62
30. Ausflußrohre von Turbinen 65
31. Regelung von Turbinen durch Austrittsdrosselung 66
32. Nutzbare Arbeit und Durchflußmenge einer Axialturbine mit Dornregelung 67
33. Ideale Turbinenregelung 70

Freilaufende Schiffspropeller.

34. Die idealen Grundlagen des Schiffs-Schraubenantriebs 71
35. Das Nutzverhältnis der ortsfesten gemeinen Treibschraube 78
36. Über das Nutzverhältnis der Schraube bei gleichzeitiger Treibwirkung und Schiffsbewegung 90
37. Kritik des Schiffs-Schraubenantriebs 91
a) Einfluß der Flügelfläche 91
b) Einfluß des Flügelquerschnittes 93
c) Einfluß des Schiffsnachstroms 96
d) Strömungsbilder 97

Mantelpropeller.

38. Verbesserte Propellerformen 99
39. Gemeine Schraube mit zylindrischem Leitmantel 100
40. Ideale Einlauf-Leitvorrichtung 100
41. Einteilung der Mantelpropeller 104
I. Unterdruckpropeller 104
II. Druckpropeller 104
III. Überdruckpropeller 106
42. Umfangskraft und Drehmoment der idealen Arbeitsleistung . . . 108
43. Schematische Beispiele für Unterdruckpropeller 110
A. Propeller mit normalem Einlauf 110
B. Propeller mit Wasserrotation in der Drehrichtung u (erhöhte Steigung) 111
C. Propeller mit Wasserrotation entgegen der Drehrichtung (verminderte Steigung) 113
44. Schematische Beispiele für Druckpropeller 113
A. Propeller mit Axialbeschleunigung im Laufrad ohne Leitvorrichtung 113

Seite

B. Propeller mit Tangentialbeschleunigung im Laufrad und Austritt-Leitvorrichtung . . . 116
C. Propeller mit Beschleunigung im Laufrad und Eintritt-Leitvorrichtung 117
45. Energielose Erhöhung der Strömungsgeschwindigkeiten und Propellertourenzahlen . . . 118
46. Beispiele für Schiffsantrieb durch Mantelpropeller . . . 121
1. Beispiel. Torpedoboot von ca. 650 t Depl., 33 Sm/st, durch zwei Propeller getrieben . . . 121
2. Beispiel. Handelsdampfer von 15000 t Depl., 16 Sm/st, durch zwei Propeller getrieben . . . 125
3. Beispiel. Zweiwellendampfer von 2800 t Depl., 16 Sm/st . . . 127
4. Beispiel. Kleiner Schnelldampfer von ca. 2000 t Depl., 19,4 Sm/st, durch zwei Propeller getrieben . . . 128
5. Beispiel. Schnelldampfer wie Beispiel 4, für 20,4 Sm/st . . . 129
6. Beispiel. Lastkahn . . . 131
47. Bemerkungen über Nebenverluste . . . 132

Schnellaufende Wasserturbinen und Pumpen für kleine Gefälle.

48. Prinzip der Arbeitsübertragung . . . 133
49. Beispiel einer Schnelläuferaxialpumpe . . . 135
50. Beispiel einer Radialpumpe . . . 138

Der Strömungswiderstand untergetauchter Schwimmkörper.

51. Ähnlichkeit der Verdrängungsarbeit in Luft und Wasser . . . 142
52. Verdrängungsauftrieb . . . 143
53. Störende Wirkung des Verdrängungsauftriebs von Torpedogeschossen 144
54. Neigung der Torpedogeschützaxe . . . 145
55. Schwimmkörper mit geringem Verdrängungsauftrieb . . . 145

Der Strömungswiderstand von Schiffen.

56. Kennzeichen . . . 146
57. Verhältnis von Luftwiderstand zu Wasserwiderstand . . . 147
58. Die Grundlagen der Schiffswiderstandsarbeit . . . 148
59. Umwandlung der Verdrängungsarbeit in Wellenenergie . . . 151
60. Verdrängungswellen eines einfachen Körpers . . . 151
61. Verdrängungs- und Nachströmwellen von Schiffskörpern . . . 153
62. Seiten- und Tiefendruck sowie Hebewirkung der Wasserverdrängung 156
63. Trimmänderung . . . 158
64. Einfluß der Trimmlage bei wachsender Schiffsgeschwindigkeit . . . 159
65. Tiefendruckwirkung bei Gleitbooten . . . 160
66. Einfluß der Wassertiefe . . . 161
67. Schlußfolgerung über Schiffsformen . . . 161
68. Horizontalruder zur Dämpfung der Stampf- und Schlingerbewegung von Schiffen . . . 162

Die Ausströmung trockener Luft aus Mündungen.

69. Beziehungen zwischen Bewegungsgröße der Strömung und Gefäßrückdruck . . . 164
70. Kurve der spezifischen Durchflußmenge . . . 169
71. Näherungsformeln für die Beziehung zwischen Strömgeschwindigkeit und Druckabfall, sowie Vergleich mit der Hydraulik . . . 170

Seite

Schiffssegel.

72. Grundlagen der Arbeitsübertragung auf das Segel 173
73. Halber Wind 179
74. Am Wind 180
75. Viertel-Wind 182
76. Mit-Wind 183
77. Dreiviertel-Wind 186
78. Beziehungen zwischen Schiffsgeschwindigkeit, Antriebsgröße und Nutzverhältnis 188
79. Abtrift 191
80. Kritik der praktischen Segelformen 192
a) Einteilung der Segel 192
b) Luveigenschaften der Segel 192
c) Vorsegel 192
d) Rahsegel 193
e) Großsegel 193
81. Verbesserungsmöglichkeiten der Segelformen 194

Windturbinen.

82. Geringer Wirkungsgrad der Windmühlen- und Windradflügel . . . 195
83. Arbeitsvermögen von Windströmungen 196
84. Windturbine mit Leitvorrichtung 197
85. Künstliche Steigerung der Arbeitsgeschwindigkeiten 202
86. Beispiel einer Windturbine 205

Trag- und Schlagflügel.

87. Die Grundlagen der Arbeitsleistung beim Flug 210
88. Die Erzeugung der Tragarbeit 217
89. Flug- und Steuereigenschaften der Aeroplane 223
90. Der Vogelflug 225
91. Erhöhung der Manövrierfähigkeit von Aeroplanflügeln 229
92. Gyroskopwirkungen der Propellerflügel 230

Der Luftwiderstand von Geschossen.

93. Begriffserklärung der Geschosse und Schwimmkörper 231
94. Prinzip der Entstehung der Luftbewegungsarbeit 232
95. Trennung der Gesamtarbeit in Strömungs- und Reibungsarbeit . . . 234
96. Luftverdrängungsarbeit 234
97. Nachströmarbeit 241
98. Darstellung der Strömung hinter einem glatt abgeschnittenen Geschoß 241
99. Nachströmarbeit hinter einem zugespitzten Geschoßende 243
100. Luftwellenwirkung der Verdrängungs- und Nachströmarbeit 247
101. Ausnutzung der Verdrängungsarbeit für die Nachströmung 247
102. Mittel zur Erhaltung der Geschoßaxenrichtung 249
103. Reibungskoeffizienten für Luft 250
104. Kritik der Kurvenwerte 252

Einleitung.

Die Lehren der abstrakten Hydraulik gehen von der Voraussetzung reibungs- und wirbelfreier Strömungen aus. Diese Voraussetzung widerspricht zwar nach dem ersten Hauptsatz der Energetik der Möglichkeit einer Energieaufnahme oder Arbeitsabgabe durch eine Flüssigkeit, gestattet aber eine exakte mathematische Formulierung der idealen Arbeitswandlung in allen Fällen, in denen eine Strömung in begrenzten Querschnitten verläuft. Auch bei solchen Vorgängen, bei denen ein großer oder der größte Teil der verfügbaren Energie nach dem zweiten Hauptsatz der Energetik umgewandelt wird, d. h. auf die beabsichtigte Wirkung bezogen in Arbeitsverluste übergeht, scheint die abstrakte Untersuchung des Vorganges besser geeignet, die Erkenntnis der Gesamtwirkungen zu fördern, als die rein empirische Untersuchung der Verluste.

Mechanisch nutzbar ist nur diejenige Energieaufnahme einer Flüssigkeit oder eines Gases, die sich in einer Druckerhöhung gegenüber der Umgebung äußert. Die Art der Energiezufuhr zur Flüssigkeit ist gleichgültig. Die Möglichkeit der Arbeitsabgabe der Flüssigkeit oder des Gases wird dadurch erreicht, daß man deren potentielle oder Druckenergie $E = \frac{p}{\gamma} = H$ in kgm/kg für Flüssigkeiten und $E = \frac{h}{A}$ in kgm/kg für eingeschlossene Gase in kinetische oder Strömungsenergie $L = G \frac{c}{g} \frac{c}{2}$ in kgm/sk überführt, wo p die mittlere Druckdifferenz vor und hinter der Strömungsmündung in kg/m², γ das spezifische Gewicht in kg/m³, H das Flüssigkeitsgefälle in m, h das Wärmegefälle in WE/kg, $A = \frac{1}{427}$ das mechanische Wärmeäquivalent, G das Gewicht der Strömungsmenge in kg/sk, $g = 9{,}81$ m/sk die Erdbeschleunigung und c die ideale, d. h. verlustfrei gedachte Strömungs-Endgeschwindigkeit (Beschleunigung) bedeuten. Die Umwandlung ist von einer Geschwindigkeitsbeschleunigung, also von einer Querschnittveränderung der Strömung begleitet. Diese ist nicht denkbar, ohne eine Ortsverschiebung sowohl der Strömungsteilchen gegeneinander, als auch gegenüber den Strömungskanalwänden. Da nun sowohl innerhalb der Strömung, als auch zwischen dieser und den Strömungswänden ein Druck herrscht, müssen aus dem Produkt Druck $\times$ Relativgeschwindigkeit $\times \mu$ (Reibungskoeffizient) Arbeitswerte entstehen, die als Verluste in Erscheinung treten. Diese Arbeitswerte äußern sich in einer teilweisen Rückwandlung der freiwerdenden kinetischen Energie in Wärme, d. h. die Ursprungsform jeder Strömungsarbeit, soweit solche hier in Betracht kommt.

Bei Untersuchungen im Gebiet der abstrakten Hydraulik wird gewöhnlich vorausgesetzt, daß zwar die Strömung und ihr idealer Arbeitswert vorhanden sind, die Verluste aber nicht eintreten. Daraus würde folgen, daß der Druck, welcher die Verlustarbeit bedingt, nicht vorhanden ist. Eine Flüssigkeit, die diese Eigenschaft haben würde, ist nur denkbar, wenn sie der Erdbeschleunigung nicht unterworfen, also gewichtslos wäre. Damit entfällt aber für sie die Möglichkeit, Arbeit in unserem Sinne aufzunehmen oder abzugeben.

Trotz dieses physikalischen Defektes baut sich die gesamte Dynamik der Flüssigkeiten und Gase auf der Voraussetzung einer idealen Strömung auf, d. h. einer solchen, bei der keine Molekularverluste eintreten. Das mit Recht; denn es sind weder die Gesetze der Molekularverluste, die zwischen einer Strömung und einer festen Wand auftreten, noch die, welche zwischen einzelnen Strömungsschichten entstehen, bekannt. Man ist darauf angewiesen, sie empirisch durch die Differenzen zwischen den meßbaren wirklichen Geschwindigkeiten und Bewegungsgrößen und deren idealen, durch Rechnung zu ermittelnden Werten annähernd zu bestimmen. Durch Korrekturkoeffizienten, die daraus gewonnen werden, ist es möglich, die aus dem gedachten idealen Strömungsvorgang abgeleiteten Formeln dem tatsächlichen Vorgang anzupassen und dadurch für die praktische Berechnung brauchbar zu machen.

Da man sich den abstrakten Vorgang der Energiewandlung nicht als einen solchen vorstellen kann, bei dem die übertragende Materie reibungsfrei gedacht wird, kann er der begrifflichen Auffassung nähergebracht werden, wenn man von der Annahme reibungsfreier Bewegung absieht, und ihn als einen Vorgang bezeichnet, bei dem die Molekularverluste vernachlässigt werden.

In diesem Buch ist ebenso, wie in dem im Vorwort erwähnten, die Anwendung des Ausdruckes „Masse eines Körpers“, in der Regel durch das Symbol $m = \frac{G}{g}$ bezeichnet, vermieden worden. Das ist nicht ohne Absicht geschehen, weil weder das zweideutige Wort Masse, noch der Ausdruck $m = \frac{G}{g}$ unserem Begriffsvermögen faßbar sind.

Ein durch Vergleichsgrößen meßbarer Wert, wie das Gewicht G, läßt sich wohl durch absolute Zahlen, d. h. Verhältniswerte, wie z. B. das Beschleunigungsverhältnis $\frac{c}{g}$ oder $\frac{k}{g}$, teilen oder mit ihnen multiplizieren, nicht aber durch eine Beschleunigung an sich.

Der Ausdruck Masse: $m = \frac{G}{g}$ bezeichnet nichts als den Beschleunigungszustand, in dem jede Gewichtsäußerung eines Körpers Null wird. Damit ist es offenbar, daß er keine meßbare Größe ist. Bedingt meßbar, d. h. für feste Körper, ist nur der Wert g. Man ist daher zur Bestimmung der Größenordnung von m darauf angewiesen, dieses auf den Ruhestand zu beziehen, wo G eine präzise meßbare Größe wird. Damit bleibt m eine Funktion des Ruhegewichtes, und seine Einführung, noch mehr aber die dafür gewählte Bezeichnung Masse, erschweren lediglich die begriffliche Auffassung des physikalischen Vorganges. Dieser wird dem Verständnis näher gebracht, wenn man, wie ausführlich in Abschnitt 87 dargelegt, die Kraft P, die zu einer Änderung des Bewegungszustandes eines Körpers, d. h. zu einer Beschleunigung oder Verzögerung desselben erforderlich ist, als relative Gewichtsäußerung des bewegenden oder tragenden Körpers und die ihr entgegenstehende gleichgroße Kraftäußerung des bewegten Körpers als dessen Relativgewicht bezeichnet. Damit ergibt sich der dynamische Kraftbegriff als die durch ein Verhältnis der Bewegungsänderung verminderte oder vermehrte relative Gewichtsäußerung zweier Körper, im Gegensatz zum absoluten oder Ruhegewicht derselben. Da die resultierende relative Gewichtswirkung nicht nur erdradial, sondern in jeder beliebigen Richtung auftreten kann, folgt, daß auch der Ausdruck „Anziehungskraft der Erde" (für das Ruhegewicht üblich) im physikalischen Sinn möglicherweise eine Erweiterung oder Umdeutung erfahren muß.

Ausflußmündungen für Wasser.

A. Ausfluß aus einfachen runden Öffnungen.

1. Einteilung der Mündungsverluste in Strömungs- und Reibungsverluste.

Es ist aus vielen Versuchsergebnissen, hauptsächlich denen von Weisbach, bekannt, daß Ausflußmündungen von untereinander gleichem engsten Querschnitt, aber verschiedener Form, für Wasserausfluß unter sonst gleichen Bedingungen verschiedene Ausflußmengen liefern, die für die einzelnen Mündungsformen im voraus mit einiger Sicherheit an Hand dieser Versuchsresultate bestimmt werden können. Das Verhältnis der gelieferten zur idealen Menge, welches sich für eine bestimmte Mündungsform ergibt, variiert außerdem etwas mit Veränderung der Druckhöhe, unter der das ausfließende Wasser steht, und auch mit der konstruktiven Dimensionierung von Gefäß und Mündung, sowie der Glätte der Reibungsfläche der letzteren und der Temperatur des ausfließenden Wassers.

Indem für einen bestimmten Querschnitt die von der Mündungsform abhängige Mengenänderung auch eine Geschwindigkeitsänderung der Strömung bedingt, folgen daraus auch Variationen der Energieverluste bei den verschiedenen Mündungsarten. Diese Unterschiede sind so groß, daß schon dadurch ihre Entstehung durch reine Reibungsverluste ausgeschlossen erscheint. Je größer die Verluste sind, ein desto geringerer Prozentsatz kann auf Rechnung der unkontrollierbaren Reibungswerte gesetzt werden. Der Rest ist in reinen Strömungsverlusten zu suchen, auf die hier näher eingegangen werden soll. Diese Verluste hängen lediglich von der Mündungsform ab. Sie können durch günstige Formen so reduziert werden, daß ihr Betrag inklusive der Reibungsverluste in die Nähe von $1\,^0/_0$ kommt.

Die Strömungserscheinungen, die an vielen der in Summa möglichen Mündungsformen auftreten, verdienen allerdings zum großen Teil nur vom physikalischen Standpunkt aus Beachtung. Hier werden sie nur so weit erörtert, als sie in einfachster Form den Zusammenhang zwischen der Mündungsform und dem Nutzverhältnis der Ausströmung zu demonstrieren gestatten und weiterhin mit Rücksicht auf die wirtschaftliche Verwendbarkeit der Mündungen.

Für die Untersuchung eignen sich Mündungen von kreisförmigem Querschnitt am besten, weil diese wegen der zur Strömungsachse allseitigen Symmetrie am günstigsten wirken. Aus diesem Grunde sollen nur solche betrachtet werden. Es sei angenommen, daß der Mündungsquerschnitt im Verhältnis zum Gefäßquerschnitt vernachlässigbar klein ist. Die Wasserstandshöhe im Gefäß soll konstant gehalten werden, aber ohne daß die zugeführte Wassermenge einen Strömungsdruck auf die Mündung ausübt. Letztere steht dann, auf den Mündungsmittelpunkt bezogen, nur unter der Druckhöhe des Gefäßes $H = \frac{p_1}{\gamma}$, wenn p_1 die hydrostatische Pressung in kg/m² und γ das spezifische Gewicht des Wassers in kg/m³ ist.

Nach dem Fallgesetz ist die angenäherte Ausflußgeschwindigkeit aus einer Öffnung in vertikaler Gefäßwand:

$$c = \sqrt{2\,g\,H} = \sqrt{2\,g\,\frac{p_1}{\gamma}},$$

womit, wie auch bei den weiteren Rechnungen, der Einfluß der Druckhöhenänderung zwischen Ober- und Unterkante der Mündung vernachlässigt wird.

Die sekundlich ausfließende Menge ist:

$$G = F\,c\,\gamma \text{ in kg},$$

wenn F in m^2 den kleinsten Mündungsquerschnitt bezeichnet.

Gegenüber diesem idealen Wert G kann die wirklich ausfließende Wassermenge, auf F bezogen, kleiner oder größer werden, abhängig von der Mündungsform. Dem wird durch Einführung des Ausflußkoeffizienten μ Rechnung getragen. μ drückt die Summe alle Einflüsse aus, die eine Änderung der idealen Menge und folglich der Ausflußgeschwindigkeit zur Folge haben. μ wird gleich 1 gesetzt, wenn die Ausflußmenge der idealen entspricht.

Es wird zunächst untersucht, wie weit mit der Änderung von μ ein Energieverlust verbunden ist.

2. Energieverlust der Ausströmung einer Öffnung in dünner Wand.

Die Mündung wird in einer Vertikalwand des Gefäßes (Fig. 1) angenommen, und zwar mit scharfer Kante, wie die Figur 3 zeigt. Für solche Mündungen (s. Hütte) hat man bei geringer Druckhöhe $\mu = 0{,}62$ gefunden.

Die wirkliche Ausflußmenge ist also

$$G' = \mu G.$$

Demnach muß auch die wirkliche Ausflußgeschwindigkeit in der Mündung $c' = \mu c$ sein. Die Bewegungsgröße der Strömung und der gleich große Gegendruck, den die mit der Geschwindigkeit c strömende Menge G am Gefäße frei werden läßt, ist

$$P_r = \frac{G}{g} c = \frac{F c \gamma}{g} \sqrt{2 g \frac{p_1}{\gamma}} = 2 p_1 F,$$

und ihr Arbeitsvermögen

$$L = \frac{G}{g} \frac{c^2}{2} = p_1 F c.$$

Diese Werte gehen für die Mündung in dünner Wand über in

$$P_r' = \frac{G'}{g} c' = \mu^2 \frac{G c}{g} = \mu^2 P_r = \mu^2 \, 2 p_1 F$$

und

$$L' = P_r' \frac{c'}{2} = \frac{G'(c')^2}{2g} = \mu^3 \frac{G c^2}{2g} = \mu^3 p_1 F c$$

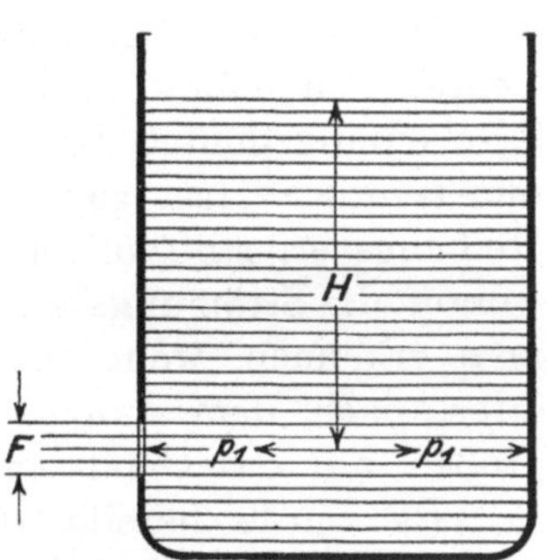

Fig. 1. Wassergefäß mit Ausströmmündung in dünner vertikaler Wand.

3. Energiezunahme im Kontraktionsstrom.

Aus $P_r = 2 p_1 F$ ergibt sich, daß die Bewegungsgröße und ihr hydrostatischer Gefäßgegendruck im Idealfall doppelt so groß sind, als der hydrostatische Druck $p_1 F$, der im Innern des Gefäßes auf die Mündungsprojektion F entfällt. Mit obenerwähntem Ausflußkoeffizienten $\mu = 0{,}62$ würde sich dagegen ergeben $P_r' = 0{,}384 \cdot 2 p_1 F$ und $L' = 0{,}238 \, p_1 F c$. Es zeigt sich also, daß bis zur Mündungsebene nur $23{,}8\,\%$ der idealen Strömungsenergie und auf die wirklich ausströmende Menge G' bezogen, d.i. $L'' = \frac{G'}{g} \frac{c^2}{2}$, nur $38{,}4\,\%$ frei werden. Die Bewegungsgröße in der Mündungsebene F wird mit $P_r' = 0{,}384 \cdot 2 p_1 F$ sogar kleiner als der hydrostatische Mündungsdruck $p_1 F$. Da dieser unbedingt vorhanden ist, ergibt sich aus $p_1 F - P_r'$ in der Mündungsebene ein nach außen gerichteter Überdruck, der ohne weiteres als eine Ursache der Kontraktionserscheinung zu erkennen ist. Dieser Überdruck bewirkt eine Weiterbeschleunigung der Strömung nach Verlassen der Mündung, woraus sich durch die Kontinuitätsbedingung die als Kontraktion bezeichnete Einschnürung des Wasserstrahls ergibt. Im Kontraktionsquerschnitt folgt daraus ein größeres Arbeitsvermögen als L'.

Die weitere Untersuchung der Vorgänge außerhalb der Mündung unterbleibt, da sie lediglich vom physikalischen Standpunkt interessiert. Für die Technik kann eine solche Einrichtung als Teil einer Energieübertragung, als zu verlustreich, nicht in Frage kommen.

4. Entstehung des Gefäßrückdrucks.

Wie bekannt, gibt es Mündungsformen, die einen Ausflußkoeffizienten von nahezu 1, d. h. fast verlustfreie Strömung liefern. Diese Erscheinung deutet darauf hin, daß bei solchen Mündungen die Strömungsverluste fast ganz verschwinden und im wesentlichen nur noch Reibungsverluste auftreten. Es ist daher wichtig, zu untersuchen, worauf die Strömungsverluste zurückzuführen sind. Die Ursache kann man erkennen, wenn man der Bewegungsgröße der Strömung und ihrer, nach dem Axiom der Kräftepaare notwendigerweise gleichgroßen, auf das Gefäß wirkenden Gegenkraft nachgeht.

Es wurde bereits erwähnt, daß bei idealer Ausströmung der Strömungsdruck oder die Bewegungsgröße P_r doppelt so groß ist als der hydrostatische Mündungsdruck $p_1 F$. Eine Hälfte der Gegenkraft P_r wird also hierdurch am Gefäß erzeugt, die zweite Hälfte dagegen entsteht dadurch, daß in der inneren Mündungsumgebung durch die Strömungsbeschleunigung ein Unterdruck unter die auf der gegenüberliegenden Gefäßwand lastende Pressung eintritt. Dieser Unterdruck kann durch mehr oder weniger günstige Mündungsformen beeinflußt werden, und zwar so weit, daß er sogar positive Werte annimmt, d. h. in einen Überdruck über den auf der gegenüberliegenden Gefäßprojektion lastenden hydrostatischen Druck verwandelt wird.

5. Zylindrische Mündung mit Verlängerung im Gefäß.

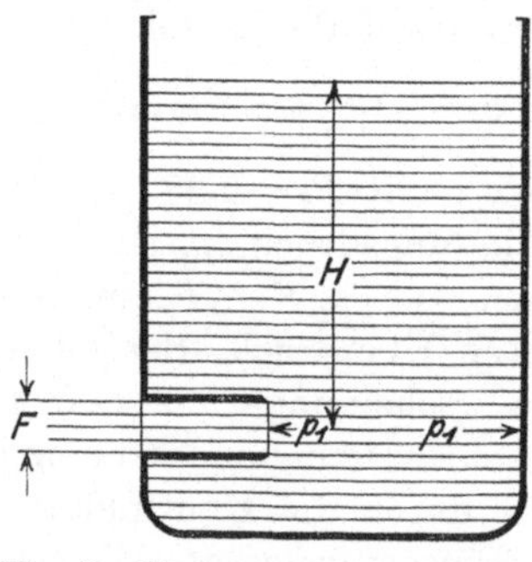

Fig. 2. Wassergefäß mit innen liegender, zylindrischer, dünnwandiger Mündung.

Ein Beispiel für diesen letzten Fall scheint die Mündung mit innerem zugeschärften zylindrischen Rohransatz (Fig. 2) zu bieten, die nach „Hütte" ein $\mu = 0{,}5$ ergibt. Es ist bei dieser Mündung leicht einzusehen, daß mit genügender Entfernung des Mündungeinlaufs vom Auslauf die Strömungsgeschwindigkeit und damit der Unterdruck an der die Mündung umgebenden Wand innen praktisch Null wird. Wenn μ tatsächlich den Wert 0,5 annimmt, wird $G' = \mu G = 0{,}5\, G$ und $c' = \mu c = 0{,}5\, c$; also $P_r' = 0{,}25\, P_r$, d. h.

der Strömungsrückdruck wird nur halb so groß als der hydrostatische Mündungsdruck. Der Unterschied gegenüber dem Wert $P_r' = 0{,}384 P_r$ für die Mündung in dünner Wand, erklärt sich in der Hauptsache dadurch, daß ein Teil des der inneren Mündung zuströmenden Wassers entgegengesetzt zur Ausströmrichtung wirkende Komponenten hat. Die Umlenkungskraft dieser Bewegungsgrößen absorbiert offenbar einen weiteren Betrag der entstehenden Ausflußbeschleunigung und demnach deren Rückdruck auf das Gefäß und kann somit als Überdruck über den auf der gegenüberliegenden Gefäßwand lastenden Ruhedruck angesehen werden.

6. Angenäherte Berechnung der Strömverluste innerhalb einer Öffnung in dünner Wand.

Um die Bedeutung, die der Mündungsform zur Erzielung einer möglichst verlustfreien Bewegungsgröße zukommt, mehr hervorzuheben, soll versucht werden, die Strömungsvorgänge, die sich im Innern des Gefäßes bis zur Mündungsebene abspielen, an der einfachen Öffnung in dünner Wand durch eine angenäherte Rechnung zu verfolgen.

Die Reibungsverluste bleiben dabei unberücksichtigt, ebenso die bei vertikaler Mündungsebene innerhalb dieser tatsächlich vorhandene Änderung der hydrostatischen Druckhöhe.

Fig. 3 sei ein Horizontalschnitt durch die Mündung.

Man kann sich vorstellen, und zwar der Wirklichkeit nahekommend, daß das Wasser der Mündung in zentral zum Mittelpunkt der Ausströmebene $F = r^2\pi$ gerichteten Fäden zuströmt. Die einzelnen Stromfäden behalten diese Richtung, bis sie auf der Oberfläche einer

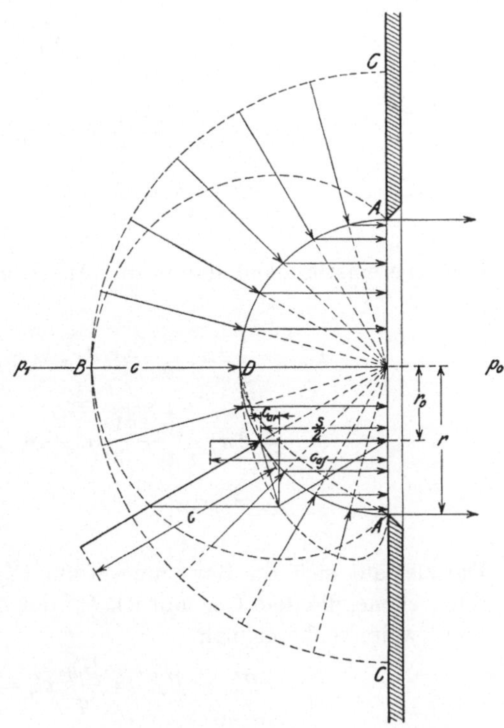

Fig. 3. Zuströmung von Wasser zu einer Mündung in dünner Wand.

gedachten Halbkugel vom Radius r der Mündungsfläche ankommen. Von da ab lenken sie sich gegenseitig, vom zentralen Faden ausgehend, der seine Richtung behält, parallel zu diesem nach der Mündung hin gerichtet, ab.

Die Geschwindigkeitskomponente, die danach jeder Stromfaden in der Mündungsebene liefert, ist gegeben durch:

$$c_{af} = c\frac{s}{2r},$$

wobei $c = \sqrt{2g\frac{p_1}{\gamma}}$ und $\frac{s}{2} = \sqrt{r^2 - r_0^2}$ ist, wenn r_0 den Abstand des betrachteten Stromfadens vom Mündungsmittelpunkt bezeichnet.

Die Integration aller c_{af} ergibt demnach den Mittelwert:

$$\begin{aligned} c'_{af} &= \int_0^r \frac{2\pi}{F}\frac{s}{2}\frac{c}{r} r_0 dr_0 \\ &= \frac{2\pi}{F}\frac{c}{r}\int_0^r r_0\sqrt{r^2 - r_0^2}\, dr_0 \\ &= \frac{2\pi}{F}\frac{c}{r}\left[-\frac{1}{3}(r^2 - r_0^2)\sqrt{r^2 - r_0^2}\right]_0^r \\ &= \frac{2}{3}c\frac{\pi r^2}{F} = \frac{2}{3}c \end{aligned}$$

und übereinstimmend damit die Ausströmmenge:

$$\begin{aligned} G'_{af} &= \int_0^r 2\pi\gamma\frac{s}{2}\frac{c}{r} r_0 dr_0 \\ &= 2\pi\gamma\frac{c}{r}\left[-\frac{1}{3}(r^2 - r_0^2)\sqrt{r^2 - r_0^2}\right]_0^r \\ &= \frac{2}{3}Fc\gamma. \end{aligned}$$

Daraus läßt sich die Bewegungsgröße P'_{af} der Zuströmung zur Mündungsebene, die dem Gegendruck P_r'' der Ausströmung gleich sein muß, ohne weiteres berechnen:

$$P'_{af} = P_r'' = \frac{G'_{af}}{g} c'_{af} = \frac{8}{9} F p_1,$$

wenn man $c = \sqrt{2g\frac{p_1}{\gamma}}$ einsetzt.

P_r'' ist demnach kleiner als der hydrostatische Mündungsdruck, woraus zunächst zu schließen ist, daß an der Innenseite AC, der die Mündung umgebenden Gefäßwand, kein Unterdruck, d. h. keine Strömung entsteht.

Dem entspricht auch die über die Zuströmung gemachte Annahme insofern, als der Raum vom Querschnitt $ADABA$, der nach Fig. 3 das Zuströmgebiet darstellt, die Gefäßwand nur an der Ausströmkante berührt.

Die nach dieser Rechnung gefundenen Werte von c'_{af} und G'_{af} sind etwas größer als die früher erwähnten, empirisch ermittelten c' und G'. Die Differenz zwischen beiden ist, abgesehen von den unbeträchtlichen Reibungsverlusten, darauf zurückzuführen, daß durch die Umlenkung der Wasserfäden aus der zentralen in die parallele Strömungsrichtung ein Druckverlust und damit auch ein Geschwindigkeitsverlust entsteht.

Nach dem angenommenen Schema der Zuströmung würde die axiale Geschwindigkeitskomponente der für die Umlenkung erforderlichen Bewegungsgröße gegeben sein durch $c_{ar} = c_{af} - \frac{c_{af}^2}{c}$. Der Einfluß von c_{ar} auf c_{af} und damit auch auf G_{af} ist nicht eindeutig bestimmbar, so daß hier weitere Annahmen gemacht werden müßten. Die fernere Verfolgung des Vorgangs soll jedoch unterbleiben, weil es wesentlich nur darauf ankam, nachzuweisen, daß auf der inneren Mündungswand kein Unterdruck entsteht, solange die Kontraktionsbeschleunigung unberücksichtigt bleibt.

Es sei noch darauf hingewiesen, daß ohne Berücksichtigung der für die Umlenkung aufzuwendenden Druckhöhe die Mündungsebene noch der durch die Linien ABC im Schnitt symbolisch dargestellten Drucksphäre ausgesetzt ist. Diese wirkt am stärksten nach dem Umfang der Mündung hin und hat durchweg eine zentrale Komponente, die dem Wasser die nach dem Kontraktionsquerschnitt hin konvergierende Richtung erteilt und im übrigen eine Geschwindigkeitserhöhung des Wassers nach Verlassen der Mündung bewirkt.

Nach dem angenommenen Strömungsschema hat das Wasser, über die Mündungsebene verteilt, eine variable Austrittsgeschwindigkeit. Der zentrale Wasserfaden erreicht die volle Geschwindigkeit c, und nach dem Mündungsrand hin nimmt die Geschwindigkeit ab bis zum Wert Null. Das für die Weiterbeschleunigung nach Verlassen der Mündung verfügbare Druckgebiet ABC hat auf den zentralen Wasserfaden keinen Einfluß, dagegen nimmt seine Wirkung nach dem Rand der Mündung hin zu. Es dürfte sich demnach bei diesbezüglichen Untersuchungen ergeben, daß die Kontraktionsbeschleunigung hauptsächlich in den äußeren Partien des Strahles stattfindet, während im zentralen Faden durch die Reibungsverzögerung bis zum Kontraktionsquerschnitt eher eine Abnahme der Mündungsgeschwindigkeit zu erwarten ist.

B. Mündungsformen mit geringen Strömverlusten.

7. Einfache verjüngte Mündungen.

Aus vorstehendem geht hervor, daß bei der Konstruktion von Mündungen und Kanälen, deren Zweck die Umsetzung einer gegebenen Druckhöhe in Strömungsgeschwindigkeit ist, Formen angestrebt werden müssen, die eine möglichst vollkommene Erzeugung des Unterdruckes gewährleisten. Die Entstehung einer Strömungsgeschwindigkeit erfordert Zeit und damit eine gewisse Weglänge. Es ist daher schon durch die Tatsache, daß eine einfache Öffnung in der Strömungsrichtung praktisch die Weglänge Null hat, begründet, daß sie den Bedingungen einer vollkommenen Energiewandlung nicht genügen kann. Auch rein zylindrische Mündungen oder nach außen divergierende mit scharfen Einlaßkanten können die Bedingungen nicht erfüllen, sondern nur solche, deren Ein- resp. Auslaßquerschnitte den Strömungsgeschwindigkeiten Null resp. c annähernd, mit allmählichem Übergang zwischen beiden, entsprechen. Wahrscheinlich ist nicht nur der Anfangs- und Endquerschnitt des Strömungsverlaufs, sondern auch die Strömungsbeschleunigung im gesamten Mündungsweg von Einfluß auf das Nutzverhältnis des Vorgangs. Das gilt in gleicher Weise für die Umkehrung, d. h. die Verwandlung von Geschwindigkeit in Druckhöhe.

Man kann somit aussprechen, daß die Mündungs*form* ausschließlich für die Entstehung des Unterdruckes $\frac{P_r}{2}$ an der Mündungswand, d. h. für die Höhe des Gütegrades der Ausströmung verantwortlich ist.

Dieser dürfte, von den Reibungsverhältnissen abgesehen, dem Höchstwert am nächsten kommen, wenn über den ganzen Strömungsquerschnitt, also auch an der Mündungswand selbst, eine Strömungsbeschleunigung von 0 bis c, d. h. eine Druckabnahme von p_1 bis 0 eintritt.

Daraus folgt, daß jede, nach dem Austritt hin sich kontinuierlich verjüngende Mündung hierzu mehr oder weniger geeignet ist.

Im Idealfall, wenn die Zonen gleicher Geschwindigkeit ebene Flächen sind, nimmt in einer solchen Mündung die Strömungsgeschwindigkeit auf Grund der Kontinuität $Fc = \frac{G}{\gamma}$ mit dem Quadrat des umgekehrten Verhältnisses der Durchmesser der Strömungsquerschnitte zu. In einem beliebigen Querschnitt der Mündung stellt sich also eine Geschwindigkeit

$$c_x = c\left(\frac{d}{d_x}\right)^2$$

ein, entsprechend einem Druckabfall

$$p_x = p_1\left(\frac{c_x}{c}\right)^2 = p_1\left(\frac{d}{d_x}\right)^4.$$

Die kinetische Energie der Zuströmung nimmt demnach sehr schnell ab. Sie beträgt z. B. bei einem Zuflußdurchmesser gleich dem dreifachen des Ausflusses nur $^1/_{81}$ der Ausströmenergie und bei vierfachem Verhältnis nur $^1/_{256}$. Bei den Querschnitten, die mehr als den dreifachen Mündungsdurchmesser haben, kann also die Formgebung bereits keinen über 1,24 $^0/_0$ hinausgehenden Verlust verursachen.

Die ideale Mündung ist die, bei der, auf die Projektion senkrecht zur Strömung bezogen, das an der Gefäßwand entlang fließende Wasser seinen Druckabfall kontinuierlich bis zum Wert $p_1 = \frac{c^2\gamma}{2g}$ steigert.

Wenn r wieder der Radius der Mündungsöffnung ist, müßte bis zum Abstand r_x eine Geschwindigkeitszunahme auf c_x, d. h. eine Druckabnahme $p_x = p_1\left(\frac{r}{r_x}\right)^4$ eintreten.

Die Integration des gesamten auf der Projektion der Mündungswand entstehenden Unterdrucks ergibt dann:

$$\frac{P_r}{2} = \int_r^\infty 2\pi p_x r_x dr_x$$

$$= 2\pi p_1 r^4 \int_r^\infty \frac{dr_x}{r_x^{\,3}}$$

$$= \pi r^2 p_1 = F p_1,$$

d. i. die gesuchte Größe, die zusammen mit dem gleichgroßen hydrostatischen Mündungsdruck das Äquivalent des Strömungsdruckes $2 F p_1$ bildet und diesen als äußere Gegenkraft auf das Gefäß wirkend in die Erscheinung treten läßt. Die Formel läßt in Übereinstimmung mit dem früher Gesagten die Mündungslänge außer Betracht. Es ist also auch hierdurch ausgedrückt, daß die Mündungsform verschieden sein kann. Dabei muß betont werden, daß der Unterdruck $\frac{P_r}{2}$ nicht Ursache, sondern Wirkung der Strömungsbeschleunigung ist und daß er sich dem Idealwert Fp_1 um so mehr nähern wird, je geringer deren Umlenkungsverluste sind.

Diese Überlegung führt zu dem anderen Extrem, Mündungen so zu formen, daß die Umlenkungsarbeit der Zuströmung möglichst Null, die Strömungsgeschwindigkeit an der Mündungswand möglichst groß wird. Eine lange, schwach konisch geformte Mündung erfüllt diese Bedingung ohne weiteres. Wenn man ihren Einlaufdurchmesser z. B. 4 mal so groß macht als den Auslauf, dann wird die Einströmgeschwindigkeit, und mehr noch die Umlenkungsarbeit, verschwindend klein. In der Mündung selbst, in der die volle Beschleunigung erfolgt, tritt eine gleichfalls nur verschwindend kleine Umlenkung der Stromfäden ein. Dafür entsteht hier jedoch ein Maximum von Reibungsverlusten an der Mündungswand, während bei der Mündung in dünner Wand praktisch keine Flächenreibung auftritt.

Die günstigsten Mündungsformen werden zwischen diesen beiden Extremen liegen. Auch bei diesen dürften die Reibungsverluste eine geringere Rolle spielen, als die Umlenkungsverluste, denn erstens nähert sich in der Mündung die, die Reibung erzeugende Flächenpressung mehr und mehr dem Wert Null, und zweitens spielen die bei den gebräuchlichen Mundstücken vorkommenden Geschwindigkeiten, (bis etwa 30 m/sk), auftretenden Reibungsverluste noch keine große Rolle. Bei größeren Geschwindigkeiten nimmt allerdings ihr Anteil an den Gesamtverlusten schnell zu, weil ihr Arbeitswert sich mit einer höheren Potenz der Geschwindigkeit ändert.

Den Bedingungen, die hiernach an eine gute Mündung gestellt werden müssen, genügen offenbar eine ganze Reihe verschiedener Mündungsformen in mehr oder weniger vollkommener Weise, sofern durch sie nur die Entfaltung der vollen Strömungsgeschwindigkeit an der Mündungsfläche entlang gewährleistet wird.

Man kann bei schlanken Mündungen näherungsweise annehmen, daß die Strömungsgeschwindigkeiten über die einzelnen, rechtwinklig zur Mittellinie gelegten Schnitte gleichmäßig verteilt sind. Die Annäherung ist im engsten, verantwortlichsten Teil der Mündungslänge eine gute. Unter dieser vereinfachenden Voraussetzung lassen sich Geschwindigkeitsverlauf und Druckabfall in der Mündung leicht ermitteln.

Untersucht man daraufhin die Mundstücke üblicher Ausführung, Fig. 4 und 5, die aus einem schwachen Mündungskonus von 5 bis 13^0 Spitzenwinkel und einem anschließenden Kegel von größerem Spitzenwinkel bestehen, so findet man, daß bei beiden Formen, die ungefähr die Grenzfälle bilden, die Gefällsumwandung sehr nach der Mündung hin gedrängt ist.

In beiden Figuren, wie auch in den folgenden, wird unter den schematisch gezeichneten Mündungsquerschnitten die über der Mündungslänge eintretende spezifische Druckabnahme (p-Kurve), sowie die Geschwindigkeitszunahme (c-Kurve), dargestellt.

Die Kontinuität der Strömung erleidet am Treffpunkt der beiden Kegel (Fig. 4 u. 5) eine plötzliche Änderung. Die Beschleunigung nimmt bis zur Austrittebene zu. Es bleibt dort noch eine zentrale Geschwindigkeitskomponente bestehen, die eine wenn auch schwache Kontraktion des Strahls erzeugen wird. Immerhin ergeben diese rein empirisch als günstig gefundenen Formen bereits eine Annäherung an die ideale Form, die größere Gleichmäßigkeit der Druck- und Geschwindigkeitsänderung aufweisen sollte.

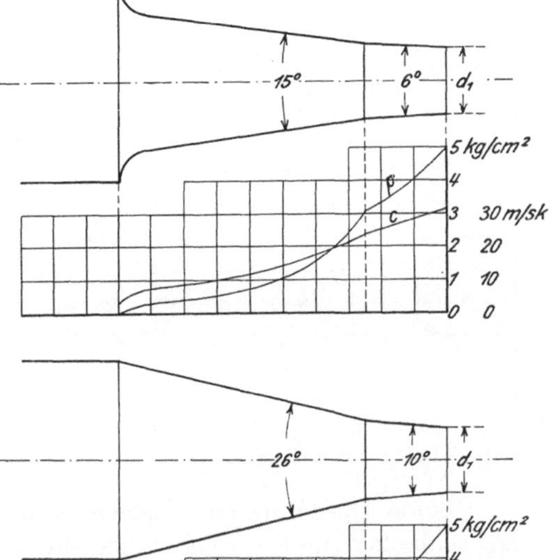

Fig. 4 u. 5. Gebräuchliche Mundstückformen.

Stellt man auf der gleichen Basis die Bedingung, daß die Geschwindigkeitszunahme über der Düsenlänge konstant sein soll, (Fig. 6), dann ergibt sich ein günstigerer Strömungsverlauf als nach Fig. 4 und 5. Die Kurve des Druckabfalls ist dann eine Parabel mit quadratischer Zunahme der p-Ordinaten über der Düsenachse.

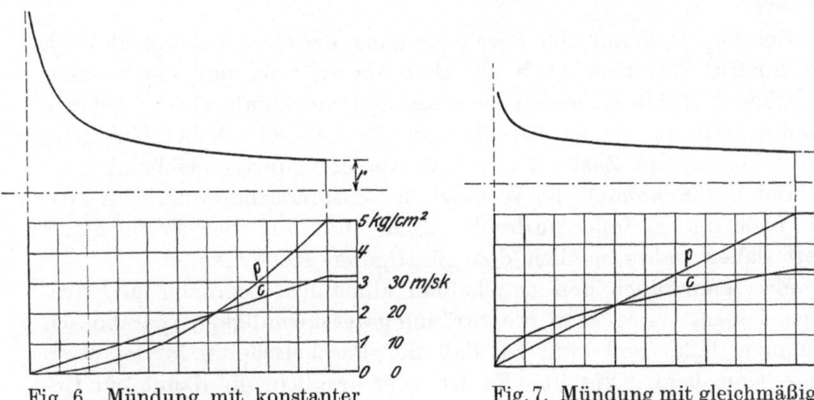

Fig. 6. Mündung mit konstanter Geschwindigkeitszunahme.

Fig. 7. Mündung mit gleichmäßiger Druckabnahme.

Nimmt man eine geradlinige Zunahme des Druckabfalls an, (Fig. 7), dann ändert sich die Strömgeschwindigkeit nach einer Parabel mit Zunahme der c-Ordinaten nach der Wurzel aus dem zugehörigen Druckabfall.

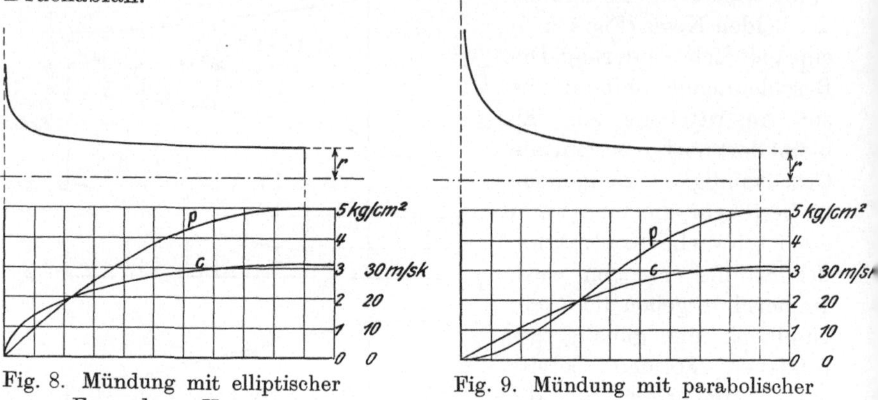

Fig. 8. Mündung mit elliptischer Form der c-Kurve.

Fig. 9. Mündung mit parabolischer Form der c-Kurve.

Beide Düsenformen weichen wenig voneinander ab. Letztere ist schlanker und der Wasserstrahl nähert sich der Mündung mit abnehmender Beschleunigung. Es läßt sich nicht ohne weiteres übersehen, ob und welche Vorteile die eine über die andere hat.

Eine noch schlankere Form erhält man, wenn die Änderung von c über der Düsenachse als Kreisbogen, resp. als Ellipse angenommen wird, (Fig. 8). In dieser Mündung verläuft der Druckabfall parabolisch. Der Parabelscheitel liegt in der Mündungsebene. Charakteristisch für diese Mündung ist, daß die Strömungsbeschleunigung nach dem Austritt hin bis zum Wert Null abnimmt, die Strömungsgeschwindigkeit nähert sich in allmählichem Übergang ihrem Austrittwert.

Bei Fig. 7 nimmt die Beschleunigung der Geschwindigkeit nach dem Austritt hin zwar auch ab, aber nur so weit, daß der im quadratischen Verhältnis hierzu wachsende Druckabfall eine konstante Zunahme erfährt. Beim Austritt tritt dort ein plötzlicher Übergang in den konstanten Zustand ein, was weniger günstig erscheint.

Bei Fig. 6 kommt der Wechsel der Zustandsänderung beim Austritt noch mehr zum Ausdruck. Eine Mündung der Form Fig. 8 liefert daher wahrscheinlich den günstigeren Koeffizienten.

Man kann auch den Druckabfall allmählich beginnen und auslaufen lassen, wenn man die Strömungsgeschwindigkeit parabolisch zunehmen läßt, und zwar so, daß der Parabelscheitel in der Mündungsebene liegt, (Fig. 9). Es ist aber fraglich, ob damit ein Gewinn gegenüber Fig. 8 erzielt wird.

Wie erwähnt, weichen bei diesen Mündungen die Flächen gleicher Strömungsgeschwindigkeit nach dem Einlauf hin immer mehr

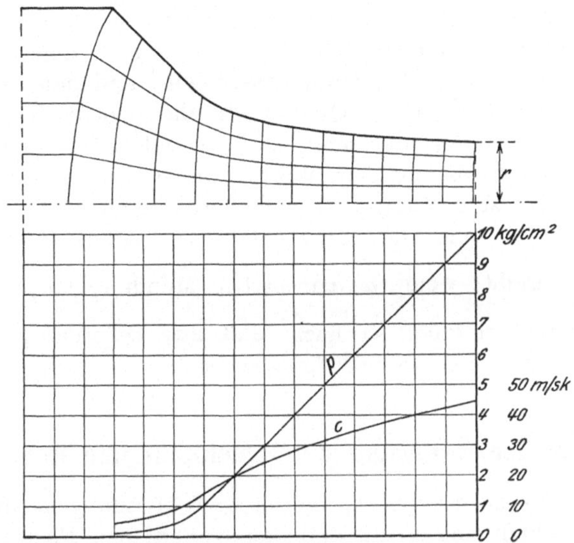

Fig. 10. Mündung nach Fig. 7, mit kegeligem Einlauf.

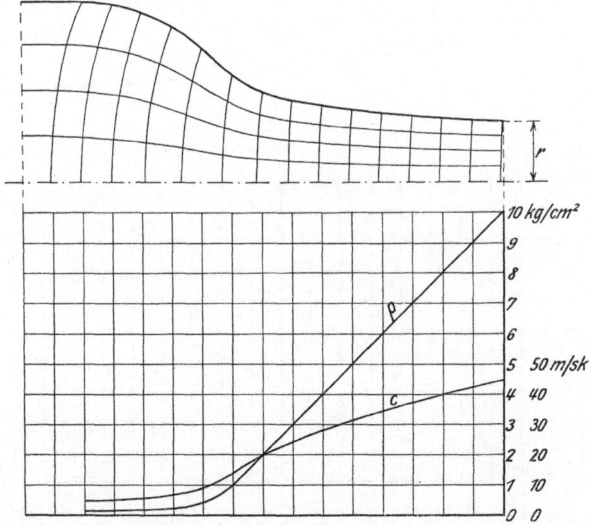

Fig. 11. Mündung nach Fig. 7, mit glockenförmigem Einlauf.

von der ebenen Fläche ab und erhalten eine zunehmende Wölbung nach innen. Mit einiger Sicherheit läßt sich der Druckverlauf verfolgen, solange der Querschnitt verhältnismäßig klein bleibt, z. B. wenn man der Mündung einen kegeligen, (Fig. 10), oder glockenförmigen Einlauf, (Fig. 11), gibt. Dem Mündungsende ist in beiden Fällen geradlinige Zunahme des Druckabfalls, wie in Fig. 7, zugrunde gelegt. Es sei vorausgesetzt, daß dem Wasser über gleiche Wegstrecken gleiche Beschleunigung erteilt wird und daß im Mündungsaustritt über den ganzen Querschnitt die gleiche Geschwindigkeit herrscht. Diese Voraussetzung muß erfüllt sein, wenn sich der Gütegrad der Strömung dem Wert 1 nähern soll. Wenn die Mündung sich bis zum Austritt verengt, wird die Gleichdruckfläche noch etwas gewölbt sein, und zwar mit dem Radius R, der sich aus $R = \frac{r}{\sin \alpha}$ ergibt, wenn α den halben Mündungswinkel bezeichnet. Die Wölbung ist aber so flach, daß ihre Differenz gegenüber der Ebene $r^2 \pi$ praktisch vernachlässigbar ist.

8. Einfluß der Änderung der Druckhöhe und Mündungslänge.

Die Figuren 12 und 13 zeigen zwei Mündungen, die in bezug auf Druckabfall und Geschwindigkeitsverlauf den Figuren 6 resp. 7

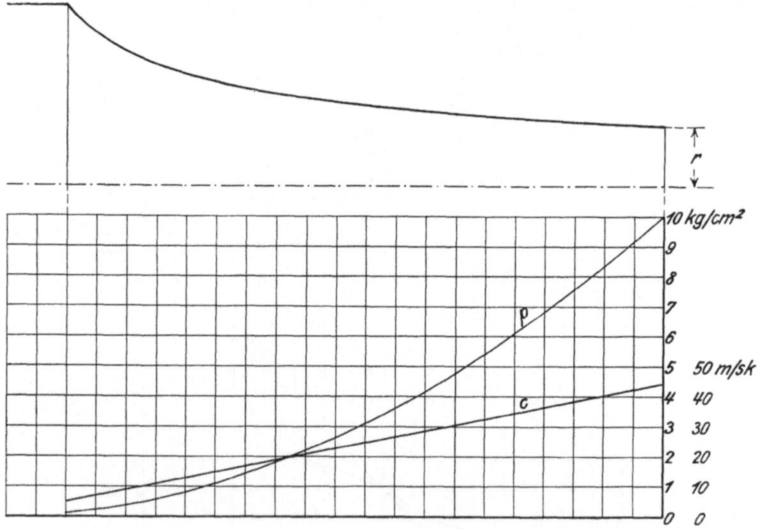

Fig. 12. Mündung nach Fig. 6 für doppelte Druckhöhe.

entsprechen. Während letztere für ein Druckgefälle von 5 kg/cm² = 50 m Höhengefälle gezeichnet sind, ist dieses für Fig. 12 und 13 doppelt so hoch angenommen. Deren Mündungsquerschnitte werden zwischen A und B, (s. Fig. 13), d. h. für die Strömungsgeschwindigkeiten 5 bis 31,3 m/sk, den Profilen Fig. 6 und 7 geometrisch ähnlich; für die weitere Beschleunigung auf $c = 44{,}3$ m ergibt sich eine zusätzliche Verjüngung. Es ist nun offenbar möglich, die Mündung von der Gesamtlänge AC, mit einem anderen Überdruck als 10 kg/cm² zu betreiben. Die idealen Kurven für p und c werden dadurch lediglich eine durch die Gefällshöhenänderung bedingte proportionale

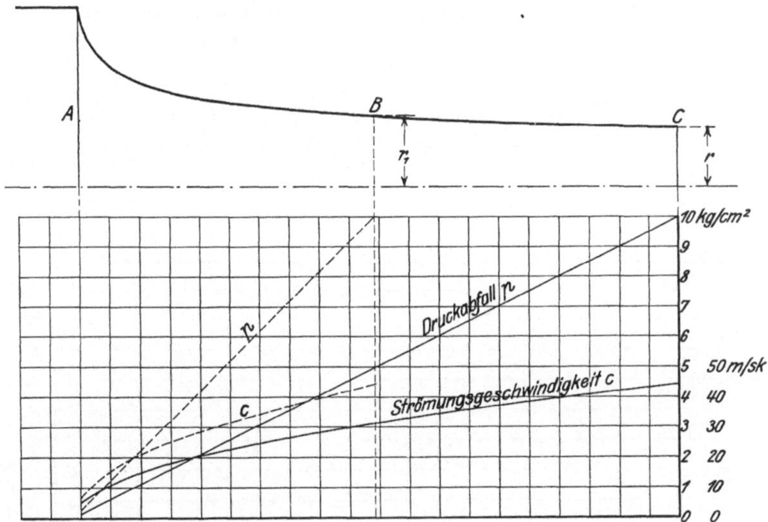

Fig. 13. Mündung nach Fig. 7 für doppelte Druckhöhe.

Änderung erfahren. Ihre wirkliche Form wird sich dagegen nicht proportional ändern, weil der Ausflußkoeffizient nicht konstant bleibt, sondern wegen der Verschiebung der Umlenkungs- und Reibungsverhältnisse seinen Wert ändert. Als wahrscheinliche Änderung ist mit steigendem c eine Abnahme, mit fallendem eine Zunahme von μ zu erwarten. Die Ausflußmenge ändert sich dabei proportional μc.

Ebenso kann man von der Mündung, ohne daß ihr Gütegrad stark beeinflußt wird, z. B. das Stück BC abschneiden und sie in dieser Form mit dem Gefälle $H = 100$ m betreiben. Die idealen Kurven werden sich dann nach den in Fig. 13 punktiert gezeichneten einstellen. Der Ausflußkoeffizient μ_1 wird voraussichtlich etwas ungünstiger und die Ausflußmenge wird sich im Verhältnis $\frac{\mu}{\mu_1} \frac{r^2}{r_1^{\,2}}$ ändern.

9. Der Verlauf des Mündungsunterdrucks.

Indem die Bewegungsgröße der Strömung der Form $P_r = \frac{G}{g} c$ folgt, muß der Verlauf des Unterdrucks $\frac{P_r}{2}$, an der Mündungsfläche axial oder radial aufgetragen, dem der c-Kurve proportional sein. In Fig. 14 ist ein als günstig zu bezeichnender Mündungsquerschnitt dargestellt. Der kegelige Teil desselben wurde angenommen und die ideale p-Kurve danach berechnet, während für den äußeren Teil die

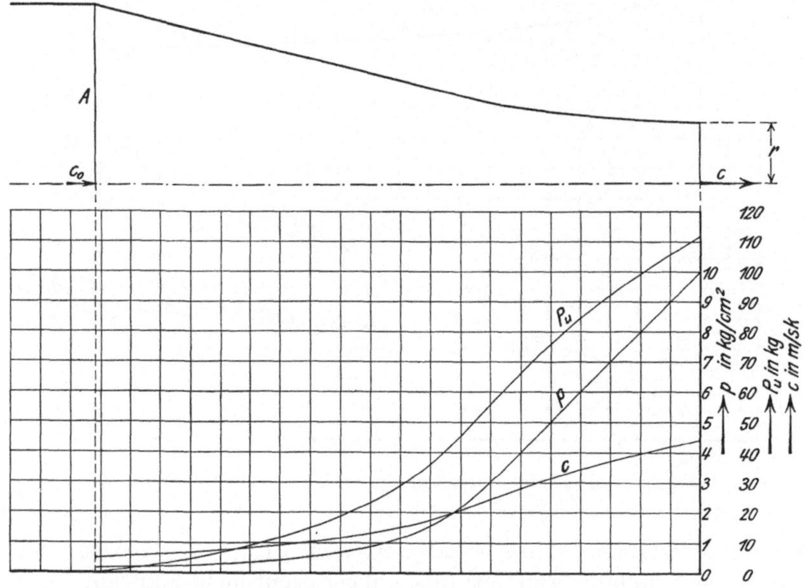

Fig. 14. Verlauf des Unterdrucks über die Mündungslänge.

geradlinige Fortsetzung der p-Kurve angenommen, und danach der Querschnittverlauf berechnet wurde. Aus dieser p-Kurve folgt die eingezeichnete c-Kurve. Unterteilt man die Längsachse der Mündung in eine Anzahl kleiner Teile und berechnet den auf die zugehörige ringförmige Axialprojektion der inneren Mündungsfläche entfallenden Betrag des Unterdrucks mit Hilfe des zugehörigen mittleren p, dann ergibt die Summierung dieser Werte die eingezeichnete P-Kurve. Deren Endwert stimmt mit $\frac{P_r}{2}$ überein, wenn man berücksichtigt, daß bei A bereits die Geschwindigkeit c_0 und ein entsprechender Druckabfall herrscht, der in den verfügbaren Gesamtdruck p_1 einbezogen ist.

10. Mündungen mit unrunden oder eckigen Querschnitten.

Aus den Erörterungen der vorausgehenden Abschnitte ist zu folgern, daß sich Mündungen mit unrundem oder eckigem Querschnitt ungünstiger verhalten müssen als runde. Sie ergeben erstens eine größere Diskontinuität der Strömung über den Querschnitten, weil die Geschwindigkeiten und Umlenkungsverhältnisse sich nicht nur über dem Radius, sondern außerdem noch über dem Zentriwinkel jedes Querschnittes ändern. Damit müssen auch größere Strömungsverluste verbunden sein. Zweitens ist für gleichen Querschnitt ihr Umfang und damit ihre Reibungsfläche stets größer als bei der runden Mündung. Rechteckige Mündungen finden aber gerade in der Technik die häufigste Anwendung als Leit- und Laufkanäle von Turbinen und Turbinenpumpen. So weit bei diesen zwischen Ein- und Austritt eine Druckhöhendifferenz verschwindet oder entsteht, üben sie die Funktion von Mündungen aus. Es ist daher wichtig, die Kanäle stets darauf zu prüfen, ob sie den an günstige Mündungen zu stellenden Forderungen nach konstruktiver Möglichkeit genügen.

11. Mündungen mit erweiterter Fortsetzung.

Eine wichtige Änderung der Strömungserscheinungen tritt ein, wenn man einer der beschriebenen Mündungen außerhalb der engsten Querschnitte eine sich erweiternde Fortsetzung gibt. Nach Versuchen liefern solche Düsen, auf den engsten Querschnitt bezogen, Ausflußkoeffizienten μ bis 1,5. In diesen Düsen kann man im engsten Querschnitt einen Unterdruck unter den atmosphärischen Luftdruck erzeugen. Diese Erscheinung wird in der Bunsenschen Luftpumpe, im Venturi-Wassermesser und in größerem Maßstab in modernen Kondensationsanlagen praktisch nutzbar gemacht. Wie bei der erweiterten Dampfdüse kann man hier das im atmosphärischen Luftdruck verfügbare Zusatzgefälle auch bei Wasserströmung teilweise in Wirksamkeit treten lassen, jedoch ohne dadurch das effektiv nutzbare Gefälle zu erhöhen, solange der endgültige Gegendruck derjenige der Atmosphäre ist.

Bei der identischen Lavalschen Dampfdüse tritt infolge der mit der Expansion verbundenen Zustandsänderung in der Kontinuitätsgleichung $\frac{G}{\gamma} = Fc$ das spezifische Gewicht γ als veränderliche Größe auf. F erreicht unter Annahme eines konstanten G, auf jeden Anfangsdruck bezogen, einen Minimalwert, den kritischen Querschnitt. Dadurch ist bedingt, daß sich bei darüber hinausgehender Gefällsvermehrung, d. h. Steigerung von c, die Strömungsgeschwindigkeit an den inneren Gefäßwänden bis zum engsten Querschnitt und folglich auch der Unterdruck im inneren konvergenten Düsenteil nicht ändert. Daraus folgt wiederum, daß eine außerhalb des kritischen Querschnittes veranlaste Änderung des Gegendrucks keine Änderung der Strömungsmenge bewirken kann.

Bei der Wasserströmung bleibt γ praktisch konstant. Für konstantes G ändert sich F daher immer umgekehrt proportional zur Strömungsgeschwindigkeit c. Infolgedessen behält die Mündung stets eine konvergente Form, auch wenn der Gegendruck bis herab auf den absoluten Druck Null reduziert wird. Erhöht man hinter einer solchen Mündung den Gegendruck, dann ergibt sich, wenn G und demnach die linke Seite der Kontinuitätsgleichung konstant bleiben soll, ein Austrittquerschnitt, der entsprechend der aus der Differenz zwischen Anfangs- und Gegendruck abnehmenden Gefällsgeschwindigkeit zunimmt. Auf diese Weise kann man konvergent-divergente Düsen für Wasserausfluß konstruieren, bei denen aber im Gegensatz zu den Dampfdüsen die Durchflußmenge von der Differenz des Druckes p_1 vor der Mündung, bezogen auf die Geschwindigkeit Null und des am erweiterten Mündungsaustritt herrschenden Druckes, sowie dem hierzu gehörigen Querschnitt abhängig ist. Dagegen kann man im engsten Querschnitt der Düse den Druck bis zum Absolutdruck Null reduzieren, wenn dieser Querschnitt der Bedingung

$$F_e = \frac{G}{\gamma c_e}$$

genügt und für

$$c_e = \sqrt{2g \frac{p_1 + p_0}{\gamma}}$$

eingesetzt wird, wo p_0 der atmosphärische Flächendruck in Kilogramm pro Quadratmeter ist. Diesen Unterdruck kann man zum Heben von Wasser bis zur barometrischen Druckhöhe oder, wie erwähnt, zum Evakuieren von Gefäßen ausnutzen. In beiden Fällen müssen aber wegen der Verschiedenheit der Geschwindigkeiten des Treibgefälles und der Saughöhe Stoßverluste bei der Vereinigung eintreten, so daß der Vorgang keinen günstigen Wirkungsgrad liefern kann.

Die Strömungs- und Druckerscheinungen, die in einer solchen doppelt erweiterten Düse auftreten, bilden eine der Grundlagen der Theorie des Turbinenablaufrohres und des Schraubenpropellers, die in späteren Abschnitten behandelt werden. Es sollen deshalb die Vorgänge in der Düse an einem Beispiel demonstriert werden.

Angenommen, es stehen $p_1 = 10$ m Wassersäule zur Verfügung bei einem Barometerüberdruck von 736 mm Q.-S., der also einer zusätzlichen Druckhöhe $p_0 = p_1 = 10$ m entspricht. Einer angenommenen idealen Ausflußmenge von $G = 9{,}81$ kg/sk würden dann bei atmosphärischem Gegendruck und geradlinig verlaufendem Druckabfall die in Fig. 15 als Ordinaten zwischen A und B eingetragenen idealen $\varnothing$ entsprechen. Für den Zustand bei B ist die Bewegungsgröße $P_{rB} = 2\,F_B\,p_1$.

Reduziert man den Gegendruck unter den atmosphärischen, dann muß der Durchmesser, wenn die Druckabnahme bei konstantem G weiterhin geradlinig verlaufen soll, nach dem Kurvenstück zwischen B und C abnehmen. Bei C wird der absolute Gegendruck Null erreicht. Eine weitere Reduktion des Durchmessers ist bei konstanter Durchflußmenge nicht möglich. Sie würde, da die Druckhöhe nicht weiter vergrößert werden kann, lediglich eine Abnahme von G zur Folge haben. Aus der hydraulischen Mündungsdruckhöhe $\frac{p_1}{\gamma}$ und der Luftdruckhöhe $\frac{p_0}{\gamma}$ ergibt sich die ideale Bewegungsgröße der Ausströmung und ihr gleichgroßer Gefäßgegendruck:

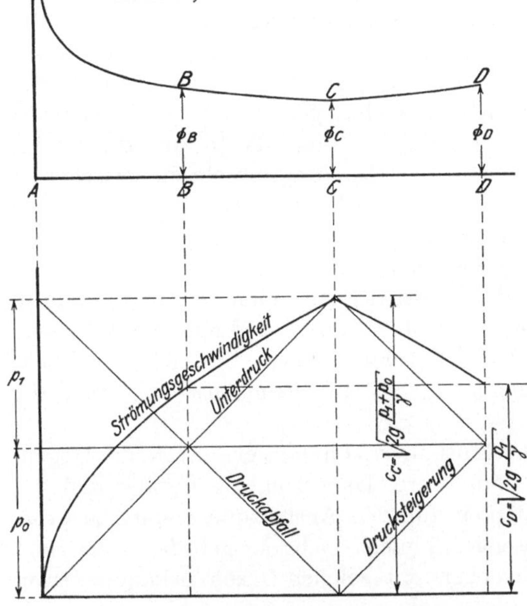

Fig. 15. Convergent-divergente Mündung für Wasserausfluß.

$$P_{rC} = \frac{G}{g}\,c_C = \frac{G}{g}\sqrt{2g\,\frac{p_1 + p_0}{\gamma}}.$$

Wenn $G = F_C c_C \gamma$ eingesetzt wird, geht er über in

$$P_{rC} = 2\,F_C\,(p_1 + p_0).$$

Von der Zunahme $P_{rC} - P_{rB}$ des Gegendrucks entfällt die eine Hälfte als zusätzlicher Überdruck auf die der Mündungsfläche bei C gegenüberliegende Gefäßprojektion, die zweite Hälfte erscheint als zusätzlicher Unterdruck der Mündungsprojektion zwischen B und C, d. h. $F_B - F_C$.

Setzt man an diese Mündung ein gleiches Stück, wie das zwischen $B-C$ umgekehrt an (siehe $C-D$) und erhöht man den Gegendruck wieder auf den zum Querschnitt bei $B-D$ gehörigen, dann ändert sich nichts an der durchfließenden Wassermenge. Die Geschwindigkeit c_C bleibt im engsten Querschnitt bestehen und nimmt unter der Wirkung des äußeren Gegendruckes im divergenten Düsenteil wieder ab, bis sie bei D, die bei B herrschende, der Druckhöhe p_1 entsprechende Geschwindigkeit erreicht. Aus der zwischen A und D herrschenden Druckdifferenz $= p_1$ ergeben sich dann Bewegungs- und Arbeitsgröße des austretenden Wasserstrahls. Übereinstimmend damit reduziert sich der Gefäßrückdruck, denn in der Mündungsfläche D addiert sich auf C bezogen wieder ein Gegendruck von der Größe $P_{rC} - P_{rB}$, wovon die eine Hälfte auf die Gefäßprojektion F_C, die andere auf die Mündungsprojektion zwischen C und D entfällt, d. h. die Axialdruckwirkungen auf das Gefäß, die innerhalb $B-D$ entstehen, heben sich auf.

Man kann offenbar die Verlängerung des divergenten Teils über D hinaus fortsetzen, bis der Austrittquerschnitt dem bei A gleich wird. Stets muß aber hierbei die Kontinuitätsbedingung erfüllt sein, d. h. der Gegendruck muß der Geschwindigkeit, die sich mit Rücksicht auf die Grenzbedingung für c_C aus dem Austrittsquerschnitt ergibt, entsprechen.

Würde z. B. der Querschnitt über D hinaus erweitert, der Gegendruck aber nicht erhöht, dann wäre das verfügbare Gefälle und damit die Austrittgeschwindigkeit für den Austrittquerschnitt zu groß. Letzterer kann vom Wasserstrahl nicht mehr ausgefüllt werden und so ergibt sich der aus Versuchen mit solchen Düsen bekannte besenförmige Strahl.

Aus diesen Erörterungen folgt, daß die Durchflußmenge einer konvergent-divergenten Wasserdüse, auf den engsten Querschnitt und die absolute Druckhöhendifferenz bezogen, nicht an die erwähnte Ausflußzahl $\mu =$ ca. 1,5 gebunden ist. Diese ist unter Berücksichtigung der Kontinuität eine Funktion des Verhältnisses des engsten Querschnitts zu dem der Mündung und kann sowohl kleiner werden als 1,5 als auch, besonders bei kleinen Druckhöhendifferenzen zwischen den extremen Mündungsquerschnitten, ein Mehrfaches größere Werte als 1,5 annehmen.

Die Umwandlung von Strömungsenergie in mechanische Arbeit.

A. Geradlinige Bewegung.

12. Arbeitsübertragung bei entgegengesetzt zur Ausströmrichtung bewegtem Gefäß.

Läßt man das mit idealer Mündung gedachte Gefäß Fig. 16 (links), dem Strömungsgegendruck $P_r = 2Fp_1$ horizontal nachgeben, so bewegt es sich in Richtung u entgegengesetzt c.

Die Wasserzufuhr wird wie beim ruhenden Gefäß zunächst so gedacht, daß dadurch nur die Druckhöhe konstant gehalten, dem

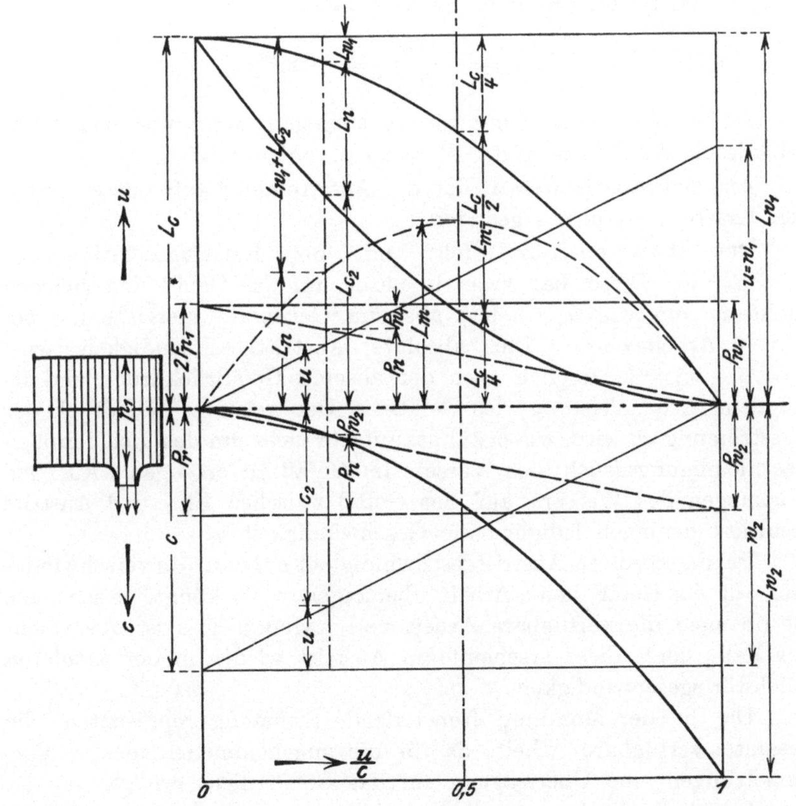

Fig. 16. Darstellung der Geschwindigkeits-, Kraft- und Arbeitsübertragung bei rückwärts bewegtem Ausströmgefäß.

Gefäß durch die Wasserzufuhr aber keine Bewegungsgröße erteilt wird. Die praktischen Schwierigkeiten, die sich damit bei geradliniger Bewegung ergeben würden, bleiben ebenso, wie die für das Gefäß selbst aufzuwendende Beschleunigungs- und Reibungsarbeit unberücksichtigt, weil sie für die Untersuchung der prinzipiellen Vorgänge belanglos sind und nur den Einblick erschweren.

Wenn die Energiewandlung widerstandslos und verlustfrei erfolgen könnte, würde sich das Gefäß bis auf die Geschwindigkeit $u = c$ beschleunigen. In diesem gedachten Endfall der Bewegung hat das Wasser beim Eintritt gegenüber dem Gefäß eine Relativgeschwindigkeit w_1 gleich groß und entgegengesetzt gerichtet zu u. Seine horizontale Absolutbewegung ist Null. Die Vertikalbewegung wird vernachlässigt. Das Wasser müßte beim Eintritt in das Gefäß durch eine Fangvorrichtung stoßfrei aufgenommen und um 90^0 umgelenkt werden, so daß die Relativgeschwindigkeit w_1 in u übergeht. In dem Gefäß entsteht dadurch eine Reaktion

$$-P_{w1} = -\frac{G}{g} w_1 = -2 F p_1,$$

die in der Ausströmrichtung, also u entgegen, wirkt und somit den Rückdruck der Ausströmung $P_r = 2 F p_1$ aufhebt.

An den Absolutwerten der die Ausströmung aufrecht erhaltenden Kräfte wird nichts geändert.

Der Wasseraustritt erfolgt mit der Relativgeschwindigkeit $w_2 = c = u$. Diese hat zwar in bezug auf das Gefäß den gleichen Richtungssinn wie w_1, liefert aber im Gegensatz hierzu einen positiven Arbeitswert. Die absolute Austrittgeschwindigkeit wird $c_2 = u - w_2 = 0$, folglich auch der absolute Gefäßrückdruck und die mögliche Arbeitsleistung des Gefäßes. Der relative Rückdruck der Ausströmung w_2 wird, wie erwähnt, aufgebraucht um den gleich großen Beschleunigungsdruck des Wassers im Gefäß zu erzeugen. Aus den Wirkungen des Wassers auf das Gefäß zwischen Ein- und Austritt resultiert demnach lediglich die Geschwindigkeit u.

Da die absolute Austrittgeschwindigkeit c_2 bei $u = c$ verschwindet und auf das Gefäß keine Arbeit übertragen wird, könnte es scheinen, als ob auch die verfügbare Arbeit verschwindet. Das ist aber nicht der Fall, denn diese erscheint am Austritt wieder in der absoluten Rückwärtsgeschwindigkeit u.

Die in der Mündung freiwerdende Strömung repräsentiert die gesamte verfügbare Arbeit, da für die angenommenen idealen Voraussetzungen eine Übertragung auf das Gefäß nicht erfolgt.

Innerhalb der Grenzwerte $u = 0$ bis $u = c$ ist der, die mögliche Arbeitsleistung des Gefäßes bestimmende Teilbetrag des äußeren Gefäßrückdrucks $P_r = 2 F p_1$, lediglich von der absoluten Austrittgeschwindigkeit $c_2 = c - u$ abhängig, weil der restierende, der Geschwindigkeit u entsprechende Arbeitsbetrag für die Beschleunigung des Wassers auf die Gefäßgeschwindigkeit aufgewendet wird. Die Antriebskraft ist:

$$P_n = \frac{G}{g} c_2 = \frac{G}{g}(c - u).$$

Die mögliche Arbeitsleistung des Gefäßes wird somit:

$$L_n = \frac{G}{g} c_2 u = \frac{G}{g}(c - u) u.$$

Die Formel bestätigt, daß in den beiden Grenzfällen, wenn c_2 in c übergeht, also $u = 0$ wird, resp. wenn u in c übergeht, also $c_2 = 0$ wird, die mögliche Arbeitsleistung des Gefäßes ebenfalls Null ist, und daß die Leistung bei $u = c_2 = \frac{c}{2}$ ein Maximum erreicht. Arbeitsübertragung auf das Gefäß ist also nur möglich, solange gleichzeitig Gefäßgeschwindigkeit und absolute Austrittgeschwindigkeit vorhanden sind. Über $\frac{u}{c}$ aufgetragen hat die Leistungskurve, wie die graphische Übersicht Fig. 16 zeigt, die bekannte parabolische Form.

An Hand dieser Figur lassen sich sämtliche Vorgänge übersehen.

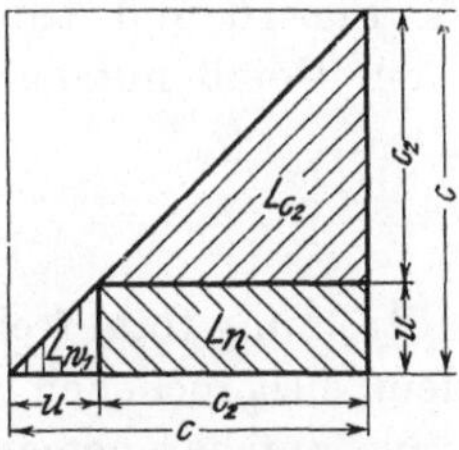

Fig. 17. Arbeitsflächen für $u < \frac{c}{2}$.

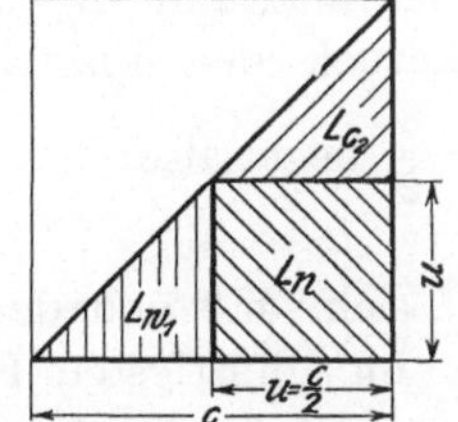

Fig. 18. Arbeitsflächen für $u = \frac{c}{2}$.

In Fig. 17 sind die Arbeitsflächen für eine beliebige Geschwindigkeit u besonders dargestellt. Die verfügbare Arbeit $L = \frac{G}{g}\frac{c^2}{2}$ zerfällt demnach in drei Teile:

1. die erwähnte nutzbare Arbeit L_n,
2. die für die Beschleunigung des Wassers aufzuwendende:

$$L_{w1} = \frac{G}{g}\frac{u^2}{2},$$

3. den Austrittverlust:

$$L_{c2} = \frac{G}{g} \frac{c_2^2}{2}$$

oder nach Einsetzen von

$$c_2 = c - u,$$

$$L_{c2} = \frac{G}{g}\left(\frac{c^2}{2} - cu + \frac{u^2}{2}\right).$$

Im Austrittverlust ist also die Beschleunigungsarbeit wieder mitenthalten. Die Differenz $\frac{G}{g}\left(\frac{c^2}{2} - cu\right)$, d. h. die verfügbare Arbeit minus $(2L_{w1} + L_n)$ hat bei $u = 0$ den positiven absoluten Wert

$$L_c = \frac{G}{g} \frac{c^2}{2},$$

sie geht bei $u = \frac{c}{2}$ durch Null in negative Werte über, bis sie bei $u = c$ den Wert $-\frac{G}{g}\frac{c^2}{2} = \frac{G}{g}\frac{w_2^2}{2}$ erreicht, die, auf das Gefäß bezogen, durch die entgegengesetzt wirkende L_{w1} aufgehoben wird.

13. Maximal nutzbare Energie 50% der verfügbaren.

Da das Maximum L_m der Arbeit (s. Fig. 16 und 18), die durch den Rückdruck der Ausströmung auf ein Gefäß nutzbar wird, bei $u = c_2 = \frac{c}{2}$ liegt, also:

$$L_m = \frac{G}{g} \frac{c^2}{4}$$

ist, ergibt sich, daß von der durch die Strömung total freiwerdenden Arbeit L, im günstigsten Falle mit dem besprochenen Gefäß nur die Hälfte mittels der Rückdruckwirkung nutzbar gemacht werden könnte. Ein weiteres Viertel ist aufzuwenden, um das Betriebsmittel auf die Gefäßgeschwindigkeit zu beschleunigen:

$$L_{w1} = \frac{G}{g} \frac{u^2}{2} = \frac{G}{g} \frac{c^2}{8}.$$

Das letzte Viertel:

$$L_{c2} = \frac{G}{g} \frac{c_2^2}{2} = \frac{G}{g} \frac{c^2}{8}$$

erteilt dem Gefäß die für die Nutzarbeit erforderliche Antriebskraft. Die Summe dieser beiden Verlustgrößen, deren Verlauf in Fig. 16 gleichfalls dargestellt ist, nimmt von $u = \frac{c}{2}$ aus sowohl nach $u = 0$ wie nach $u = c$ hin bis zum Gesamtwert der verfügbaren Energie zu.

14. Möglichkeit voller Energieausnutzung durch Anwendung von Leitvorrichtungen.

Aus dem Vorhergehenden ergibt sich die Folgerung, daß die Energieübertragung auf das Gefäß günstiger werden muß, wenn die Antriebskraft zur Beschleunigung des Wassers auf die Gefäßgeschwindigkeit nicht von diesem selbst geliefert werden muß, sondern außerhalb des Gefäßes von der Zuleitung aufgenommen wird. Dann muß diese solche Richtung und solchen Querschnittverlauf haben, daß bis zu ihrem Austrittquerschnitt bereits die Teilgeschwindigkeit und Strömungsrichtung von mindestens $c_e = u = \sqrt{2 g H_e}$ erzeugt wird. Wenn die gesamte verfügbare Gefällshöhe wieder als konstant vorausgesetzt wird, reduziert sich die Gefällshöhe des Gefäßes um den der Eintrittenergie H_e entsprechenden Betrag.

Für Stillstand des Gefäßes ist dann nach der Voraussetzung die Eintrittenergie Null und es ändert sich nichts an dem früheren Zustand.

Für geradlinige Bewegung ist eine solche Einrichtung praktisch nicht ausführbar, es sind daher in den zugehörigen Fig. 19 bis 21 nur die für den gedachten Vorgang geltenden idealen Geschwindigkeits- und Arbeitsdiagramme gezeigt.

Für die Geschwindigkeit $u = c$ wird die Gefällshöhe im Gefäß wiederum Null und damit gleichfalls die absolute Austrittgeschwindigkeit. Dem Gefäß wird lediglich wie vorher die Geschwindigkeit $c = u$, aber keine Antriebskraft erteilt. Der Unterschied gegen den ersten Fall liegt darin, daß früher die Geschwindigkeitskomponente der ausfließenden Strömung und jetzt die der einfließenden Strömung die Gefäßgeschwindigkeit u liefert.

Zwischen diesen beiden Grenzen wird der für die Strömungsbeschleunigung auf u erforderliche Gegendruck, proportional zur Zunahme von c_e, von dem Gefäß auf die Einströmvorrichtung übernommen.

Auf den Gefäßeintritt bezogen übt die Komponente keine Kraftwirkung aus. Ihre relative Eintrittgeschwindigkeit in dieses ist Null. Das im Gefäß verfügbare Restgefälle $H_a = \frac{c_a^2}{2g}$ wird für den Antrieb zum vollen Betrag nutzbar und seine wirksame Treibkraft ist:

$$P_n = \frac{G}{g} c_a$$

oder wenn man

$$c_a = \sqrt{c^2 - u^2}$$

einsetzt:

$$P_n = \frac{G}{g} \sqrt{c^2 - u^2}$$

und die mögliche Gefäßarbeit:

$$L_n = \frac{G}{g} c_a u = \frac{G}{g} u \sqrt{c^2 - u^2}.$$

Der Austrittverlust wird (s. Fig. 19):

$$L_{c2} = L - L_n = \frac{G}{g}\left(\frac{c^2}{2} - u\sqrt{c^2 - u^2}\right).$$

Die Geschwindigkeit u tritt in L_{c2} nicht mehr als Summand auf, wie im ersten Fall, sondern sie verschwindet.

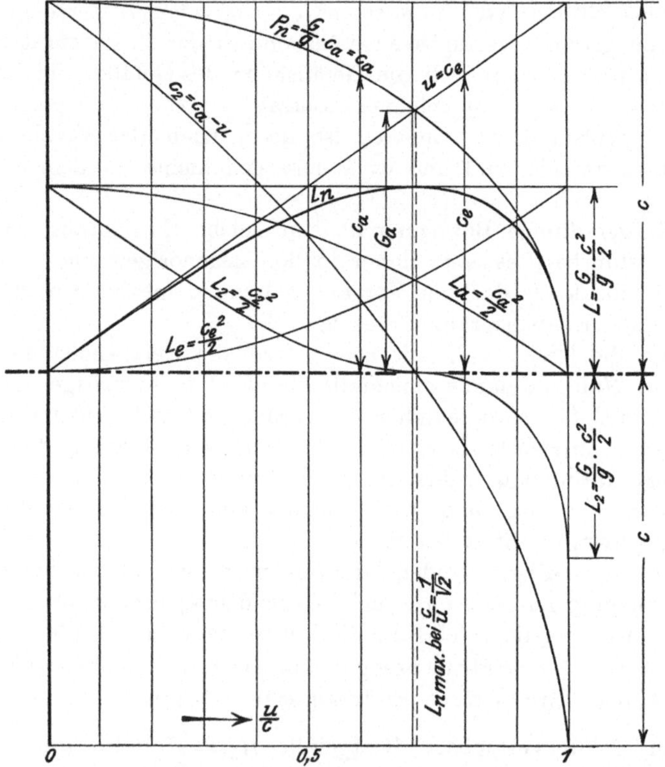

Fig. 19. Geschwindigkeits-, Kraft- und Arbeitsübertragung bei rückwärts bewegtem Gefäß mit Leitvorrichtung für $c_e = u$ und für $\frac{G}{g} = 1$ dargestellt.

Das Maximum der Arbeitsübertragung auf das Gefäß liegt bei $u = c_e = c_a = \frac{c}{\sqrt{2}}$, d. h. bei einem im Verhältnis $1 : \frac{1}{\sqrt{2}}$ höheren Bruchteil von c resp. u als im vorhergehenden Beispiel.

Dann wird:

$$P_{n\,max} = \frac{G}{g} \frac{c}{\sqrt{2}}.$$

Dieser Wert, wie auch der allgemeine Ausdruck P_n des Gefäßrückdruckes entspricht dem gesamten, aus der im Gefäß selbst verfügbaren Druckhöhe H_a möglichen $P_n = 2\,F p_a$. Die Eintrittgeschwindigkeit c_e an sich, kann eine Änderung von P_n nicht herbeiführen, weil

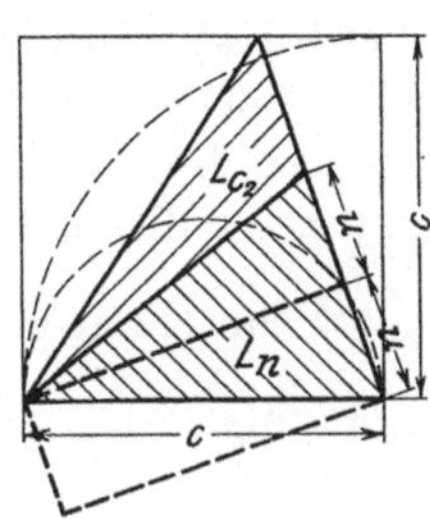

Fig. 20. Arbeitsflächen für $u < \frac{c}{\sqrt{2}}$.

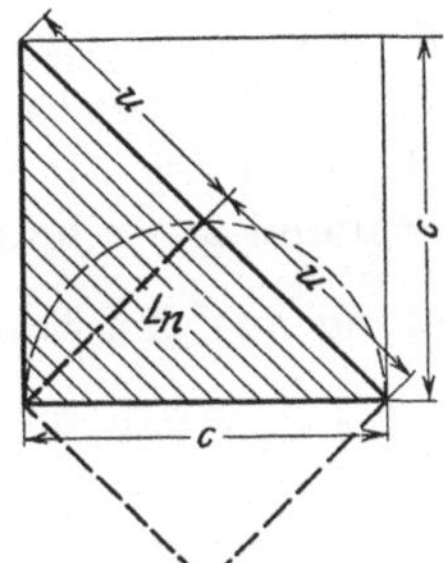

Fig. 21. Arbeitsflächen für $u = \frac{c}{\sqrt{2}}$.

sie keine Druckhöhenänderung im Gefäß bewirkt. Das Maximum der möglichen Gefäßarbeit ist erreicht, wenn die Arbeitsfläche L_n Fig. 20 und 21 als Produkt der mit c_e identischen Geschwindigkeit u und P_n quadratisch wird:

$$L_{n\,max} = \frac{G}{g} \frac{c}{\sqrt{2}} u = \frac{G}{g} \frac{c^2}{2}.$$

Sonach wird durch Einführung der Leitvorrichtung in diesem Fall die gesamte verfügbare Energie nutzbar.

Zerlegt man die Formel der Maximalleistung in die Antriebsgröße und Geschwindigkeit, dann ist unter Einführung der Relativgeschwindigkeiten, $w_1 = c_e - u = 0$ und $w_2 = c_2 + u = u$:

$$P_{n\,max} = \frac{G}{g}(w_1 + w_2) = \frac{G}{g} u.$$

Die Eintrittskomponente $c_e - u$ liefert somit die Treibkraft Null, hingegen die Geschwindigkeit u der Gefäßarbeit:

$$L_{n\,max} = \frac{G}{g} u^2$$

und die Austrittskomponente $c_a = w_2 = u$, d. h. der Gefäßüberdruck, liefert die Antriebskraft.

Die Erfüllung der Kontinuität verlangt bei konstantem G für die Voraussetzung $w_2 = c_a = \sqrt{c^2 - u^2}$ einen veränderlichen Mündungsquerschnitt umgekehrt proportional c_a. Bei der ideellen Geschwindigkeit $u = c$ würde sich dann der unerreichbare Wert $F_a = \infty$, aber auch $L_n = 0$ ergeben.

Die Einrichtung hat bei $u = \frac{c}{\sqrt{2}}$, da die eine Hälfte der Energie in der Leitvorrichtung, die andere im Gefäß in Geschwindigkeit umgesetzt wird, die Kennzeichen der als Überdruckturbine bekannten Maschine mit einem Überdruckverhältnis 0,5. Die charakteristischen Kurven sind durch Fig. 19 für den ganzen Geschwindigkeitsbereich zwischen $u = 0$ und $u = c$ dargestellt. Fig. 20 zeigt die Arbeitsflächen, deren Bedeutung aus den Formeln hervorgeht, für einen Fall $u < \frac{c}{\sqrt{2}}$ und Fig. 21 für den Fall der Maximalausnutzung.

15. Verschwinden des Gefäßüberdruckes.

Geht man noch einen Schritt weiter und setzt das ganze Gefälle H in der Leitvorrichtung in Geschwindigkeit um, so ist ohne weiteres zu übersehen, daß die Einrichtung mit der Druck- oder Freistrahlturbine identisch wird. Diese ist im Idealfalle gleichfalls imstande, das ganze Gefälle nutzbar umzusetzen. Wenn man das Betriebsmittel stoßfrei in Richtung u eintreten läßt, so liefert $c = \sqrt{2gH}$ zunächst die Gefäßgeschwindigkeit u. Die verbleibende Relativgeschwindigkeit $w_1 = w_2 = c - u$ werde durch das Gefäß um 180^0 umgelenkt. Dabei ist zu beachten, daß die Relativgeschwindigkeit zur Ersparung unnötiger Energiewandlung nicht verschwinden darf. Das Laufgefäß muß daher in einen Kanal übergehen, dessen Querschnitt sich aus Strömungsmenge und Geschwindigkeit bestimmt. Durch die Umlenkung um die ersten 90^0 wird die Absolutgeschwindigkeit $u = c - w_1$ vernichtet und dadurch auf das Gefäß eine Treibkraft von der Größe $P_{w_1} = \frac{G}{g}(c - u) = \frac{G}{g} w_1$ ausgeübt. Durch die weitere Umlenkung um 90^0 wird die Relativgeschwindigkeit w_1 in entgegengesetzte Richtung zu u umgelenkt und dadurch eine weitere Treibkraft auf das Gefäß von der Größe $P_{w_2} = \frac{G}{g}(c_2 + u) = \frac{G}{g} w_2$ erzeugt.

Nach der Ausströmrichtung hin findet an der Gefäßwand keine Druckhöhenänderung statt, weil sich weder die relative Strömgeschwindigkeit noch die Druckhöhe im Gefäß ändern.

Die gesamte Treibkraft ist demnach:

$$P_n = P_{w_1} + P_{w_2} = \frac{G}{g}(w_1 + w_2)$$
$$= \frac{G}{g}(c - u + c_2 + u)$$
$$= \frac{G}{g}(c + c_2) = \frac{G}{g}\,2\,(c - u).$$

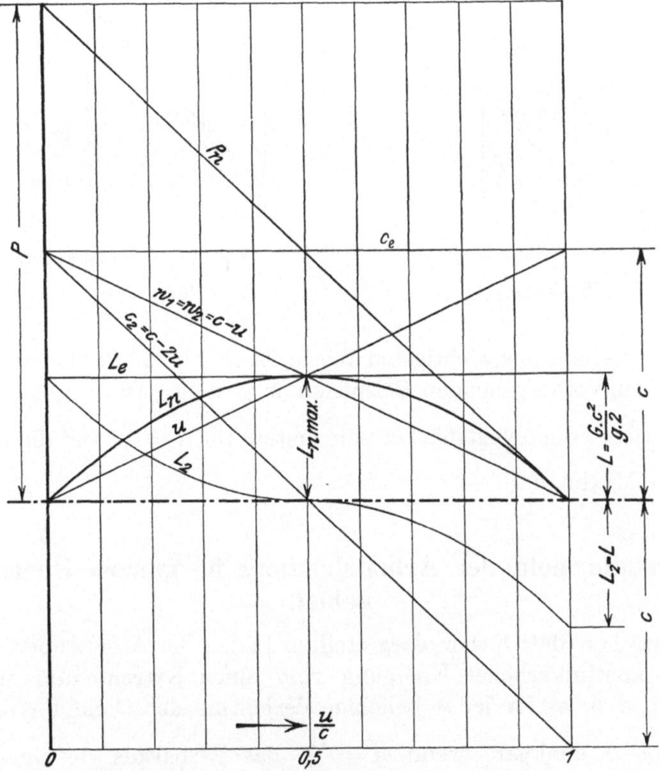

Fig. 22. Geschwindigkeits-, Kraft- und Arbeitsübertragung bei rückwärts bewegtem Gefäß mit Leitvorrichtung für $c_e = c$.

Folglich ist die nutzbare Arbeit:

$$L_n = \frac{G}{g}\,u(w_1 + w_2) = \frac{G}{g}\,2\,u\,(c - u).$$

L_n wird ein Maximum bei $u = \frac{c}{2}$, wie bei dem Gefäß ohne Leitvorrichtung:

$$L_{n\,max} = \frac{G}{g}\,\frac{c^2}{2}.$$

Es ist, wie erwähnt, die gesamte verfügbare Arbeit nutzbar, d. h. der doppelte Betrag, wie bei dem Gefäß ohne Leitvorrichtung.

Die relative Ein- und Austrittgeschwindigkeit $w_1 = w_2 = c - u$ ändern sich beide umgekehrt proportional u. Es würde sich also bei $u = c$ für Ein- und Ausströmquerschnitt des Gefäßes der unerreichbare Wert $F = \infty$ ergeben. Ebenso wie vorher wird in diesem Falle die nutzbare Arbeit gleich Null.

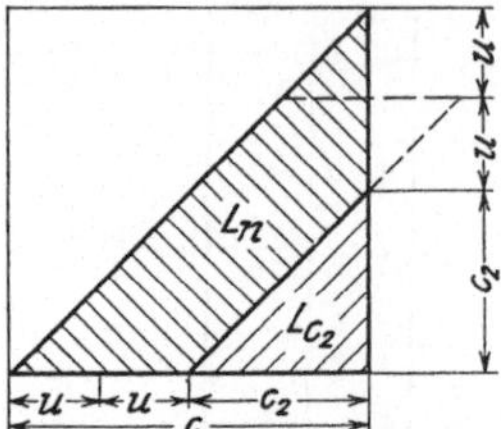

Fig. 23. Arbeitsflächen für $u < \frac{c}{2}$.

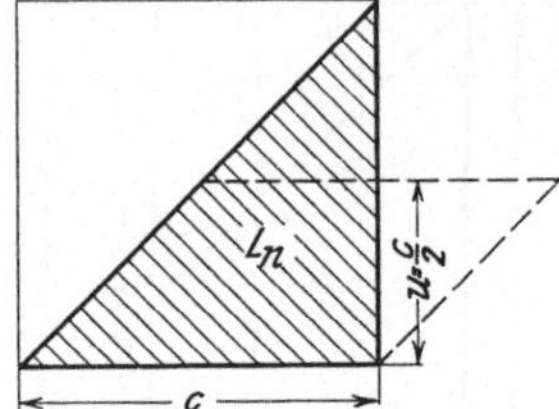

Fig. 24. Arbeitsflächen für $u = \frac{c}{2}$.

Der Verlauf der wichtigsten Werte ist in Fig. 22 in gleicher Weise wie bei den vorhergehenden Beispielen dargestellt. Die Fig. 23 und 24 zeigen wieder die Arbeitsflächen; die erstere für $u = \frac{c}{4}$ und die letztere für den Maximalfall.

16. Grundformeln der Arbeitsleistung im ganzen Überdruckgebiet.

Zwischen den bisher dargestellten Fällen der Arbeitsübertragung ist ein kontinuierlicher Übergang vom einen Extrem zum anderen möglich, d. h. es ist jedes beliebige Verhältnis des Gefäßüberdruckes $\varrho = 1$ bis 0 denkbar, wenn $\varrho = \frac{H_a}{H}$ das Verhältnis des im Gefäß in Geschwindigkeit umgesetzten Betrages des Gesamtgefälles zum Gesamtgefälle darstellt.

Nachfolgend werden, um einen Überblick zu ermöglichen, außer den angeführten noch die Formeln für L_n einiger charakteristischer Beispiele entwickelt.

Es sollen die gleichen idealen Voraussetzungen gelten wie vorher: geradlinige Bewegung in Richtung der Einströmung, Strömungsumkehrung, wo solche in Frage kommt, verlustfreie Strömung und Gefäßbewegung.

Allgemeine Formel.

Zuerst sei der allgemeine Fall Fig. 25 angenommen, wonach das verfügbare Gefälle $H = \frac{c^2}{2g}$ teils in der Leit- und teils in der Laufvorrichtung in Geschwindigkeit umgesetzt wird.

Es ist dann die nutzbare Arbeit nach der Regel vom Antrieb:

$$L_n = \frac{G}{g} u (w_1 + w_2) = \frac{G}{g} u (c_e + c_2),$$

wenn $c_e = \sqrt{c^2 - c_a{}^2}$ die Geschwindigkeit der Eintrittsenergie H_e repräsentiert. Die Geschwindigkeit, die der zusätzlich in der Laufvorrichtung umgesetzten Gefällshöhe H_a entspricht, wird mit c_a bezeichnet.

Wie nach Fig. 25 leicht zu verfolgen, ist

$$c_2 = \sqrt{(c_e - u)^2 + c_a{}^2} - u$$

und

$$c_2{}^2 = \left(\sqrt{(c_e - u)^2 + c_a{}^2} - u\right)^2.$$

Die Werte für c_e und c_2 in L_n eingesetzt, ergibt:

$$L_n = \frac{G}{g} u \left[\sqrt{c^2 - c_a{}^2} + \sqrt{\left(\sqrt{c^2 - c_a{}^2} - u\right)^2 + c_a{}^2} - u\right].$$

Nach der Energieumsetzung erhält die Arbeitsleistung die Form:

$$L_n = \frac{G}{2g}(c^2 - c_2{}^2),$$

und nach Einsetzen der vorstehenden Werte für $c_2{}^2$ und c_e:

$$L_n = \frac{G}{2g}\left[c^2 - \left(\sqrt{\left(\sqrt{c^2 - c_a{}^2} - u\right)^2 + c_a{}^2} - u\right)^2\right].$$

Durch Ausmultiplizieren der Klammern geht dieser Ausdruck gleichfalls in den obigen nach der Antriebsformel gefundenen über.

Aus dieser Formel lassen sich für die verschiedenen charakteristischen Fälle der Arbeitsübertragung im ganzen Gebiet von $c_e = 0$ bis $c_e = c$ durch Einsetzen der bezüglichen Werte von c_a die Spezialformeln ableiten. Die Formeln sollen jedoch, um den Einblick in die Vorgänge zu erleichtern, direkt abgeleitet werden, und zwar sowohl nach dem Prinzip vom Antrieb als auch nach der Energiebilanz.

a) Voller Überdruck in der Laufvorrichtung. Keine Leitvorrichtung (Fig. 26).

Das Überdruckverhältnis ist

$$\varrho = \frac{w_2^{\,2}}{c^2} = 1.$$

Das in der Laufeinrichtung total verfügbare Gefälle muß die für die Beschleunigung des Betriebsmittels auf die Geschwindigkeit u erforderliche Arbeit selbst leisten. Das Beispiel ist identisch mit dem der Abschnitte 12 und 13:

$$c = c_a = w_2$$

$$c_e = 0$$

$$c_2 = c - u = w_2 - u$$

$$c_2^{\,2} = c^2 - 2\,c u + u^2.$$

Nach der Regel vom Antrieb:

$$\text{I.}\quad L_n = \frac{G}{g}\, u\,(c_e + c_2)$$

ergibt sich hiermit wie früher:

$$L_n = \frac{G}{g}\, u\, c_2.$$

Stellt man die Energiebilanz auf, so ist zu berücksichtigen, daß von der Differenz zwischen Ein- und Austrittsenergie noch die Beschleunigungsarbeit für den Wassereintritt aufzubringen ist, also:

$$\text{II.}\quad L_n = \frac{G}{2\,g}\,(c^2 - c_2^{\,2} - u^2),$$

woraus gleichfalls obiger Wert folgt.

Darstellung der Geschwindigkeiten für die Grundformeln.

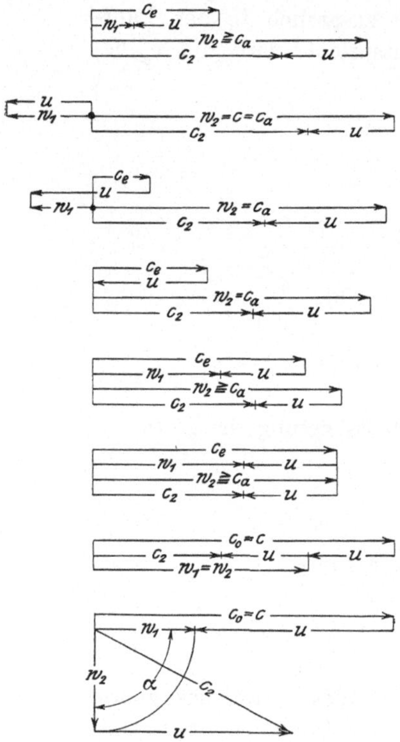

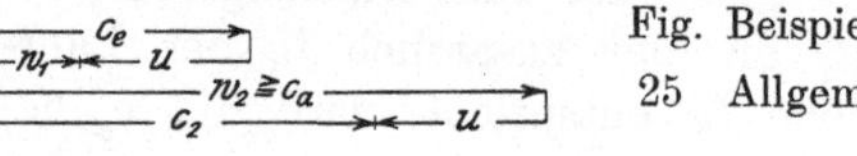

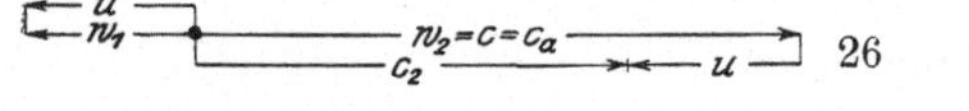

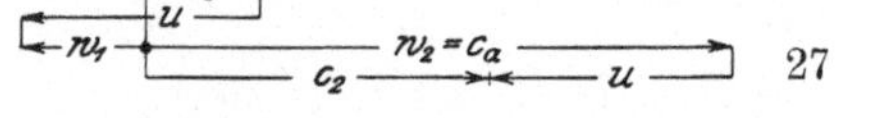

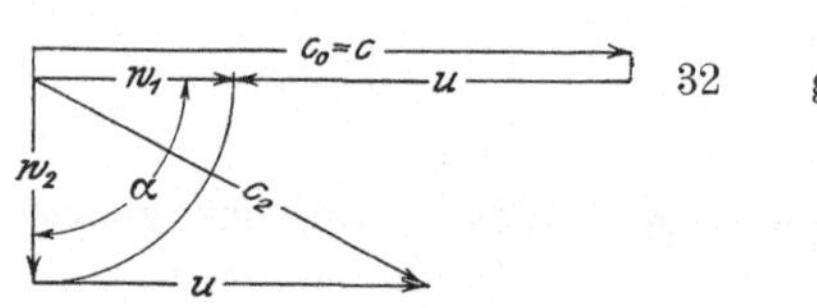

Fig.	Beispiel:
25	Allgem.
26	a
27	b
28	c
29	d
30	e
31	f
32	g

b) Leitvorrichtung für halbe Nutzgeschwindigkeit. Veränderlicher Überdruck (Fig. 27).

Die Leitvorrichtung soll das Wasser in Richtung u auf den Wert $\frac{u}{2}$ beschleunigen.

Es ist:

$$c_e = w_1 = \frac{u}{2}$$

$$c^2 = c_a{}^2 + \frac{u^2}{4} = w_2{}^2 + \frac{u^2}{4}$$

$$c_2 = w_2 - u = \sqrt{c^2 - \frac{u^2}{4}} - u$$

$$c_2{}^2 = c^2 + \frac{3}{4}u^2 - 2u\sqrt{c^2 - \frac{u^2}{4}}.$$

Die nutzbare Arbeit ergibt sich zu:

$$\text{I.} \quad L_n = \frac{G}{g} u (c_e + c_2)$$

$$= \frac{G}{g} u \left(\sqrt{c^2 - \frac{u^2}{4}} - \frac{u}{2}\right)$$

$$\text{II.} \quad L_n = \frac{G}{2g}\left(c^2 - c_2{}^2 - \frac{u^2}{4}\right)$$

$$= \frac{G}{2g}\left(c^2 - c^2 - \frac{3}{4}u^2 + 2u\sqrt{c^2 - \frac{u^2}{4}} - \frac{u^2}{4}\right)$$

$$= \frac{G}{g} u \left(\sqrt{c^2 - \frac{u^2}{4}} - \frac{u}{2}\right).$$

Die Leistungskurve ist unsymmetrisch. Sie erreicht ihr Maximum $L_{n\,max} = 0{,}8285 \frac{G}{g}\frac{c^2}{2}$ bei $\frac{u}{c} = 0{,}77$ und ihre maximal denkbare Geschwindigkeit bei $u = \sqrt{2}\,c$. Es stehen hierbei demnach nur ca. 83% der Gesamtenergie nutzbar zur Verfügung.

Das Überdruckverhältnis

$$\varrho = \frac{c_a{}^2}{c^2} = \frac{c^2 - \frac{u^2}{4}}{c^2} = 1 - \frac{u^2}{4c^2}$$

ändert sich von $\varrho = 1$ bei $u = 0$ bis $\varrho = 0{,}5$ bei $u = \sqrt{2}\,c$ und beträgt bei $L_{n\,max}$ ca. 85%.

c) Leitvorrichtung für volle Nutzgeschwindigkeit. Veränderlicher Überdruck (Fig. 28). (Identisch mit Beispiel Abschnitt 14.)

In der Leitvorrichtung wird eine Strömungsgeschwindigkeit $= u$ erzeugt. Das Überdruckverhältnis ändert sich nach:

$$\varrho = \frac{c^2 - u^2}{c^2} = 1 - \frac{u^2}{c^2};$$

es variiert von $\varrho = 1$ bei $u = 0$ bis $\varrho = 0$ bei $u = c$ und wird für das Maximum der Nutzleistung, wenn

$$c_e = c_a = u = \frac{c}{\sqrt{2}} \quad \text{ist:}$$

$$\varrho = 1 - \frac{c^2}{2\,c^2} = 0{,}5.$$

Nach der Voraussetzung ist:

$$\begin{aligned}
c_e &= u \\
c^2 &= c_a{}^2 + u^2 \\
c_a &= w_2 = \sqrt{c^2 - u^2} \\
c_2 &= c_a - u \\
c_2{}^2 &= c_a{}^2 - 2\,c_a u + u^2 \\
&= c^2 - 2\,u\sqrt{c^2 - u^2}
\end{aligned}$$

und hiernach:

I.
$$\begin{aligned}
L_n &= \frac{G}{g}\,u\,(c_e + c_2) \\
&= \frac{G}{g}\,u\,(u + c_a - u) \\
&= \frac{G}{g}\,u\sqrt{c^2 - u^2}
\end{aligned}$$

II.
$$\begin{aligned}
L_n &= \frac{G}{2\,g}\,(c^2 - c_2{}^2) \\
&= \frac{G}{2\,g}\,(c^2 - c^2 + 2\,u\sqrt{c^2 - u^2}) \\
&= \frac{G}{g}\,u\sqrt{c^2 - u^2}.
\end{aligned}$$

d) Überdruckverhältnis gleich 0,5 (Fig. 29).

In der Leit- und Laufvorrichtung wird je eine Hälfte des Gesamtgefälles in Geschwindigkeit umgesetzt. Diese Voraussetzung entspricht einem konstanten $\varrho = 0{,}5$.

Es ist:

$$\begin{aligned}
c_e &= c_a = \frac{c}{\sqrt{2}} \\
c_e{}^2 &= c_a{}^2 = \frac{c^2}{2} \\
w_1 &= c_e - u \\
w_1{}^2 &= (c_e - u)^2
\end{aligned}$$

$$w_2 = \sqrt{(c_e - u)^2 + c_a^2} = \sqrt{c^2 - \sqrt{2}\,cu + u^2}$$

$$c_2 = w_2 - u$$

$$c_2^2 = \left(\sqrt{c^2 - \sqrt{2}\,cu + u^2} - u\right)^2$$

und I. $$L_n = \frac{G}{g}\,u\,(c_e + c_2)$$

$$= \frac{G}{g}\,u\left(\frac{c}{\sqrt{2}} + \sqrt{c^2 - \sqrt{2}\,cu + u^2} - u\right)$$

II. $$L_n = \frac{G}{2g}(c^2 - c_2^2)$$

$$= \frac{G}{2g}\left(c^2 - c^2 + \sqrt{2}\,cu - u^2 + 2u\sqrt{c^2 - \sqrt{2}\,cu + u^2} - u^2\right)$$

$$= \frac{G}{g}\,u\left(\frac{c}{\sqrt{2}} + \sqrt{c^2 - \sqrt{2}\,cu + u^2} - u\right).$$

Wenn man nach dieser Formel das Verhältnis der nutzbaren zur verfügbaren Arbeit $\eta_n = \frac{L_n}{L}$ aufstellt, so ergibt sich, daß η_n über $\frac{u}{c}$ aufgetragen nach Durchgang durch den bei $\frac{u}{c} = \frac{1}{\sqrt{2}}$ liegenden Maximalwert Eins, abnimmt und den zweiten Endwert Null mit $\frac{u}{c} = \infty$ erreicht. Folgende Zahlenwerte deuten den Verlauf der Kurve an:

$\frac{u}{c} =$	1	2	3	10	100
$\eta_n =$	0,944	0,72	0,64	0,54	0,42.

Dieses Verhalten folgt, wenn im Gefäß die Relativgeschwindigkeit w_1 bestehen bleibt.

Für die Darstellung der Leistungskurven, Abschn. 17, ist demgegenüber angenommen, daß oberhalb von $u = \frac{c}{\sqrt{2}}$ das entgegengesetzt zu u gerichtete w_1 nicht bestehen bleibt, sondern im Gefäß in Druckhöhe verwandelt wird. Das Wasser ist also durch das Gefäß von der Absolutgeschwindigkeit c_e um w_1 auf u weiter zu beschleunigen.

Es wird dann:

$$w_2 = c_e = c_a = \frac{c}{\sqrt{2}}$$

$$c_2 = \frac{c}{\sqrt{2}} - u$$

$$c_2^2 = \frac{c^2}{2} - 2\frac{c}{\sqrt{2}}u + u^2$$

und I. $$L_n = \frac{G}{g}u(c_e + c_2)$$

$$= \frac{G}{g}u(\sqrt{2}\,c - u).$$

Infolge des vom Gefäß aufzubringenden Antriebs auf die Geschwindigkeit $w_1 = u - c_e = c_2$ wird:

II. $$L_n = \frac{G}{2g}(c^2 - w_1^2 - c_2^2)$$

$$= \frac{G}{2g}(c^2 - 2c_2^2)$$

$$= \frac{G}{2g}\left(c^2 - c^2 + 4\frac{c}{\sqrt{2}}u + 2u^2\right)$$

$$= \frac{G}{g}u(\sqrt{2}\,c - u).$$

e) Veränderlicher Überdruck bei $c_e = w_2$ (Fig. 30).

Die absolute Austrittgeschwindigkeit aus der Leitvorrichtung und die relative aus der Laufvorrichtung sind einander gleich. Das Verhältnis des Überdrucks:

$$\varrho = \frac{c_a^2}{c^2} = \frac{c^2 - c_e^2}{c^2} = \frac{2u\sqrt{2u^2 + c^2} - 3u^2}{c^2}$$

ist variabel; es wächst bis zum Leistungsmaximum von 0 bis 0,5.

Es ist:

$$c_e = w_2 = c_2 + u$$

$$c_2^2 = 2(c_2 + u)^2 - c^2$$

$$= 2c_2^2 + 4c_2u + 2u^2 - c^2$$

$$c_2 = -2u \pm \sqrt{4u^2 - 2u^2 + c^2},$$

hierin ist nur das positive Vorzeichen brauchbar, also:

$$c_2 = \sqrt{2u^2 + c^2} - 2u.$$

$$c_2^2 = c^2 + 6u^2 - 4u\sqrt{2u^2 + c^2}$$

und I. $$L_n = \frac{G}{g} u (c_e + c_2)$$
$$= \frac{G}{g} u (2 c_2 + u)$$
$$= \frac{G}{g} u (2 \sqrt{2 u^2 + c^2} - 3 u)$$

II. $$L_n = \frac{G}{2g} (c^2 - c_2{}^2)$$
$$= \frac{G}{2g} (c^2 - c^2 - 6 u^2 + 4 u \sqrt{2 u^2 + c^2})$$
$$= \frac{G}{g} u (2 \sqrt{2 u^2 + c^2} - 3 u).$$

Das Maximum der Leistungskurve liegt wiederum bei $u = \frac{c}{\sqrt{2}}$ und ergibt:
$$L_{n\,max} = \frac{G}{g} \frac{c^2}{2}.$$

Das Maximum fällt also mit dem von Fall d zusammen. Die vorstehende Formel gilt gleichfalls nur bis zum Maximalwert $L_{n\,max}$; darüber hinaus ist die unter d) für $u = \frac{c}{\sqrt{2}}$ bis $u = \sqrt{2}\, c$ entwickelte maßgebend.

f) Reine Druckwirkung mit vollkommener Umlenkung (Fig. 31).

(Identisch mit Beispiel Abschnitt 15.)

Das gesamte Gefälle wird in der Leitvorrichtung in Geschwindigkeit umgesetzt und die Strömung in der Laufeinrichtung um 180° umgelenkt.

Es ist:
$$c_e = c$$
$$c_a = 0$$
$$c_2 = c - 2 u$$
$$c_2{}^2 = c^2 - 4 c u + 4 u^2$$

und I. $$L_n = \frac{G}{g} u (c_e + c_2)$$
$$= \frac{G}{g} u (c + c - 2 u)$$
$$= \frac{G}{g} 2 u (c - u)$$

II.
$$L_n = \frac{G}{2g}(c^2 - c_2^2)$$
$$= \frac{G}{2g}(c^2 - c^2 + 4cu - 4u^2)$$
$$= \frac{G}{g} 2u(c - u).$$

Die Leistung hat ihr Maximum bei $u = \frac{c}{2}$ und ergibt:

$$L_{n\,max} = \frac{G}{g}\frac{c^2}{2},$$

also gleichfalls volle Ausnutzungsmöglichkeit des verfügbaren Gefälles.

g) Reine Druckwirkung mit halber Umlenkung (Fig. 32).

Es ist wie vorher $c_e = c$. In der Laufvorrichtung wird die Stromumlenkung jedoch nur auf 90^0 gebracht; sie entspricht also nicht mehr der vorher gemachten Voraussetzung (180^0).

Es ist dann:

$$w_1 = w_2 = c - u;$$

w_2 steht senkrecht auf u und hat daher in Richtung u die Komponente Null.

$$c_2^2 = u^2 + w_2^2$$
$$= 2u^2 + c^2 - 2cu.$$

Nach der Regel vom Antrieb ergibt sich die Eintrittsdruckkomponente zu:

$$P_e = \frac{G}{g} u = \frac{G}{g}(c - u)$$

und die Austrittskomponente in Richtung u:

$$P_a = \frac{G}{g} w_2 \cos\alpha = 0.$$

Letztere erzeugt aber einen senkrecht zu u wirkenden Druck von der Größe P_e. Das Gefäß wäre also in Richtung u zwangläufig zu führen. Es ergibt sich demnach in Richtung u eine nutzbare Arbeit:

I.
$$L_n = \frac{G}{g} u(c - u).$$

Nach der Energiebilanz ergibt sich nach Einsetzen des vorstehenden Ausdruckes für c_2^2 die gleiche Formel:

II. $$\begin{aligned} L_n &= \frac{G}{2g}(c^2 - c_2{}^2) \\ &= \frac{G}{2g}(c^2 - c^2 + 2cu - 2u^2) \\ &= \frac{G}{g}u(c-u). \end{aligned}$$

Die nutzbare Arbeit ist demnach identisch mit der in Fall a). Es läßt sich wie dort maximal nur die Hälfte der verfügbaren Energie in Richtung u nutzbar machen.

Reduziert man die Umlenkung noch weiter bis auf Null, so wird der Kanal der Laufeinrichtung geradaxig und allseitig parallel. Damit wird die Druckwirkung und die übertragbare Arbeit unter allen Umständen gleichfalls Null.

17. Leistungskurven der Grundformeln.

Die Kurven der nutzbaren Arbeit L_n, resp. ihres Nutzverhältnisses $\eta_n = \frac{L_n}{L}$ für die Beispiele a bis g sind in Fig. 33 über dem Ver-

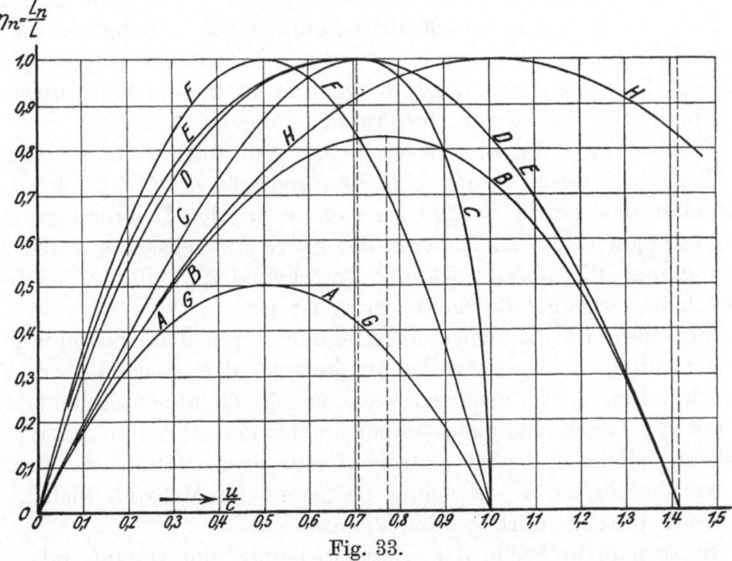

Fig. 33.

hältnis $\frac{u}{c}$ aufgetragen. Sie zeigen die bekannten Leitungskurven (mit A bis G bezeichnet), von parabolischen und ähnlichen Formen. Es geht daraus hervor, daß das Leitungsmaximum von $100\,^0/_0$ mit jedem Wert zwischen $\frac{u}{c} = 0{,}5$ und $\frac{u}{c} = \frac{1}{\sqrt{2}}$ erreichbar ist. Wie in späteren Abschnitten gezeigt wird, erfährt dieses Gebiet bei der Übertragung von der geradlinigen in die kreisförmige Rotationsbewegung der Turbine eine Erweiterung bis auf den Wert $\frac{u}{c} = 1$ und die durch Kurve H Fig. 33 dargestellten nutzbaren Werte.

18. Schlußfolgerungen.

Rückblickend läßt sich die Art der Arbeitsübertragung von Strömungen auf feste Körper dahin zusammenfassen, daß mit reinem Überdruck, auch bei Anwendung einer Leitvorrichtung eine volle Energieausnutzung im geradlinig bewegten Gefäß nicht möglich ist, weil in diesem Fall das Gefäß den seiner Bewegung entgegen wirkenden Beschleunigungsdruck $P = \frac{G}{g} u$ übernehmen muß, der dem Wasser die Geschwindigkeit u erteilt.

Volle Energieausnutzung wird nach dem Vorhergehenden erst möglich, wenn der Beschleunigungsdruck von der Leitvorrichtung übernommen, das Wasser dem bewegten Gefäß also mindestens mit der Geschwindigkeit u zugeführt wird. Ist dies, wie beim Beispiel c, der Fall, dann liefert die Eintrittskomponente c_e lediglich die Geschwindigkeit der Arbeitsgröße und die Austrittskomponente w_2 lediglich die Triebkraft. Letztere entsteht in diesem Fall ausschließlich durch den Rückdruck der Ausströmung.

Steigert man die Eintrittgeschwindigkeit über u hinaus, so trägt der Überschuß durch seinen Umlenkungsdruck zur Antriebskraft bei; setzt man das ganze verfügbare Gefälle in der Leitvorrichtung in Geschwindigkeit um, so entsteht die ganze Antriebskraft durch Umlenkung und die Gefäßdruckhöhe verschwindet, weil für das Gefäß selbst kein Druckgefälle mehr verfügbar ist.

Praktisch ist die Arbeitsübertragung durch Wasserströmung auf ein geradlinig bewegtes Gefäß in keinem der ausgeführten Fälle möglich. Bei allen Beispielen wäre, sobald Gefäßbewegung eintritt, ein mit der Geschwindigkeit proportionales Fortschreiten der Wasserzuführungsstelle, d. h. des Leitschaufelaustritts erforderlich, wodurch von vornherein die Übertragung höchstens im Maßstab kleiner Experimente durchgeführt werden könnte.

Setzt man an Stelle der Wasserströmung eine Dampf- oder Gasströmung, so ändert sich nichts am dynamischen Prinzip der Arbeitsübertragung. Es treten lediglich andere Bedingungen für die Dimensionierung der Strömungsquerschnitte auf, infolge des über dem Gefällspotential sich ändernden spezifischen Strömungsgewichtes.

B. Kreisförmige Bewegung.

19. Übergang von der geradlinigen Gefäßbewegung in die Kreisbewegung.

Für die praktische Anwendung würde bei geradliniger Gefäßbewegung zu den Schwierigkeiten der Wasserzuführung noch die durch Spaltüberdruck zwischen Leitapparat und Gefäß treten in allen den Fällen, in denen der Spaltdruck höher ist, als der Druck hinter der Gefäßmündung.

Die Grundformeln sind deshalb lediglich als abstrakte Beispiele der Arbeitsübertragung zu betrachten. Sie zeigen, daß in jedem Einzelbeispiel bei maximalem Nutzverhältnis eine Hälfte der verfügbaren Sekundenarbeit aufgewendet werden muß, die Gefäßgeschwindigkeit zu erzeugen, die andere Hälfte dazu, die Antriebsgröße zu erzeugen. Letztere kann entweder durch Umlenkung der Strömung aus ihrer relativen Eintrittrichtung im Gefäß entstehen (Druckturbinen) oder durch den Gefäß-Überdruck resp. Unterdruck, der die Gegenkraft der Antriebsgröße der Gefäßausströmung bildet. Diese Art der Erzeugung der Antriebsgröße wird gewöhnlich Reaktion genannt, was aber keine sehr treffende Bezeichnung ist. Erstens hat die Antriebsgröße hierbei den gleichen Treibsinn auf das Gefäß, wie bei der Erzeugung durch Umlenkung, zweitens ist die, durch die relative Strömungszunahme im Gefäß repräsentierte Antriebsgröße (resp. deren Gegendruck) nur ausnahmsweise identisch mit der Treibkraft der erzeugten Gefäßarbeit. Sie ist meistens kleiner; dann wird der Rest durch Stromumlenkung erzeugt, oder größer, dann repräsentiert sie unter Umständen außer der Gefäßantriebskraft auch einen Teil der für die Gefäßgeschwindigkeit aufzuwendenden Arbeit. Solche Turbinen werden daher besser mit der gleichfalls gebräuchlichen Bezeichnung „Überdruckturbinen“ gekennzeichnet, die berechtigt ist, sobald in einer Turbine vor und hinter dem Laufkanal eine Druckdifferenz herrscht, unabhängig davon, wieviel Prozent diese Differenz vom ganzen verfügbaren Gefälle beträgt.

Die Schwierigkeiten, die sich der Arbeitsübertragung auf ein geradlinig oder auch krummlinig mit endlicher Begrenzung bewegtes Gefäß einstellen, verschwinden bis auf einen Teil der Spaltverluste, wenn das Gefäß gezwungen wird, eine kreisförmige Bahn zu beschreiben. Diese Form der Übertragung von Stömungsenergie in mechanische Arbeit oder ihre Umkehrung findet daher die verbreitetste Anwendung bei Maschinen, in denen Strömungsarbeit positiv oder negativ übertragen wird.

In der Anwendung auf die Turbine bleiben die bekannten und gebräuchlichen Formen der Arbeitsübertragung, die mit Fall c bis f identisch sind, unberücksichtigt, auch ihre Anwendung auf die Radial-Turbinen und Pumpen. Fall g hat für Turbinen keine praktische Bedeutung. Lediglich Fall a und b sollen auf die Axialturbine angewandt werden zum Nachweis, daß es möglich ist, Turbinen mit geraden resp., da hier die Übertragung der geradlinigen Bewegung auf den Zylindermantel in Betracht kommt, schraubenförmigen, oder bei Radialturbinen evolventenförmigen Schaufeln konstanter Dicke auszuführen, und damit ein Nutzverhältnis über 0,5 zu erreichen.

Um den Wasserdurchfluß z. B. durch eine Axialturbine zu ermöglichen, muß das Wasser auf dem gesamten Weg durch Leit- und Laufkanäle eine axiale Geschwindigkeitskomponente behalten, d. h. eine solche senkrecht zur Drehebene des Rades. Daraus folgt, daß sowohl die absolute Einströmrichtung als auch die relative Ausströmrichtung des Wassers zur Raddrehebene geneigt sein müssen. In der Richtung der Umfangstangente u kann dem Wasser demnach zunächst auch bei $\eta_{n\,max}$ nicht die ganze verfügbare Arbeit entzogen werden; diese zerfällt unter allen Umständen in die nutzbare Arbeit und den nicht nutzbaren Austrittsverlust.

Aus dem Grunde muß jede Arbeitsmaschine eine nicht nutzbare Strömungskomponente aufweisen, die senkrecht zur nutzbaren Bewegungsrichtung u der Arbeitsmaschine verläuft. Abgesehen von den Nebenverlusten der Strömung, die durch Umlenkung, Wirbel und Reibung entstehen, wird die Ausnutzung der verfügbaren Arbeit um so günstiger, je kleiner die nicht nutzbare Komponente ist. Da sie aber nie Null werden darf, kann in solchen Maschinen das Nutzverhältnis $\eta_n = \frac{L_n}{L}$ niemals gleich Eins werden.

20. Anwendung von Fall a auf die Axialturbine (Fig. 34 bis 36).

Unter der Voraussetzung, die für Fall a gemacht wurde, nämlich, daß das in den Laufapparat eintretende Wasser zunächst auf die Geschwindigkeit u zu beschleunigen, und das verfügbare Gefälle durch $H = \frac{w_2^2}{2g}$ bestimmt ist, würden sich Laufradkanäle ergeben, die für die drei charakteristischen Geschwindigkeiten $u = 0$; $u = \frac{w_2}{2}$ und $u = w_2$ die Formen Fig. 34a bis 36a annehmen. Der Austrittquerschnitt bei A bleibt konstant entsprechend $w_2 =$ konst. Der Eintrittquerschnitt bei B ändert sich umgekehrt zur Eintrittskomponente c_e. Für $u = 0$ sei c_e vernachlässigbar klein gedacht, damit der Querschnitt eine endliche Größe erhalten kann. Sobald Laufradbewegung eintritt, ist w_1 in die Axialrichtung umzulenken, so daß seine Komponente u verschwindet, resp. in Absolutgeschwindigkeit umge-

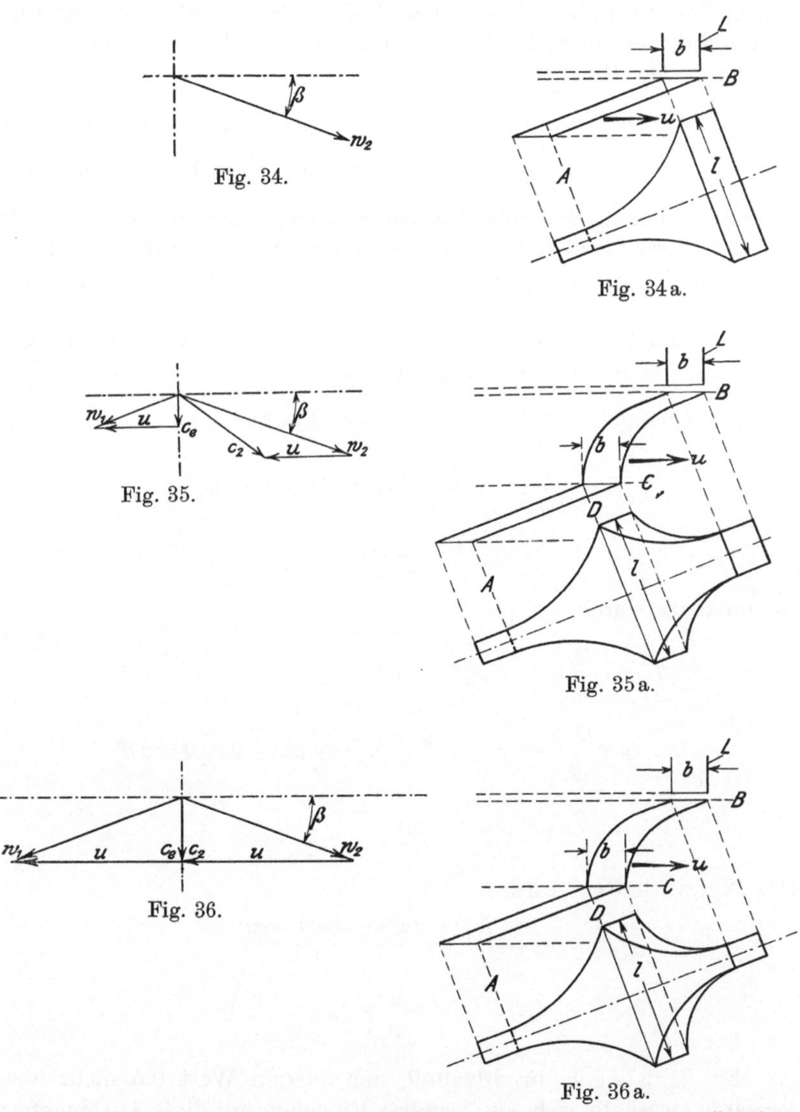

Fig. 34.

Fig. 34 a.

Fig. 35.

Fig. 35 a.

Fig. 36.

Fig. 36 a.

Abstraktes Beispiel einer reinen Überdruckturbine für konstantes Gefälle. Geschwindigkeitsdreiecke und Kanalformen dargestellt für die drei Geschwindigkeiten: $u = 0$, $u = \frac{c \cos \beta}{2}$ und $u = c \cos \beta$.

setzt wird. Der Kanal ist gleichzeitig bis auf die Größe $F_a = l \cdot b$, d. h. den Leitkanalaustrittquerschnitt für $u = 0$ bei C zu erweitern, so daß auch c_e bis auf einen vernachlässigbaren Betrag verschwindet. Dadurch entsteht bei C wieder der w_2 entsprechende Druck, der im Kanalteil zwischen DA in Geschwindigkeit umgesetzt wird und dessen Gegendruck außer der Antriebsgröße den Umlenkungsdruck für den Kanalteil BC liefert.

Im Grenzfall $u = w_2 \cos\beta$ hat der gekrümmte Kanalteil BC die Antriebsgröße $P_u = \frac{G}{g} w_2 \cos\beta$ aufzubringen, um das Wasser auf u zu beschleunigen. Im Ausströmteil entwickelt sich die Geschwindigkeit w_2, deren treibende Umfangskomponente $w_2 \cos\beta = u$ ist und deren Antriebsgröße P_u im Einströmteil verbraucht wird. Die Austrittskomponente $c_2 = w_2 \sin\beta$ ist gleich groß wie c_e, folglich ist die auf den Kanal resultierende äußere Antriebskraft Null. Dem Kanal wird lediglich die Geschwindigkeit u erteilt.

Die verfügbare Arbeit ist gegeben durch:

$$L = \frac{G}{2g} c^2 = \frac{G}{2g} (c_e^2 + u^2 + w_2^2 - w_1^2)$$

$$= \frac{G}{2g} w_2^2,$$

die nutzbare durch:

$$L_n = \frac{G}{2g} (c_e^2 - w_1^2 + w_2^2 - c_2^2)$$

$$= \frac{G}{2g} (-u^2 + w_2^2 - w_2^2 - u^2 + 2 w_2 u \cos\beta)$$

$$= \frac{G}{g} u (w_2 \cos\beta - u).$$

Das Nutzverhältnis wird

$$\eta_n = \frac{L_n}{L} = \frac{2u(w_2 \cos\beta - u)}{w_2^2}$$

$$= 2 \frac{u}{w_2} \left(\cos\beta - \frac{u}{w_2}\right).$$

Es kann auch im Idealfall den oberen Wert 0,5 nicht überschreiten, weshalb sich ein weiteres Eingehen auf diese Turbinenform erübrigt.

21. Reine Überdruckturbine ohne Eintrittbeschleunigung (Fig. 37 und 38).

Im vorhergehenden Beispiel ist das Rückdruckgefäß auf den kleinen Raum bei C zusammengeschrumpft. Es vermag die Wassersäule zur Erzeugung von w_2 nicht mehr aufzunehmen. Diese ist in der Leitvorrichtung L_e aufgestaut und überträgt ihren hydrostatischen Druck durch Vermittlung des Kanalteils BC nach C. Es ist nun

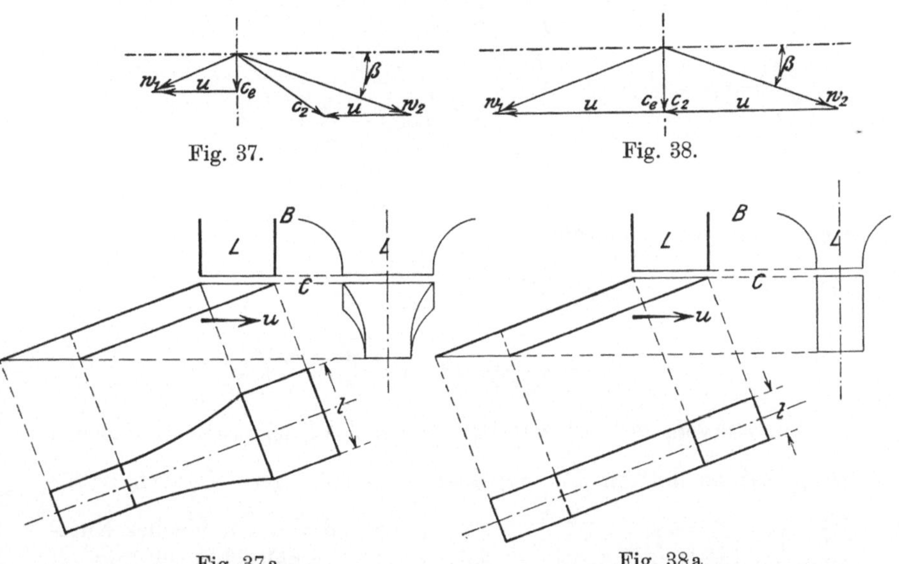

Fig. 37.

Fig. 38.

Fig. 37a. Reine Überdruckturbine. Geschwindigkeitsdreiecke und Kanalform für $\beta = 20^0$; $\frac{u}{w_2} = 0{,}47$.

Fig. 38a. Reine Überdruckturbine. Geschwindigkeitsdreiecke und Kanalform für den Grenzfall $\frac{u}{w_2} = \cos\beta$, in dem die Möglichkeit der Arbeitsübertragung verschwindet.

in der Turbine möglich, auf den gekrümmten Kanalteil zu verzichten und C direkt an L_e zu setzen, d. h. es wird von dem Gefäß nur die Mündung verwandt. Dann gehen die Fig. 35a und 36a in Fig. 37a und 38a über. An den Geschwindigkeitsdreiecken ändert sich dadurch nichts, weil Laufkanal-Ein- und -Austritt im Zylinderschnitt relativ gleich bleiben. Es tritt lediglich, bezogen auf konstantes w_2, eine Änderung der Kanalbreiten l (im Radialschnitt), ein. Das verfügbare Gefälle geht über in die Form:

$$H = \frac{1}{2g} c^2 = \frac{1}{2g} (w_2{}^2 - u^2).$$

Die verfügbare Arbeit wird dargestellt durch:

$$L = \frac{G}{2g} c^2 = \frac{G}{2g} (w_2{}^2 - u^2).$$

Die nutzbare Arbeit behält ihre frühere Form:

$$L_n = \frac{G}{g} u (w_2 \cos \beta - u).$$

Das Nutzverhältnis wird:

$$\eta_n = \frac{L_n}{L} = \frac{2u(w_2 \cos\beta - u)}{w_2{}^2 - u^2}$$

$$= \frac{2\frac{u}{w_2}\left(\cos\beta - \frac{u}{w_2}\right)}{1 - \frac{u^2}{w_2{}^2}}$$

oder, wenn man c einführt,

$$\eta_n = \frac{2u(\cos\beta\sqrt{c^2 + u^2} - u)}{c^2}$$

$$= 2\frac{u}{c}\left(\cos\beta\sqrt{1 + \frac{u^2}{c^2}} - \frac{u}{c}\right).$$

Die Kurven, die sich aus der ersteren Formel ergeben, sind von 10 zu 10° bis 60° in Fig. 39 über $\frac{u}{w_2}$ aufgetragen. Danach ist für $\beta = 0$ ein ideelles Nutzverhältnis gleich Eins erreichbar bei $\frac{u}{w_2} = 1$. Mit diesem Höchstwert geht jedoch gleichzeitig das relativ verfügbare Gefälle, wie aus der in der Figur gleichfalls eingezeichneten H_w-Kurve zu ersehen, verloren, d. h. die Turbine verliert ihre Fähigkeit, eine Antriebsgröße zu erzeugen. Der Laufkanal wird, wie Fig. 38a zeigt, parallelwandig und geradaxig.

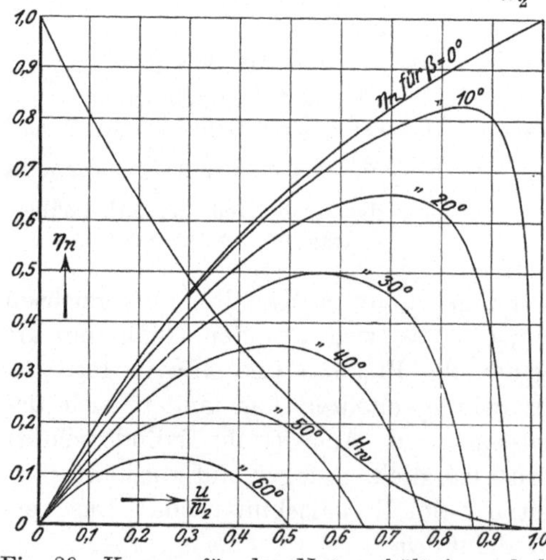

Fig. 39. Kurven für das Nutzverhältnis und das relativ umsetzbare Gefälle über $\frac{u}{w_2}$.

Entsprechend der Tendenz von H_w verlaufen die Kurven, wenn man sie nach der zweiten Formel über $\frac{u}{c}$ aufträgt (Fig. 40) für $\beta = 0^0$ im Unendlichen. Für sehr kleine Winkel, z. B. 10^0, ergeben sich noch ganz annehmbare Werte von η_n. Da außerdem aus dem flachen

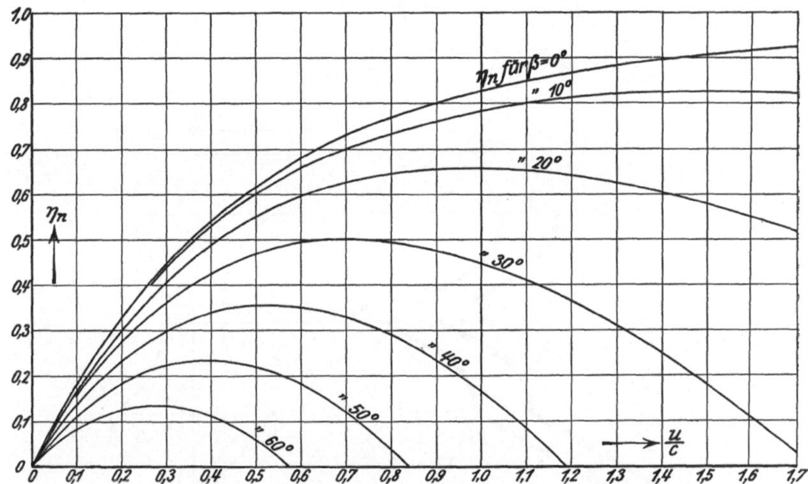

Fig. 40. η_n-Kurven nach Fig. 39 über $\frac{u}{c}$.

Verlauf der 10^0-Kurve bei konstantem u eine große Unempfindlichkeit gegen Änderungen der Gefällhöhe folgt und das brauchbarste Gebiet von $\frac{u}{c}$ zwischen 1 und 2 liegt, dürfte die Anwendung solcher Turbinen für sehr kleine Gefälle wirtschaftlich möglich sein, besonders wo es auf billige Baukosten ankommt.

22. Anwendung von Fall b auf die Axialturbine (Fig. 41).

Macht man den Austrittwinkel α des Leitkanals gleich dem des Laufkanals β, dann erhält man die Übertragung des Schemas b auf die Turbine, wenn der Austrittquerschnitt von L so dimensioniert wird, daß die Umfangskomponente $c_e \cos \alpha = \frac{u}{2}$ ist. Das Geschwindigkeitsschema wird dann beispielsweise durch Fig. 41 dargestellt.

Zunächst sei wieder, wie in Fall a, angenommen, daß die relative Eintrittströmung in die Axialrichtung umgelenkt, das Wasser dadurch um $\frac{u}{2}$ auf u beschleunigt und die Axialkomponente $\frac{u}{2\sin\alpha}$ in Druck zurückverwandelt wird.

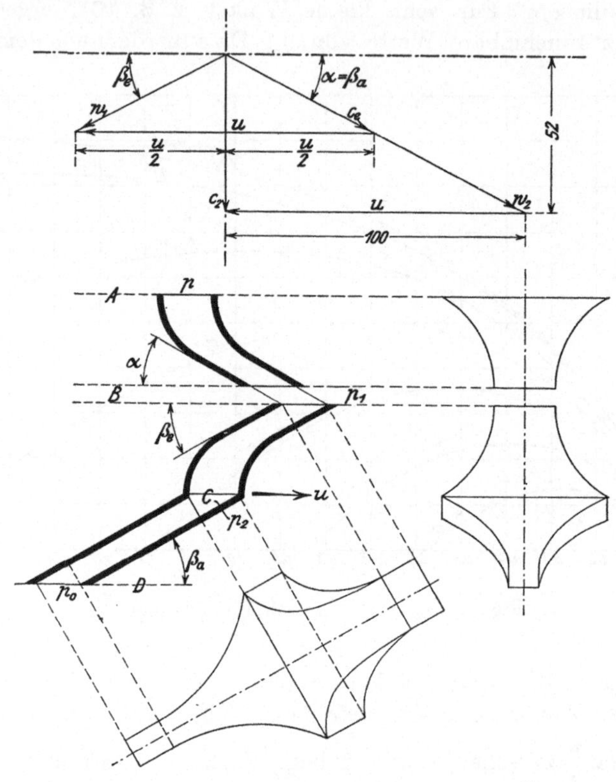

Fig. 41. Geschwindigkeitsdreiecke für $c_e = \frac{u}{2\cos\alpha}$.

Fig. 41a. Kanalformen für $\alpha = 27^0\,28'$; $\frac{u}{w_2} = 0{,}887$; $\frac{u}{c} = 0{,}81$; $\eta_n = 0{,}658$.

Es ist:

$$c_e = w_1 = \frac{u}{2\cos\alpha}$$

$$c^2 = w_2{}^2 + \frac{u^2}{4}$$

und für beliebige Richtung von c_2:

$$c_2{}^2 = w_2{}^2 + u^2 - 2\,w_2\,u\cos\alpha.$$

Die verfügbare Arbeit ist:

$$L = \frac{G}{2g}c^2 = \frac{G}{2g}\left(w_2{}^2 + \frac{u^2}{4}\right),$$

die nutzbare Arbeit:

$$L_n = \frac{G}{2g}(w_2^2 - c_2^2) = \frac{G}{g}u\left(w_2 \cos\alpha - \frac{u}{2}\right) = \frac{G}{g}u\left(\cos\alpha\sqrt{c^2 - \frac{u^2}{4}} - \frac{u}{2}\right).$$

Das Nutzverhältnis ist:

$$\eta_n = \frac{L_n}{L} = \frac{2w_2 u\cos\alpha - u^2}{w_2^2 + \frac{u^2}{4}} = \frac{2\frac{u}{w_2}\cos\alpha - \frac{u^2}{w_2^2}}{1 + \frac{1}{4}\frac{u^2}{w_2^2}},$$

oder wenn man c einführt:

$$\eta_n = \frac{2u\cos\alpha\sqrt{c^2 - \frac{u^2}{4}} - u^2}{c^2} = 2\frac{u}{c}\cos\alpha\sqrt{1 - \frac{1}{4}\frac{u^2}{c^2}} - \frac{u^2}{c^2}.$$

Die sich hiernach ergebenden Werte sind in Fig. 42 über $\frac{u}{w_2}$ und in Fig. 43 über $\frac{u}{c}$ für die Winkel α von 10 zu 10^0 zwischen 0 und 60^0 aufgetragen. Die Kurve für $\alpha = 0$ ist identisch mit Kurve ***B*** (Fig. 33) und für die Turbine nicht brauchbar. In Fig. 42 und 43 sind außerdem die Kurven der Maximalwerte von η_n über α, d. h. die Verbindungspunkte der Maxima der einzelnen η_n-Kurven eingezeichnet. $\eta_{n\,max}$ ergibt sich aus:

$$\eta_{n\,max} = 2(\sqrt{1 + \cos^2\alpha} - 1).$$

Eine zweite charakteristische Kurve zeigt Fig. 42 für den Fall $u = w_2 \cos\alpha$, d. h. für den Fall, daß die Austrittgeschwindigkeit wie in Fig. 41 axial gerichtet ist. Diese Form des Geschwindigkeitsschemas ergibt somit nicht das maximale Nutzverhältnis, sondern ein etwas kleineres und es liegt bei einem etwas höheren Wert von $\frac{u}{w_2}$ resp. $\frac{u}{c}$, als den das maximale Nutzerhältnis kennzeichnenden.

Der Vergleich der Kurven Fig. 43 und 33 ergibt, daß mit einer Turbine nach Fig. 41 bei $\alpha = 20^0$ ca. $75\,^0/_0$ der verfügbaren Arbeit nutzbar sind, d. h. wesentlich mehr, als mit der reinen Überdruckturbine und axialer Zuströmung, aber immer noch wesentlich weniger, als mit gekrümmten Laufschaufeln, bei deren Anwendung im Idealfall $100\,^0/_0$ und praktisch ca. $95\,^0/_0$ nutzbar werden.

Obgleich Fig. 41 nach der Definition:

$$\varrho = \frac{w_2^2}{w_2^2 + \frac{u^2}{4}} = 1 - \frac{u^2}{4c^2}$$

keine reine Überdruckturbine kennzeichnet, muß eine nach diesem Schema ausgeführte Turbine doch als solche angesprochen werden,

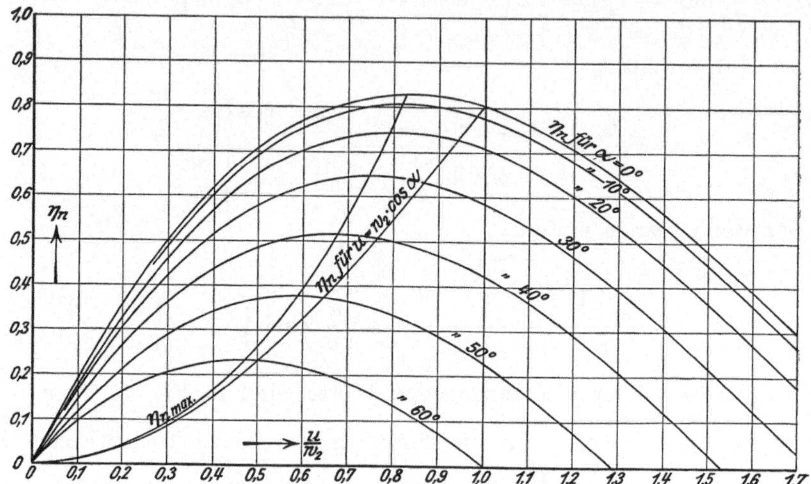

Fig. 42. η_n-Kurven über $\frac{u}{w_2}$ aufgetragen.

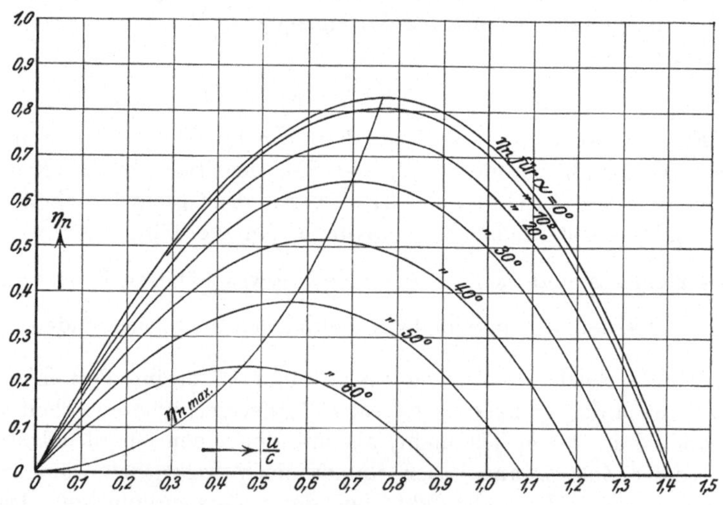

Fig. 43. η_n-Kurven über $\frac{u}{c}$ aufgetragen.

weil das nutzbare Gefälle plus Austrittverlust in der Laufschaufel als Überdruck erscheinen und in Geschwindigkeit umgesetzt werden und die in Fig. 41a gezeigte Form des Laufkanals eine Arbeitsübertragung vom Wasser auf den Kanal durch Umlenkung ausschließt.

23. Fall b ohne Eintrittsbeschleunigung im Laufkanal (Fig. 44).

Ebenso wie bei Fall a kann der Umlenkungsteil des Laufkanals fortgelassen werden, wodurch das verfügbare Gefälle übergeht in die Form:

$$H = \frac{1}{2g} c^2 = \frac{1}{2g} (c_e^{\,2} + w_2^{\,2} - w_1^{\,2})$$

$$= \frac{1}{2g} w_2^{\,2}.$$

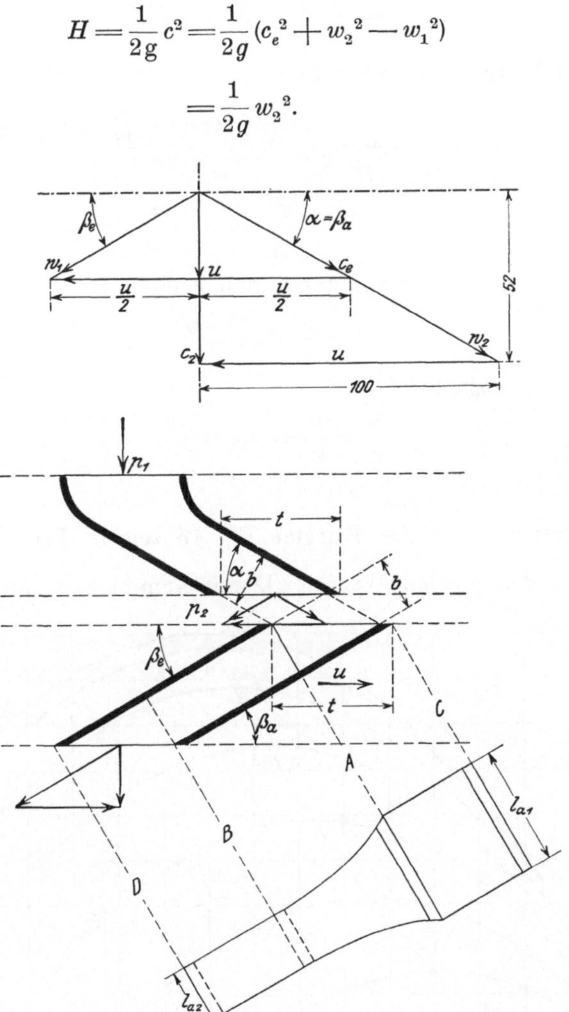

Fig. 44. Geschwindigkeitsdreiecke wie Fig. 41.

Fig. 44a. Kanalformen für $\alpha = 27^0\,28'$; $\frac{u}{w_2} = \frac{u}{c} = 0{,}887$; $\eta_n = 0{,}787$.

Die verfügbare Arbeit wird dargestellt durch:

$$L = \frac{G}{2g} c^2 = \frac{G}{2g} w_2^{\,2}.$$

Das Geschwindigkeitsdiagramm bleibt das gleiche wie vorher, ebenso die nutzbare Arbeit durch w_2 ausgedrückt:

$$L_n = \frac{G}{g} u \left(w_2 \cos\alpha - \frac{u}{2} \right).$$

Das Nutzverhältnis geht über in:

$$\eta_n = \frac{L_n}{L} = \frac{2u\left(w_2 \cos\alpha - \frac{u}{2}\right)}{w_2^{\,2}}$$

$$= 2\frac{u}{w_2}\cos\alpha - \frac{u^2}{w_2^{\,2}}.$$

Es behält die gleiche Form, wenn man c einführt:

$$\eta_n = 2\frac{u}{c}\cos\alpha - \frac{u^2}{c^2}.$$

Das Maximum liegt bei:

$$\frac{u}{c} = \frac{u}{w_2} = \cos\alpha$$

und ist

$$\eta_{n\,max} = \cos^2\alpha.$$

Es erreicht, wie die Kurven Fig. 45 zeigen, bei $\alpha = 0^0$ mit $\frac{u}{w_2} = \frac{u}{c} = 1$ den idealen Wert 1. Damit kommt zum Ausdruck, daß

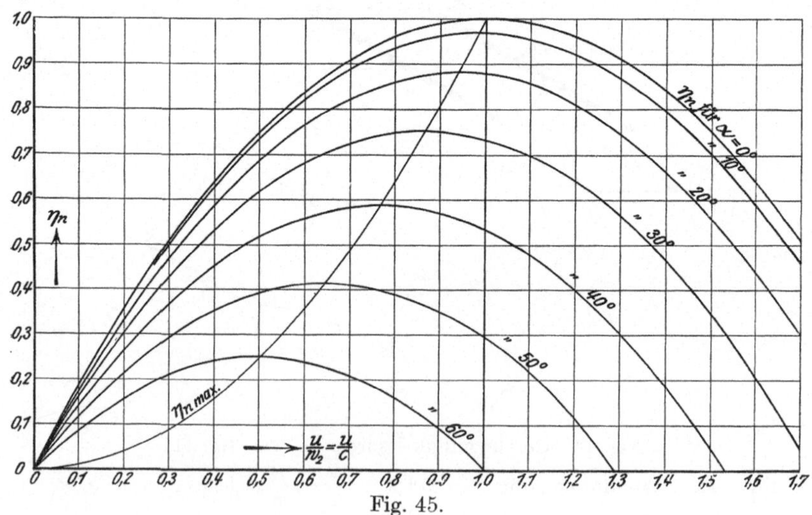

Fig. 45.

für solche Turbinen die physikalische Voraussetzung der höchstmöglichen Übertragung der Strömungsenergie in Rotationsarbeit erfüllt ist.

Das Überdruckverhältnis ist gegeben durch:

$$\varrho = \frac{w_2^{\,2} - \dfrac{u^2}{4\cos^2\alpha}}{w_2^{\,2}}$$

$$= 1 - \frac{u^2}{w_2^{\,2}} \frac{1}{4\cos^2\alpha}.$$

Es variiert für jeden Winkel zwischen 1 für $\frac{u}{w_2} = 0$ und 0 für $\frac{u}{w_2} = 2\cos\alpha$, wobei η_n gleichfalls Null wird. Für die Werte von $\eta_{n\,max}$, d. h. bei $\frac{u}{w_2} = \cos\alpha$ behält es den konstanten Wert $\varrho = 0{,}75$.

24. Nachweis des Nutzverhältnisses aus der Druckverteilung in den Schaufeln.

I. Für Fall b mit Eintrittbeschleunigung (Fig. 41a).

Für die Kanaldimensionen der Fig. 41a mögen die gleichen Bezeichnungen gelten, wie in Fig. 44a eingeschrieben: Es bezeichne b die Laufkanaleintrittbreite, sowie die gleichgroße Leit- und Laufkanalaustrittbreite; l_{a1} die radiale Leit- und Laufkanallänge bei B (Fig. 41a) und l_{a2} die Austrittlänge bei D. Dann wird, wenn die Geschwindigkeitsverluste unberücksichtigt bleiben, das Verhältnis der Laufschaufeleintrittlänge l_{a1} zur Austrittlänge l_{a2}

$$\frac{l_{a1}}{l_{a2}} = \frac{w_2}{c_e} = \frac{w_2}{w_1}.$$

Die Beschleunigung von der Relativgeschwindigkeit w_1 auf w_2 findet zwischen den Querschnitten $l_{a1} \cdot b$ und $l_{a2} \cdot b$ statt.

Die Strömung im Schaufelkanal läßt sich dann auf das bewegte Rückdruckgefäß zurückführen, wenn man die Kanalstrecke C—D als Mündung, und den bei C befindlichen, im Querschnitt dreieckigen Raum als Gefäß, dem eine konstante Druckhöhe zugeführt wird, betrachtet.

Es ergibt sich, da das Wasser mit der Relativgeschwindigkeit w_1 zugeführt wird und mit w_2 abströmt, eine Bewegungsgröße des Antriebs in Richtung w_1:

$$P_r = \frac{G}{g}(w_2 - w_1).$$

Von P_r kann jedoch, da das Gefäß entgegengesetzt w_2 offen ist, nur die Komponente in Richtung u auf letzteres übertragen werden, woraus sich die Antriebskraft in dieser Richtung:

$$P_u = \frac{G}{g}(w_2 - w_1)\cos\alpha$$

$$= \frac{G}{g}\left(w_2 \cos\alpha - \frac{u}{2}\right)$$

ergibt und weiterhin die nutzbare Arbeit:

$$L_n = \frac{G}{g} u \left(w_2 \cos\alpha - \frac{u}{2}\right)$$

in Übereinstimmung mit der früher ermittelten.

Zu dem gleichen Resultat kommt man von den im ganzen Kanal herrschenden Drücken ausgehend. Im oberen, abgewickelten Zylinderschnitt Fig. 41a betrachtet, ergibt sich folgende Druckverteilung:

Der totale vor der Leitrichtung bei A verfügbare hydraulische Überdruck sei p. Derjenige im Schaufelspalt bei B sei p_1; der im Raum C sei p_2. Hinter dem Laufkanal bei D herrsche der Atmosphärendruck p_0.

Der Druckabfall in der Leitvorrichtung ist:

$$p - p_1 = \frac{\gamma}{2g} c_e^{\,2} = \frac{\gamma}{2g} w_1^{\,2}.$$

Von der Relativströmung $w_1 = c_e$ verschwindet die Umfangskomponente $\frac{u}{2} = c_e \cos\alpha$, indem dem Wasser durch den gekrümmten Kanalteil B—C die gleichgroße Absolutgeschwindigkeit erteilt wird. Eine Änderung des hydraulischen Überdrucks tritt dadurch nicht ein, wohl aber wird durch die Kanalerweiterung B—C die Axialkomponente $c_e \sin\alpha$ zum Verschwinden gebracht und wieder in Druck zurückverwandelt. Der Überdruck p_2 ist demnach:

$$p_2 = \frac{\gamma}{2g}(c^2 - c_e^{\,2} + c_e^{\,2}\sin^2\alpha)$$

$$= \frac{\gamma}{2g}(c^2 - c_e^{\,2}\cos^2\alpha)$$

$$= \frac{\gamma}{2g}\left(c^2 - \frac{u^2}{4}\right) = \frac{\gamma}{2g} w_2^{\,2}.$$

Der ideale Austrittquerschnitt der Leitvorrichtung ist gleich dem Eintrittquerschnitt des Laufkanals:

$$l_{a1}\, b = F_{e2} = F_{a1} = \frac{G}{\gamma w_1}.$$

Der Austrittquerschnitt des Laufkanals ist:

$$l_{a2}\, b = F_{a2} = F_{a1} \frac{w_1}{w_2} = \frac{G}{\gamma\, w_2}.$$

Nach der Ausströmformel ist die ideale Bewegungsgröße der relativen Laufkanalausströmung:

$$P_{ra} = 2\, F_{a2}\, p_2 = 2\, F_{a1} \frac{w_1}{w_2} p_2$$

$$= 2\, F_{a1} \frac{w_1}{w_2} \frac{\gamma}{2\, g} w_2{}^2.$$

Von diesem Betrag ist die von der Laufschaufel in B—C für die Umfangsbeschleunigung des Wassers aufzubringende Antriebsgröße plus der aus dem verschwindenden $c_e \sin \alpha$ resultierenden, d. h. der von w_1, in Abzug zu bringen:

$$P_{re} = \frac{G}{g} w_1 = 2\, F_{a1} (p - p_1)$$

$$= 2\, F_{e2} (p - p_1).$$

Bezogen auf den Querschnitt $l_{a1} \cdot b$ ergibt sich folglich eine wirksame Antriebsgröße:

$$P_{a1} = P_{ra} - P_{re}$$

$$= 2\, F_{a1} \left[\frac{w_1}{w_2} p_2 - (p - p_1)\right].$$

Setzt man die Geschwindigkeitswerte der Drücke ein, dann wird mit

$$F_{a1} = \frac{G}{\gamma\, w_1}, \qquad P_{a1} = \frac{2\, G\, \gamma}{\gamma\, w_1\, 2\, g} \left(\frac{w_1}{w_2} w_2{}^2 - w_1{}^2\right)$$

$$= \frac{G}{g} (w_2 - w_1).$$

Hiervon ist auf der Kanalwandung in Richtung u nur die Komponente

$$P_u = \frac{G}{g} (w_2 - w_1) \cos \alpha$$

$$= \frac{G}{g} \left(w_2 \cos \alpha - \frac{u}{2}\right)$$

wirksam, woraus der beabsichtigte Nachweis folgt.

II. Für Fall b ohne Eintrittbeschleunigung im Laufkanal (Fig. 44a).

Im (oberen) Zylinderschnitt Fig. 44a betrachtet, ergibt sich zwischen A und B gleiche Druckverteilung auf den gegenüberliegenden Kanalwänden, also kein äußerer Antrieb. Angenommen, daß die Austrittsdruckhöhe bei B gleich p_0 ist, so ergibt sich auch auf der Kanalwand D—B der Druck Null, also ebenfalls kein Antrieb. Die Fläche A—C dagegen ist einem Überdruck im Antriebsinne ausgesetzt. Bezeichnet man den Überdruck vor der Leitvorrichtung mit p_1, den vor dem Laufrad mit p_2, so ist der Druckabfall der Leitvorrichtung:

$$p_1 - p_2 = \frac{\gamma}{2g} w_1^2.$$

Der ideale Austrittquerschnitt der Leitvorrichtung F_{e2} ist gleich dem Eintrittquerschnitt des Laufkanals:

$$F_{a1} = \frac{G}{\gamma w_1}.$$

Der Austrittquerschnitt des Laufkanals ist:

$$F_{a2} = F_{a1} \frac{w_1}{w_2} = \frac{G}{\gamma w_2}.$$

Nach der Ausströmformel ist die ideale Bewegungsgröße der relativen Ausströmung:

$$P_{ra} = 2 F_{a2} p_1 = 2 F_{a1} \frac{w_1}{w_2} p_1.$$

Davon ist, auf den hydraulischen Gegendruck innerhalb A—C bezogen, der aus der Ausströmung der Leitvorrichtung sich ergebende Betrag, der von letzterer übernommen wird, in Abzug zu bringen:

$$P_{re} = 2 F_{e2} (p_1 - p_2) = 2 F_{a1} (p_1 - p_2).$$

Der auf den Querschnitt $F_{a1} = l_{a1} \cdot b$, bei A wirksame Betrag der Bewegungsgröße folgt aus:

$$\begin{aligned} P_{a1} &= P_{ra} - P_{re} \\ &= 2 F_{a1} \left[\frac{w_1}{w_2} p_1 - (p_1 - p_2)\right]. \end{aligned}$$

Hiervon vermag die Fläche A—C in Richtung u nur den Betrag $P_u = P_{a1} \cos\alpha$ zu übernehmen, woraus folgt:

$$\begin{aligned} P_u &= 2 F_{a1} \left[\frac{w_1}{w_2} p_1 - (p_1 - p_2)\right] \cos\alpha \\ &= \frac{2 G \gamma}{\gamma w_1 \, 2 g} \left(\frac{w_1}{w_2} w_2^2 - w_1^2\right) \cos\alpha, \end{aligned}$$

d. h. die gleiche Formel wie früher:

$$P_u = \frac{G}{g} (w_2 - w_1) \cos\alpha.$$

Strömung in Mündungen unter Wasser.

25. Einleitende Bemerkungen.

Sofern die Druckdifferenz zwischen Ein- und Austrittquerschnitt einer hydraulischen Mündung konstant bleibt, sind die Strömungsvorgänge innerhalb der Mündung die gleichen, ohne Unterschied, ob als Mündungsgegendruck der atmosphärische Luftdruck wirkt, wie in den Abschnitten 1—11 angenommen, oder die Pressung einer hydraulischen Druckhöhe. Im letzteren Fall ist dann als für die Strömung maßgebende Druckhöhe die Entfernung zwischen Ober- und Unterwasserspiegel einzusetzen.

In den folgenden Abschnitten soll untersucht werden, wie das Verhalten solcher untergetauchter Mündungen ist, wenn ihre natürliche Druckhöhe durch eine künstliche ersetzt wird, wie beim Schraubenpropeller, oder wenn von einer natürlichen Druckhöhe ein Teil durch Umwandlung in mechanische Arbeit entzogen wird, was bei allen Überdruckturbinen der Fall ist.

Es ergibt sich in Übereinstimmung mit der neueren Turbinenpraxis, daß das Ablaufrohr von Überdruckturbinen als ein für die Energieübertragung wichtiger Teil anzusehen ist, der bei geeigneter Formgebung die am Laufradaustritt durch die absolute Austrittströmung repräsentierte Arbeit größtenteils in der Turbine nutzbar zu machen erlaubt.

26. Einfache konvergierende Mündung.

Angenommen, eine ideale konvergente Mündung vom Austrittquerschnitt F_a sei nach Fig. 46 mit ihrer Mittellinie horizontal liegend, H Meter unter Wasser befestigt. Am Ausflußende der Mündung sei eine ideale, in der Mündungswand abgestützte Treibschraube S gelagert, d. h. eine solche, die den Querschnitt nicht beengt und ein Nutzverhältnis $=1$ liefert. Der Eintrittquerschnitt sei so groß gedacht, daß die Eintrittgeschwindigkeit vernachlässigbar klein wird. Die Schraube soll durch

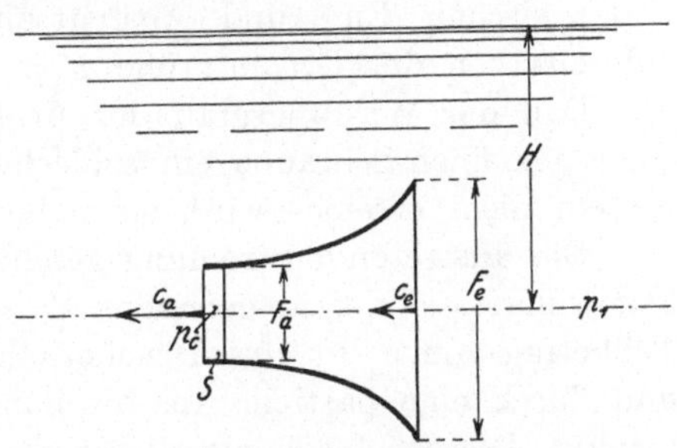

Fig. 46. Mündung mit Ersatz der hydraulischen Druckhöhe durch mechanischen Antrieb.

ihren Antrieb eine Ausflußgeschwindigkeit der Mündung $= c_a$ liefern, dann ist die Ausflußmenge

$$G = F_a c_a \gamma.$$

Die Bewegungsgröße der Ausströmung resp. die axiale Antriebskraft ist:

$$P_r = \frac{G}{g} c_a.$$

Die Geschwindigkeit c_a entspricht einer hydraulischen Erzeugungsdruckdifferenz p_c. Der Wasserstrom wird daher bei F_a gegenüber dem umgebenden mittleren Ruhedruck p_1 einen Unterdruck von der Größe p_c annehmen. Man kann also für c_a setzen:

$$c_a = \sqrt{2 g \frac{p_c}{\gamma}},$$

P_r geht daher über in:

$$P_r = \frac{F_a c_a \gamma}{g} \sqrt{2 g \frac{p_c}{\gamma}} = 2 F_a p_c.$$

d. h. in den gleichen Wert, der sich für den freien Ausfluß unter einer Druckhöhe $H_c = \frac{p_c}{\gamma}$ ergeben würde. Die eine Hälfte von P_r findet ihren Ausgleichdruck in der Mündung dadurch, daß innerhalb der Mündung durch die Wasserbeschleunigung auf c_a an den Wandungen ein Unterdruck von der Gesamtgröße $F_a p_c$ gegenüber der äußeren Axialprojektion der Wandung entsteht. Die zweite Hälfte findet ihren Druckausgleich am Propeller selbst: Die Propellerfläche F_a steht in beiden Axenrichtungen unter dem Druck des ruhenden Wassers p_1. Auf der Eintrittseite verschwindet hiervon der Betrag p_c, da er die Geschwindigkeit c_a liefern muß. Auf der Austrittseite hingegen ist die Strömung allseitig von dem Druck p_1 umgeben und nimmt folglich auch diesen Druck an. Es stellt sich also zwischen Ein- und Austrittseite des Propellers eine Druckdifferenz von der Gesamtgröße $F_a p_c$ ein.

Daß der Wirkungsgrad der Arbeitsübertragung bei Verwendung einer gemeinen Schraube ein schlechter ist und der ideale Effekt bei weitem nicht erreicht wird, sei nebenbei bemerkt.

Die austretende Strömungsgeschwindigkeit wird durch den Trägheitswiderstand des umgebenden Wassers verzögert, wodurch sich ein Teilbetrag von c_a in eine Druckerhöhung über p_1 hinaus umwandelt und durch eine partielle Anschwellung des Wasserspiegels bemerkbar macht. Die Rückwirkung dieser Druckerhöhung veranlaßt eine allseitige Ausgleichströmung, welche auch nach rückwärts durch die Mündung als negativer Schraubenslip auftritt.

27. Konvergent-divergente Mündung.

Die Eintrittöffnung F_e und die Austrittöffnung F_a einer solchen Mündung, Fig. 47, seien einander gleich und unendlich groß gedacht. Im engsten Querschnitt F_k sei wieder eine ideale Treibschraube S angenommen, die dem Wasser, auf F_k bezogen, eine Geschwindigkeit c_k erteilt. Die durchfließende Menge ist demnach:

$$G = F_k c_k \gamma.$$

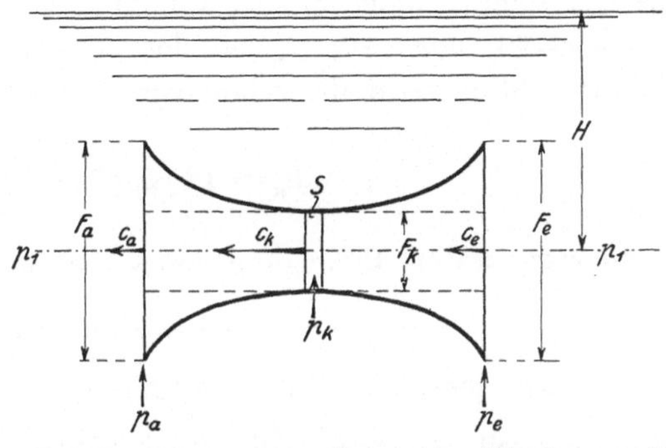

Fig. 47. Konvergent-divergente Mündung mit Ersatz der hydraulischen Druckhöhe durch mechanischen Antrieb.

Die Antriebsgröße der äußeren Strömung, die durch die Schraube erzeugt wird, ist gegeben durch:

$$P_r = \frac{G}{g} c_e = \frac{G}{g} c_a,$$

d. h. sie ergibt, da F_e unendlich groß, einen unendlich kleinen Wert. Die durch die Strömungsbeschleunigung zwischen F_e und F_a entstehende scheinbare zusätzliche Antriebsgröße ist:

$$P_k = \frac{G}{g}(c_k - c_e)$$
$$= 2(F_k p_k - F_e p_e)$$

wenn der über F_e und F_a herrschende Druck der ruhenden Flüssigkeit mit p_1, der Druckabfall bis F_e mit p_e, derjenige bis F_k mit p_k bezeichnet wird. Führt man die Werte

$$F_e = F_k \frac{c_k}{c_e} \text{ und } p_e = \frac{\gamma}{2g} c_e^2 = \frac{\gamma}{2g} c_k^2 \frac{F_k^2}{F_e^2}$$

ein, so wird, da

$$\frac{c_k}{c_e} = \frac{F_e}{F_k} \text{ ist,}$$

$$P_k = 2 F_k p_k \left(1 - \frac{F_k}{F_e}\right).$$

Da man hierin F_k/F_e als unendlich klein vernachlässigen kann, und am äußeren Umfang der Mündung gleichfalls p_1 herrschen soll, tritt P_k zur einen Hälfte als Axialkomponente des Unterdrucks auf der inneren Mündungswand zwischen F_e und F_k in die Erscheinung, zur anderen Hälfte verschwindet er, weil keine zur Mündungsprojektion F_k gehörige Gefäßwand vorhanden ist. Die Schraube selbst kann diesen Druck auch nicht aufnehmen, da auf ihrer Rückseite noch die Geschwindigkeit c_k und allseitig der Druck p_k herrscht.

Im divergenten Mündungsteil zwischen F_k und F_a spielt sich der umgekehrte Vorgang ab. Die Geschwindigkelt c_k wird durch die Querschnittsänderung der Mündung auf c_a verzögert; der Wasserdruck steigt dabei von p_k auf den Anfangsdruck $p_a = p_e$.

Hierdurch wird die scheinbare Antriebsgröße

$$P_k = 2\,F_k p_k \left(1 - \frac{F_k}{F_a}\right)$$

vernichtet, unter Erzeugung eines Ausgleichdrucks von der Größe $\frac{P_k}{2} = F_k\,p_k \left(1 - \frac{F_k}{F_a}\right)$, der auf die Mündungswand zwischen F_k und F_a im entgegengesetzten Sinn, wie der gleich große im konvergenten Mündungsteil, wirkt und diesen aufhebt. Die zweite Hälfte $\frac{P_k}{2}$ verschwindet wieder im Querschnitt F_k. Somit ergibt sich, daß die Strömungsbeschleunigung und Wiederverzögerung zwischen F_e und F_a nicht imstande ist, eine äußere Schubkraft auf Mündung und Antriebschraube hervorzurufen. Infolgedessen ist für ihre Erzeugung, abgesehen von dem aus c_e entstehenden vernachlässigbaren Wert und den Umlenkungs- und Reibungsverlusten, auch keine Arbeit aufzuwenden. Die Geschwindigkeitsdifferenz

$$c_o = c_k - c_e$$

repräsentiert eine energielose Strömung.

Nehmen F_e und F_a nach Fig. 47 wiederum gleichen, aber endlichen Querschnitt an, dann behalten die vorstehenden Formeln ihre Geltung. Da c_e und c_a gleichfalls endliche Werte annehmen, werden sie nicht ohne merkbaren Einfluß auf den umgebenden Wasserzustand bleiben. Auf der Einströmseite wird die Geschwindigkeit c_e ein allseitiges Nachfließen des umgebenden Wassers und einen dadurch bedingten Druckabfall, verbunden mit Niveausenkung des Wasserspiegels, herbeiführen. Die Senkung strebt der Druckhöhe $\frac{p_1 - p_e}{\gamma}$ zu, wird diese aber wegen der allseitigen Zuströmung nicht erreichen. Umgekehrt hat das mit der Geschwindigkeit c_a austretende Wasser, das hinter der Mündung befindliche zu verdrängen. Dabei geht ein Teil von c_a in Verdrängungsarbeit über, ein anderer verschwindet in einer Druckerhöhung, die sich in einer partiellen Hebung des

Wasserspiegels äußert. Die Drucksäulenerhöhung, die dadurch auf F_a einwirkt, strebt dem Wert $\frac{p_1 + p_a}{\gamma}$ zu, ohne ihn aber, wegen der durch die Niveauhebung erzeugte allseitige Abströmung, zu erreichen.

In Summa wird dadurch der Einströmteil der Mündung gegenüber dem Ausströmteil einer Druckdifferenz ausgesetzt sein, so daß hierdurch als Rückäußerung der Antriebsgröße der Strömung eine Druckwirkung auf Mündung und Antriebschraube entgegen der Strömungsrichtung entsteht. Da die Umwandlung der Strömungsgeschwindigkeit in Druckhöhe keine vollkommene ist, wird die Mündung, abgesehen von der Schraubenwirkung an sich, mit einem Mengenkoeffizienten $\mu < 1$ arbeiten. Folglich auch mit einem Nutzverhältnis $\eta_n < 1$.

Setzt man eine Mündung Fig. 47 in eine vertikale Wand, s. Fig. 48, auf deren beiden Seiten verschiedene Druckhöhen herrschen, dann muß die Schraube, wenn sie von H_e gegen die höhere Drucksäule

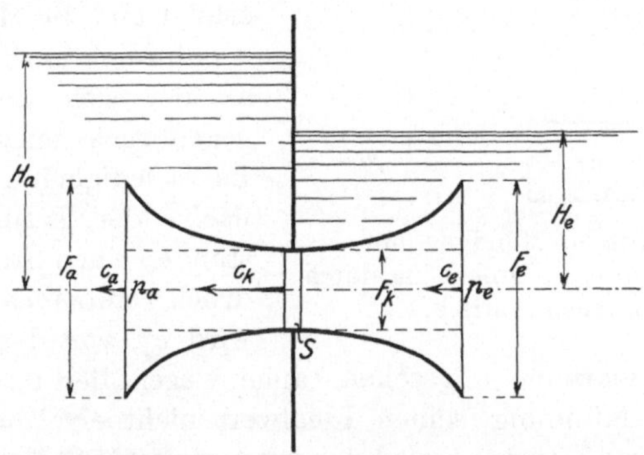

Fig. 48. Mündung wie Fig. 47 in vertikale Wand mit Druckhöhendifferenz $H_a - H_e$ eingesetzt.

H_a fördern soll, die Eigenschaften einer Pumpe annehmen, d. h. sie muß auf der Austrittseite einen der Druckdifferenz $p_a - p_e$ entsprechenden Überdruck erzeugen, weil die Projektion F_a, also auch die Fläche F_k diesem Überdruck ausgesetzt ist. Die gemeine Schraube, die ein zur axialen Strömungsrichtung symmetrisches Geschwindigkeitsdiagramm hat, kann gegen die Überdruckhöhe nur dann Wasser fördern, nachdem ihr Antrieb die aus der Höhendifferenz resultierende Gegenströmung $c_d = \sqrt{2\,g\frac{p_a - p_e}{\gamma}}$ aufgehoben hat. Die nützliche Strömungsgeschwindigkeit wird $c_n = c_a - c_d$. Die Schraube wird daher zur Förderung um so weniger geeignet, je höher ihr Gegendruck, resp. ihr Slip c_d ist.

Zur Erzeugung eines Überdruckes eignet sich jedes unsymmetrische Geschwindigkeitsdiagramm, auf Grund dessen dem Wasser im Antriebsapparat eine absolute Zusatzgeschwindigkeit entweder in axialer, tangentialer oder in beiden Richtungen erteilt und durch Querschnitterweiterung verzögert, d. h. in den geforderten Überdruck verwandelt wird. Die Erfüllung dieser Bedingung, sowie ihre Umkehrung, führt auf die zahllosen Möglichkeiten der Pumpen- und Turbinenformen.

28. Zylindrische Mündung.

Reduziert man Ein- und Austrittquerschnitt der Fig. 47 so weit, daß die Mündung zylindrisch wird, Fig. 49, dann nimmt diese die Eigenschaften der in Fig. 2 dargestellten Mündung an, d. h. sie wird mit einem sehr ungünstigen Mengenkoeffizienten arbeiten, weil die Strömungsbeschleunigung am Eintritt plötzlich unter großen Umlenkungsverlusten erfolgt und die Mündung keine Axialprojektionsfläche aufweist, an der sich der Strömungsgegendruck entwickeln kann. Es ist lediglich die Projektionsfläche der Treibschraube imstande, einen Strömungsgegendruck aufzunehmen. Daher wird c_a, von dem ungünstigen Einfluß der Schraube abgesehen, auch wegen der unvollkommenen Wirkung der Mündung seinen Idealwert nicht erreichen.

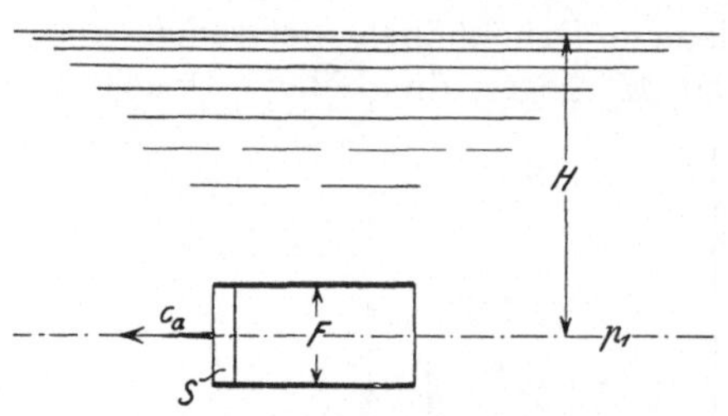

Fig. 49. Zylindrische Mündung mit Ersatz der hydraulischen Druckhöhe durch mechanischen Antrieb.

Die erzeugte Strömung wird sich wieder in einer Senkung des Zuflußwasserspiegels und in einer Hebung des Abflußwasserspiegels äußern. Es wirkt also auf die Schraube außer dem Strömungsunterdruck noch die Spiegeldruckdifferenz, mit dem Effekt, daß durch sie eine Rückströmung durch die Schraube, also ein negativer Slip aufrecht erhalten wird.

Läßt man die Mündung, entsprechend dem üblichen Schiffsschraubenantrieb, ganz fort, so ändern sich (s. Kapitel: Freilaufende Schiffspropeller), die Verhältnisse nicht wesentlich.

29. Grenzbedingung für die erreichbare Strömgeschwindigkeit.

Wird von dem schlechten Mengenkoeffizienten der zylindrischen Mündung Fig. 49 abgesehen und angenommen, daß die Vorderseite der Schraube den Unterdruck $F \cdot p_c$ und die Hinterseite den gleichen Überdruck übernimmt, dann wäre ihr Strömungsgegendruck $P_r = 2\,F p_c$.

Es sei dann am Rohreintritt eine Drucksenkung verbunden mit Spiegelsenkung um p_c, am Austritt eine Hebung um p_c vorausgesetzt.

Dann ergibt sich für p_c die Bedingung:

$$p_c \leqq p_1$$

oder

$$c_a \leqq c_1 \leqq \sqrt{2 g \frac{p_1}{\gamma}}.$$

Diese kritische Bedingung gilt für den Druck p_1, reduziert auf die Mündungsoberkante, so daß sich z. B. für eine Tauchtiefe bis Oberkante = 0,5 m ergibt:

$$c_a \leqq \sqrt{2 g \frac{500}{\gamma}} \leqq 3{,}13 \text{ m/sk.}$$

In Wirklichkeit liegt der Wert, wegen des schlechten Mengenkoeffizienten, und weil sich der Zustrom nach der Oberfläche hin auf einen ständig zunehmenden Querschnitt verteilt, wesentlich höher. Jedenfalls ist aber hierin die Ursache des Luftschluckens von Schiffsschrauben zu erkennen.

Bei 5 m Tauchtiefe ergibt sich:

$$c_a \leqq 9{,}9 \text{ m/sk.}$$

Die Zahl scheint noch immer klein mit Rücksicht auf die praktisch vorkommenden Schiffsgeschwindigkeiten. Es ist aber außer den vorerwähnten Einschränkungen zu beachten, daß sie nur für Schiffsstillstand resp. für die Absolutgeschwindigkeit des Schraubenstromes gelten, die bei Schiffsbewegung durch den Slipwert zum Ausdruck kommt. Tatsächlich ist eine viel höhere axiale Propellergeschwindigkeit, als die aus p_1 resultierende denkbar, weil der schlechte Mengenkoeffizient μ die Drucksenkung um $\frac{p_1}{\gamma}$ erst bei $\frac{c_1}{\mu}$ eintreten läßt, und weil die Zuflußspiegelsenkung stets kleiner ist als $\frac{p_1}{\gamma}$, so daß in der Mündung ein Unterdruck unter die Luftdruckhöhe möglich wird.

Für eine doppelt erweiterte Mündung Fig. 47 gelten, mit Bezug auf die obere Eintrittskante von F_e, die gleichen Bedingungen. Da aber die Strömung im konvergenten Mündungsteil weiter beschleunigt wird, ihr Druck also sinkt, ist darauf Rücksicht zu nehmen, daß für die Geschwindigkeit c_k gleichfalls eine Grenzbedingung besteht. Diese ist durch den auf der Wasseroberfläche lastenden Luftdruck gegeben. Ist dessen spezifische Größe p_0, dann ist die Grenzgeschwindigkeit bei F_k gegeben durch:

$$c_k \leqq \sqrt{2 g \frac{p_0 + p_1}{\gamma}},$$

d. h. durch die vor der Mündung herrschende absolute Druckhöhe. Wird die Schraubenantriebsgeschwindigkeit über c_k hinaus gesteigert, so reißt der Wasserstrom ab, weil das verfügbare Absolutgefälle keine größere Zuströmgeschwindigkeit zu erzeugen vermag.

Nimmt man für p_0 den runden Wert 10000 kg/qm an, dann ergeben sich die in Fig. 50 über der Geschwindigkeit c_e aufgetragenen Kurven. Zunächst ist die zu c_e resp. c_1 gehörige Gefällskurve $H_e = \frac{p_1}{\gamma}$ gezeichnet. Aus der Summe $H_e + \frac{p_0}{\gamma}$ ergibt sich die im

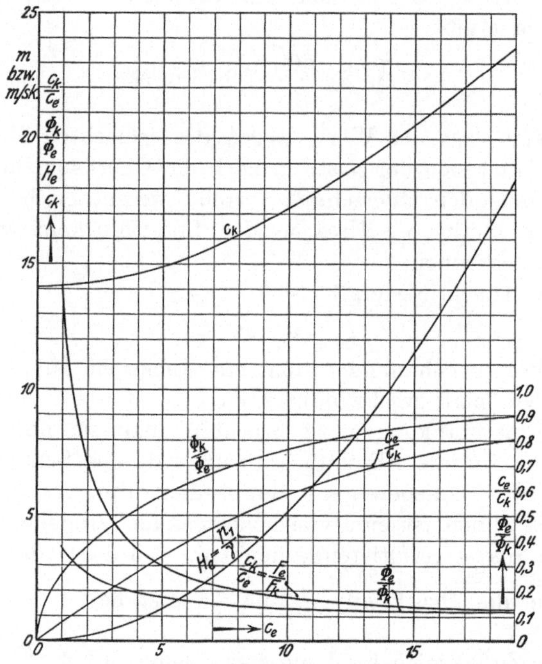

Fig. 50. Ideale Beziehungen zwischen Ein- und Austrittdurchmesser, Querschnitten und Strömgeschwindigkeiten einer verjüngten Mündung für mechanisch erzeugten Antrieb, bei wachsender Tauchtiefe.

Idealfall mögliche Kurve c_k. Es sind ferner gezeichnet die Kurven $\frac{c_k}{c_e}$ und ihres reziproken Wertes, die gleichzeitig für das Flächenverhältnis $\frac{F_e}{F_k}$ gelten und die Kurven von deren Wurzelwerten, die die Beziehungen zwischen den Durchmessern Φ_e und Φ_k angeben.

Aus den Kurven geht hervor, in welchem Verhältnis Dimensionen und Treibgeschwindigkeit des Propellers erhöht werden können, je nachdem c_e resp. H_e oder das Verhältnis $\frac{F_e}{F_k}$ gewählt wird.

30. Ausflußrohre von Turbinen.

Eine Überdruckturbine, als Ganzes genommen, kann als modifizierte Mündung betrachtet werden, in der eine, dem Gesamtgefälle zwischen Ober- und Unterwasserspiegel entsprechende Strömungsgeschwindigkeit erzeugt, zum größten Teil aber in mechanische Arbeit und Verlustwärme verwandelt wird.

Der verbleibende Rest erscheint als absolute Austrittgeschwindigkeit c_2 und ist notwendig, die Wasserströmung und damit die Arbeitsleistung zu ermöglichen. Um den nutzbaren Arbeitsbetrag groß zu erhalten, muß c_2 möglichst klein, der Austrittquerschnitt möglichst groß sein.

Gewöhnlich werden Überdruckturbinen wesentlich höher als der Unterwasserspiegel aufgestellt und mit diesem durch ein unten eingetauchtes Ablaufrohr verbunden. Ist dieses zylindrisch, dann wird c_2 über seine ganze Länge konstant bleiben. Der Wasserdruck wird vom Unterspiegel ab, wo er unter allen Umständen gleich dem atmosphärischen Gegendruck ist, nach oben abnehmen, entsprechend der Druckhöhe plus einem Zuschlag für Reibungs- und Wirbelverluste des Rohres. Diese Verluste, sowie eine meist vorhandene Rotationskomponente von c_2, der Luftgehalt und die Verdampfungstemperatur des Wassers, sind die Ursache, daß die ideale Unterdruckhöhe von ca. 10 m bei weitem nicht erreicht werden kann. Es ist daher nicht möglich, eine Turbine 10 m über Unterwasserspiegel aufzustellen. In günstigen Fällen ca. 7 m.

Verjüngt man das Rohr von der Turbine ab nach dem Auslauf zu, dann muß sich c_2 am Unterwasserspiegel für unveränderte Durchflußmengen steigern. Am Turbinenaustritt muß sich hierfür ein höherer Druck einstellen und zwar auf Kosten des verfügbaren Gesamtgefälles. Die Leistung der Turbine wird sinken, weil das nutzbare Gefälle und ebenso die passierende Wassermenge abnehmen.

Wird das Ausflußrohr nach dem Unterwasserspiegel zu erweitert, so tritt eine umgekehrte Wirkung ein. Ist die axiale Austrittkomponente am Laufrad c_2 und reduziert sie sich durch die Rohrerweiterung am Unterwasserspiegel auf den Wert c_2', dann beträgt dort der Arbeitswert des Austrittverlustes:

$$L_2' = \frac{G}{g} \frac{(c_2')^2}{2}.$$

Die Differenz $L_2 - L_2' = \frac{G}{2g}[c_2{}^2 - (c_2')^2]$ wird für die nutzbare Arbeit der Turbine frei und bewirkt eine Erhöhung der Geschwindigkeiten c_e und w_2 und ebenso der Strömungsmenge. Damit erfolgt gleichzeitig eine Verschiebung der Geschwindigkeitsdreiecke und eine Erhöhung der Austrittsgeschwindigkeiten. Die Differenz $c_2 - c_2'$ erscheint als energielose Strömung.

31. Regelung von Turbinen durch Austrittsdrosselung.

Die im vorhergehenden Abschnitt besprochenen Erscheinungen führen zu einer im Prinzip früher mehrfach angewandten, wenn auch unwirtschaftlichen Regelungsmethode für Turbinen. Analog der bei Düsen für Peltonräder gebräuchlichen Regelung durch einen zentralen inneren Dorn ist es bei einer divergenten Mündung möglich, eine korrekte Mengenregelung durch einen von außen eingeführten Dorn

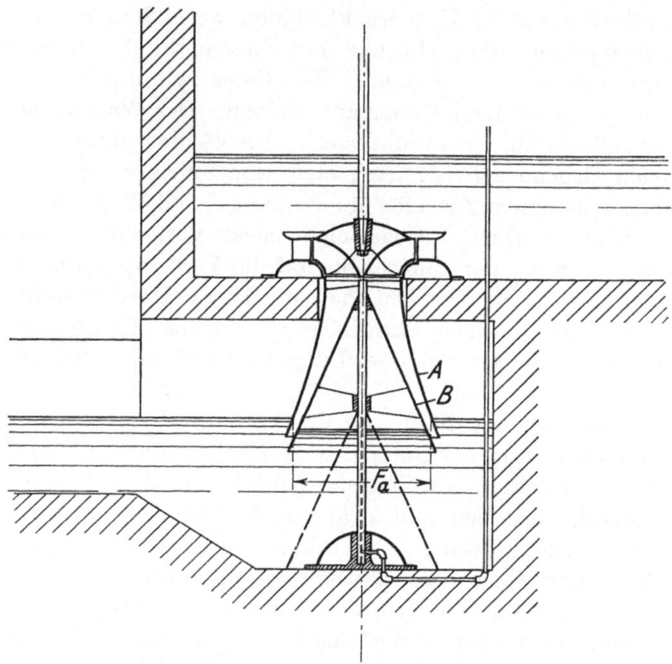

Fig. 51. Regelung einer Francisturbine durch Ausflußdrosselung.

zu erzielen. Auf die Turbine angewandt, würde sich das durch Fig. 51 dargestellte Schema ergeben. Es ist in das erweiterte Ablaufrohr A ein kegeliger axial verschiebbarer Dorn B eingesetzt, der auch irgendeine andere nach oben verjüngte Form haben könnte. In der obersten gezeichneten Position des Dornes sind alle freien Querschnitte des Ablaufrohres einander gleich und zwar gleich dem axialen Austrittquerschnitt F_k des Laufrades.

Bewegt man den Dorn nach unten, dann tritt eine nach unten ständig zunehmende Vergrößerung des Ausflußquerschnitts bis zum Maximalwert F_a ein. Dieser wird in der punktiert gezeichneten Stellung des Dornes erreicht. Ist die Turbine für eine bestimmte Leistung mit konstantem c_2 im Ablaufrohr berechnet, so kann ihre Leistung durch Heben des Dornes über die gezeichnete Stellung hinaus vermindert und durch Senken vermehrt werden. Im ersten Fall tritt eine Reduktion, im zweiten eine Erhöhung des nutzbaren Gefälles ein[1]). Die Geschwindigkeitsdreiecke verschieben sich dadurch, d. h. es treten beim Laufschaufeleintritt mehr oder weniger stoßfömige Umlenkungen auf, ohne die eine Überdruckregelung irgendwelcher Art aber nur mit gleichzeitig drehbaren Leit- und Laufschaufeln oder der in Abschnitt 33 angedeuteten Querschnittsregelung denkbar wäre.

32. Nutzbare Arbeit und Durchflußmenge einer Axialturbine mit Dornregelung.

Als leicht zu übersehendes Beispiel sei eine Axialturbine angenommen, deren Querschnitt in Fig. 52 schematisch angedeutet ist. Unter Vernachlässigung der Differenzen von u am inneren und äußeren

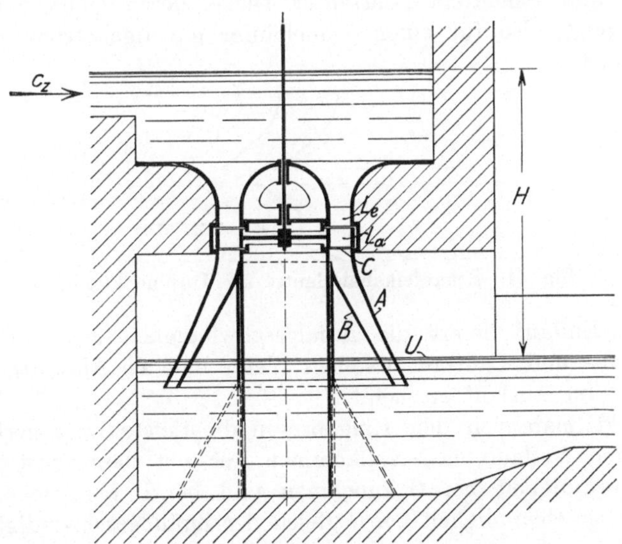

Fig. 52. Axialturbine mit Regelung durch Ausflußdrosselung.

[1]) Den gleichen Effekt würde ein in der Unterwasserspiegelebene in das Ablaufrohr eingebauter Schieber haben, der aber mit schlechten Ausflußkoeffizienten und größerem Bewegungswiderstand arbeiten würde.

Radumfang soll das stark ausgezogene Geschwindigkeitsdiagramm Fig. 53 als Mittelwert für den ganzen Kanalquerschnitt gültig angesehen werden. Der Wassereinlauf bis zu den Leitschaufeln L_e (Fig. 52) und der Auslauf A hinter dem Laufrad bilden zusammen eine konvergent-divergente Mündung, deren Divergenz zunächst durch den von unten eingeführten Ringdorn B beseitigt wird. In der gezeichneten Stellung von B ist also der freie Querschnitt von A überall gleich dem axialen Laufradquerschnitt, so daß die Gesamtmündung nur als einfach konvergente wirkt.

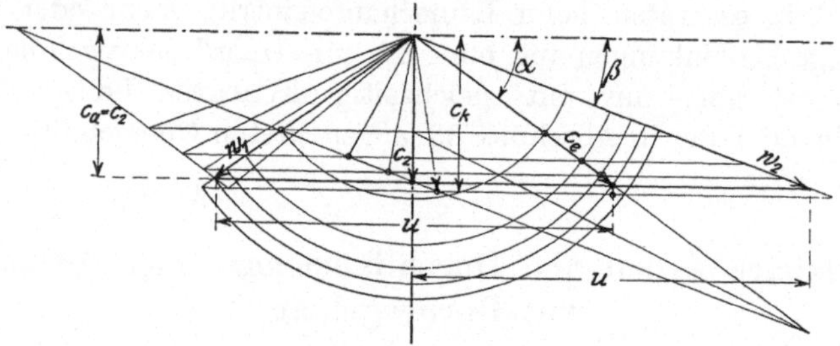

Fig. 53. Geschwindigkeitsdreiecke für Turbine Fig. 52.

Leit- und Laufrad ergeben sich mit vollkommen zylindrischen Wänden und Schaufeln konstanter Dicke, deren Querschnittsprofil Fig. 54 zeigt, also für einen Schnelläufer günstige Strömungsbedingungen bietet.

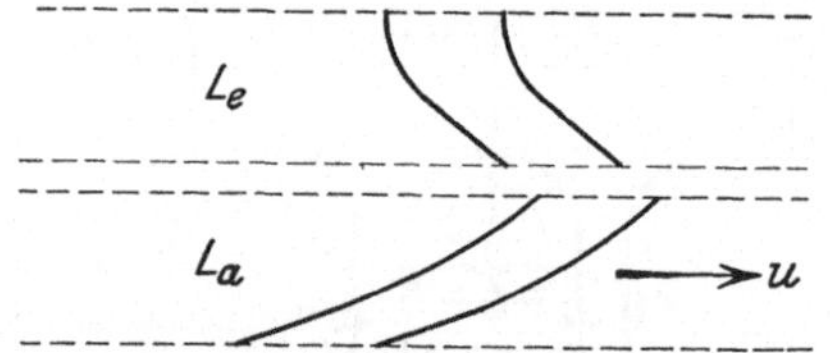

Fig. 54. Schaufelkanalschnitte für Turbine Fig. 52.

Der Einlauf liefert die Axialgeschwindigkeit $c_a = c_e \sin\alpha$, die durch Leit- und Laufrad bestehen bleibt und als Austrittgeschwindigkeit c_2 im Auslauf erscheint.

Denkt man sich den Ringdorn in die tiefste Lage gerückt, so daß er den Auslauf bei U vollkommen frei gibt, dann wird die Austrittgeschwindigkeit bei C zunehmen und bei U abnehmen. Wird die Abflußgeschwindigkeit bei U gleich der Zuflußgeschwindigkeit des Oberwassers $c_2' = c_z$, so kann sie vernachlässigt werden.

Die Rückwirkung der Dornsenkung auf die Turbine ist die folgende:

Die Mündung geht von einer konvergenten, in eine konvergent-divergente über. Die Zuströmung $c_z = c_2'$ hält den Durchfluß aufrecht. c_a geht innerhalb der den engsten Mündungsquerschnitt repräsentierenden Turbine in die Größe c_k über, die bis auf den nicht zum verfügbaren Gefälle H gehörigen Betrag $c_0 = c_k - c_2' + c_z$, eine energielose Strömung wird. Unter der Voraussetzung: $c_2' = c_z$ hat c_0 den Wert c_k. Dadurch geht das gesamte verfügbare Gefälle $H = \frac{c_2}{2\,g}$ in die tangentiale Geschwindigkeitskomponente von der Größe $c = w_{2\,k} \cos \beta$ über. Das Normalgeschwindigkeits-Diagramm Fig. 53 wird gleich dem größten eingezeichneten. Würde u auf den Wert c gesteigert, dann wäre das gesamte verfügbare Gefälle nutzbar.

Wird der Dorn über die Stellung, die der konstanten Geschwindigkeit c_2 im Ablaufrohr entspricht, gehoben, dann steigt die Geschwindigkeit c_2' und das entsprechende Mehrgefälle wird von dem in der Turbine nutzbaren abgedrosselt.

Fig. 53 zeigt außerdem noch einige Geschwindigkeitsdreiecke für reduzierte Belastungen. Diese ergeben sich, wenn man berücksichtigt, daß bei einer derartigen Regelung sowohl Leitschaufel- als auch Laufschaufelaustrittgeschwindigkeit sich einander proportional ändern. Setzt man konstante Umfangsgeschwindigkeit voraus, dann berechnen sich, über der Durchflußmenge aufgetragen, die Kurven Fig. 55, welche für die Beurteilung der Regelung kennzeichnend sind. Das Nutzverhältnis wird im günstigsten Fall $99\,^0/_0$, fällt aber nach Durchgang durch die Normalstellung rasch ab, so daß der Wirkungsgrad für kleinere Leistungen niedriger zu erwarten ist, als bei Regelung durch die üblichen drehbaren Leitschaufeln der Francisturbinen. Der Abfall rührt daher, daß der abgedrosselte Gefällsbetrag in der Turbine nicht zur Arbeitsabgabe herangezogen wird, so daß dieser Verlust auch durch die günstige Wasserführung nicht ausgeglichen werden kann.

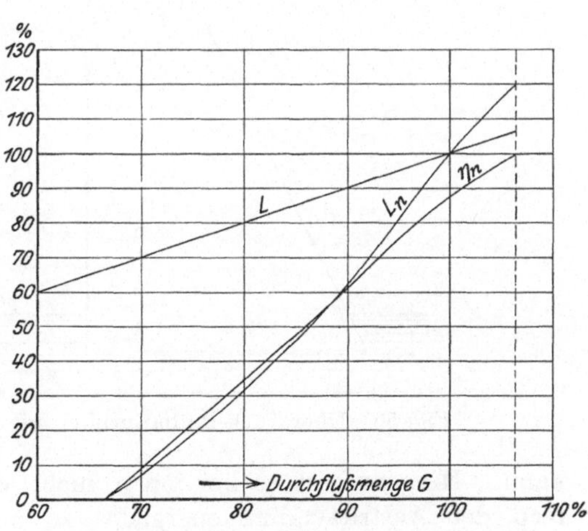

Fig. 55. Charakteristik der Turbine Fig. 52.

In Fig. 55 ist die dem Normaldreieck entsprechende Durchflußmenge zu $100\,^0/_0$ eingesetzt. Die verfügbare Arbeit $L = \frac{G}{2\,g}\,c^2$ und die nutzbare $L_n = \eta_n L$ sind für diesen Fall auch mit $100\,^0/_0$ angenommen, so daß durch ihre Kurven die prozentuale Zu- oder Abnahme über G zum Ausdruck kommt.

Da die Turbine bereits bei $G = 66{,}5\,^0/_0$ keine Umfangskraft, also auch keine Leistung mehr entwickeln kann, ist die Regelung praktisch unbrauchbar. Dagegen würde der äußerste Belastungsfall, wenn dabei $u = w_2 \cos \beta$ wird, die volle Druckhöhe nutzbar zu machen erlauben.

33. Ideale Turbinenregelung.

Eine solche läuft darauf hinaus, daß die Geschwindigkeitsdreiecke bei veränderlicher Durchflußmenge unverändert bestehen bleiben. Bei Druckturbinen und Peltonrädern ist diese Voraussetzung erfüllt, weil die Menge durch den Beaufschlagungsgrad geändert werden

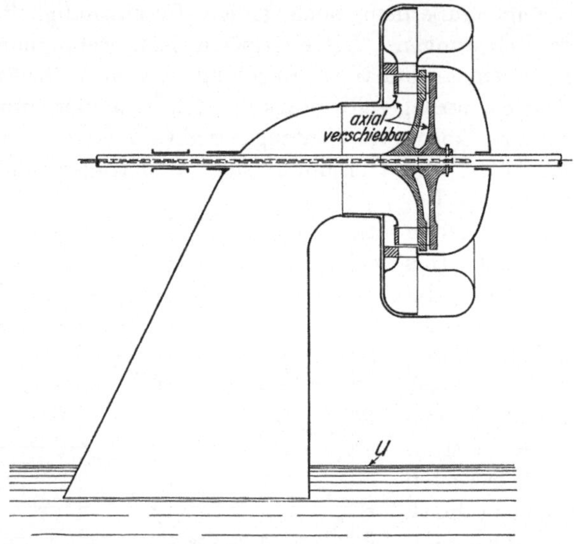

Fig. 56. Überdruck-Radialturbine mit idealer Regelung.

kann. Hingegen ist es bei ihnen nicht möglich, die Querströmung resp. den Austrittverlust energielos zu machen und zur nutzbaren Arbeit heranzuziehen. Ferner müssen sie aus Betriebsgründen mehr oder weniger frei vom Unterwasserspiegel aufgestellt werden und verlieren dadurch einen weiteren Teil der Nutzhöhe. Ihr Nutzverhältnis kann also nicht in die Nähe von Eins gebracht werden.

Nachdem gezeigt wurde, daß dies bei Überdruckturbinen möglich ist, ergibt sich, abgesehen von der Ausnutzung hoher Gefälle, deren Überlegenheit über die Druckturbinen. Mit Rücksicht darauf, daß die Größe der absoluten Radaustrittsströmung c_2 belanglos ist, sobald sie energielos oder nahezu so wird, ist es erreichbar, sowohl Axial- als auch Radialturbinen mit parallelen Seitenwänden auszuführen. Dann bietet sich eine Möglichkeit, ohne allzu große konstruktive Schwierigkeiten die angestrebte ideale Regelung zu erreichen, wenn man z. B. eine Radialturbine wie in Fig. 56 angedeutet, so ausführt, daß eine Stirnseite von Einlauf, Leitrad, Laufrad und Auslauf während des Betriebes verschoben und damit alle Kanäle proportional verändert werden können. Die Geschwindigkeit c_2' bei U einer derartigen Turbine, die bei genügender Erweiterung des Ablaufrohres einen sehr kleinen Betrag des Gesamtgefälles verbrauchen würde, nimmt bei kleineren Belastungen entsprechend der Durchflußmenge ab. Dies als belanglos außer Betracht gelassen, bleibt das Nutzverhältnis für alle Durchflußmengen konstant und die Höhe des effektiven Wirkungsgrades wird nur durch die annähernd konstanten Werte der Spalt-, Wirbel- und Reibungsverluste beeinflußt.

Die Frage, ob die durch die Stelleinrichtung der Kanalquerschnitte zu überwindenden hydraulischen Drücke dabei nicht zu groß werden, bleibt offen.

Freilaufende Schiffspropeller.

34. Die idealen Grundlagen des Schiff-Schraubenantriebs.

In den Abschnitten 26—29 wurde erläutert, inwiefern der axiale Strömungsverlauf, der durch eine Treibschraube erzeugt wird, mit dem einer Mündung identisch ist. Der Vorgang soll nun, wiederum unter idealen Annahmen, auch auf den Fall des Schiffsschraubenantriebs, und zwar sowohl bei ruhendem als bewegtem Schiff angewandt werden. Die dabei eintretende Kraft- resp. Arbeitsübertragung auf das Schiff läßt sich mit einigen Modifikationen auf die Arbeitsübertragung zurückführen, die durch die Ausströmung von Wasser aus einer Gefäßmündung auf das Gefäß stattfindet.

Das Wasser strömt dem in Abschnitt 12 beschriebenen Rückdruckgefäß von dem gleichen Raum aus zu, nach dem es abströmt, mit dem Unterschied gegenüber dem Schiffsantrieb, daß zwischen Ein- und Ausströmung die Druckhöhendifferenz herrscht, wobei die der Luft vernachlässigt werden kann. Man denke sich das Gefäß verkleinert, bis es die Größe der Mündungsöffnung, in diesem Fall also des Propellerquerschnitts hat. Man denke sich ferner die Gefäßrückwand in die Mündungsfläche geschoben, so daß sie die Rückseite (Abströmseite) des Propellers bildet und die, den Unterdruck $\frac{P_r}{2}$ aufnehmende Düsenwand radial zusammengezogen, so daß sie die Vorderseite (Zuströmseite) des Propellers bildet, dann schrumpft das Gefäß zur Mündungsfläche (dem Propeller) zusammen. Sein Inhalt wird Null und damit verschwindet die Möglichkeit, eine Druckhöhendifferenz im „Gefäß" zu erzeugen. Die Einströmung ist direkt vor, die Ausströmung direkt hinter der Mündungsfläche. Ersetzt man die verlorene, natürliche Druckhöhe durch eine künstliche, indem man die Mündungsfläche schraubenförmig ausbildet und sie antreibt, dann ist gleichzeitig die Möglichkeit einer Strömung durch das zur Fläche gewordene „Gefäß" erreicht.

Damit ist die Umwandlung vollzogen. Denkt man sich noch Zu- und Abflußraum vollkommen vereinigt, das „Gefäß" um eine endliche Tiefe darin eingetaucht und an einem zweiten im Betriebswasser schwimmenden Gefäß, dem Schiff, befestigt, so gelangt man zum physikalischen Begriff des Schiffsschraubenantriebs.

Die Wasserzufuhr erfolgt bei der Schiffsschraube ohne Energiezufuhr, wenn das Wasser vor der Schiffseinwirkung strömungsfrei war.

Der Schiffswiderstand konsumiert die Antriebsgröße der Nutzleistung des Propellers, so daß als endgültiger Gewinn der aufgewandten Arbeit nur die Geschwindigkeitsgröße der Nutzleistung, d. h. die Ortsveränderung des Schiffes verbleibt.

Unter Berücksichtigung des erwähnten Umstandes, daß der Wasserinhalt des Rückdruckgefäßes hier Null wird, ergibt sich, daß auch die Arbeit für die Beschleunigung des Wassers auf die Geschwindigkeit u, die beim gewöhnlichen Gefäß im Bewegungszustand aufzuwenden ist, Null wird. Daraus folgt der hauptsächlichste Unterschied gegenüber der Energieübertragung auf das Rückdruckgefäß.

Zum Zweck des Vergleiches muß man beide auf der Basis gleicher und konstanter Mündungsgeschwindigkeit betrachten. Dieser entspricht offenbar beim Rückdruckgefäß konstante Druckhöhe, bei der Schraube konstante Tourenzahl, wenn man deren Nutzverhältnis zunächst $\eta_n = 1$ setzt.

Hierauf bezogen bleiben Form und Größe der auf das Gefäß übertragbaren Nutzarbeit L_a (gleich L_n in Fig. 16) und ebenso die des Austrittverlustes L_2 (L_{c2} in Fig. 16) einander gleich. Während beim Rückdruckgefäß zu diesen beiden Größen noch die Beschleunigungsarbeit L_{w1} hinzukommt, so daß die Summe von $L_n + L_{c2} + L_{w1}$ den konstanten Wert L ergibt, setzt sich bei der Schraube die vom Antrieb aufzubringende Arbeit nur aus den beiden Werten $L_a + L_2$ zusammen. L ist demzufolge hier kein konstanter Wert, sondern nimmt bei der Schiffsgeschwindigkeit $v_s = 0$, ein Maximum mit dem

Nutzverhältnis $\eta_n = 0$ und bei $v_s = v_p$, d. i. die axiale Schraubengeschwindigkeit, den Wert Null mit dem Nutzverhältnis $\eta_n = 1$ an. Das Maximum der nutzbaren Energie, das beim Rückdruckgefäß bei $u = \frac{c}{2}$ liegt, verschiebt sich demnach bei der Schiffschraube nach $u = c$, resp. $v_s = v_p$ und wird bei letzterem Wert mit der verfügbaren Energie identisch. Dieser Idealfall ist allerdings nicht erreichbar, weil dann L in Null übergeht.

Zunächst sei angenommen, daß das Schiff stillsteht und der Propeller sich mit der Tourenzahl $n_s = \frac{n}{60}$ *pro sk* dreht. Hierfür ist in Fig. 57 das Geschwindigkeitsdiagramm dargestellt. Da die Propellerumfangsgeschwindigkeit u eine über den Radius variable Größe

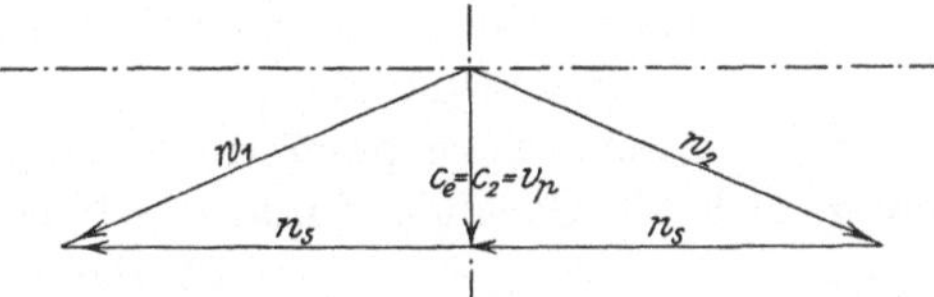

Fig. 57. Ideale Geschwindigkeitsdreiecke der Schiffsschraube bei Schiffsstillstand.

ist und v_p bei der gemeinen Schraube nur von der Variablen n abhängig erscheint, soll von dem Einfluß des Radius zunächst abgesehen und n_s an Stelle von u eingeführt werden.

In seiner Eigenschaft als Ausströmmündung erzeugt der Propeller senkrecht zu seiner Drehebene die ideale Strömungsgeschwindigkeit v_p. Das wäre aber nur dann der Fall, wenn man sich die Schraube im Wasser so, wie in einer gegen Rotation gesicherten festen Mutter, arbeiten denkt.

Die Wassergeschwindigkeit würde gleich v_p werden, wenn die durch die axiale Schraubenverdrängung erzeugte Zuströmung diesen Wert und den Unterdruck $p_p = \frac{\gamma v_p^2}{2g}$ annimmt. Die Abströmgeschwindigkeit würde dann gleichfalls v_p, weil die Schraube in sich keine Geschwindigkeitsänderung erzeugen kann. Setzt man voraus, daß die Abströmgeschwindigkeit vollkommen in Druckhöhe umgesetzt werden könnte, dann würde die Austrittseite unter einem Überdruck p_p stehen, so daß die Voraussetzung für $\eta_n = 1$ erfüllt wäre. Dann wäre das Geschwindigkeitsdiagramm, wie Fig. 57 zeigt, symmetrisch; es setzen sich v_p und n_s zur relativen Eintrittgeschwindigkeit w_1, sowie w_2 und n_s zur absoluten Austrittgeschwindigkeit c_2 zusammen.

Geht man in das andere Extrem über und bewegt die Schraube mit ihrer Steigungsgeschwindigkeit v_p vorwärts bei gleichzeitiger Drehung n_s, dann treten, wenn man sich mit der Schraube fortschreitend denkt, nur relative Wassergeschwindigkeiten auf. Die Arbeitsübertragung auf das Wasser verschwindet, da eine solche nur durch Erzeugung einer absoluten Strömungsgeschwindigkeit möglich ist. Das Geschwindigkeitsdiagramm geht in Fig. 58 über. Es entsteht zunächst durch die relative Umfangskomponente n_s und die relative Eintrittgeschwindigkeit v_{s1} die relative Eintrittgeschwindigkeit w_{s1}, entgegengesetzt der absoluten Flügelgeschwindigkeit und am Austritt setzen sich w_{s2} und n_s zur relativen Austrittgeschwindigkeit v_{s2} zusammen. Die Schraube bewegt sich als Gewinde durch das Wasser und liefert auf das Schiff bezogen nur Geschwindigkeit, aber keinen Antriebsdruck, während sie bei der Drehung am Ort das umgekehrte Verhalten zeigt.

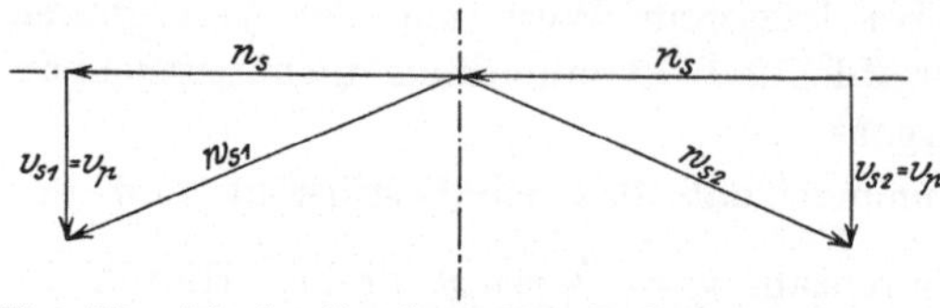

Fig. 58. Ideale Geschwindigkeitsdreiecke einer mit Steigungsgeschwindigkeit fortschreitenden Schraube.

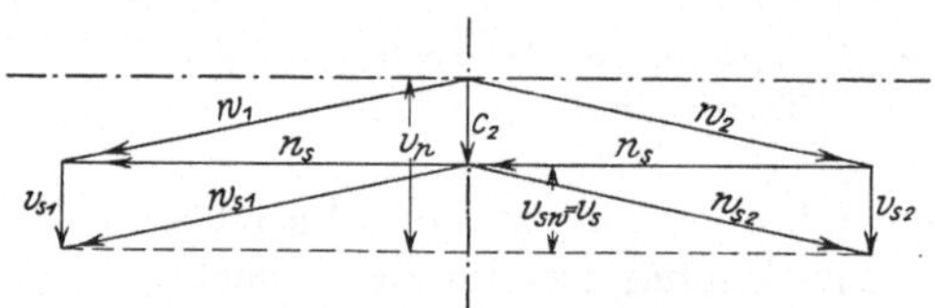

Fig. 59. Ideale Geschwindigkeitsdreiecke einer mit halber Steigungsgeschwindigkeit treibenden Schraube.

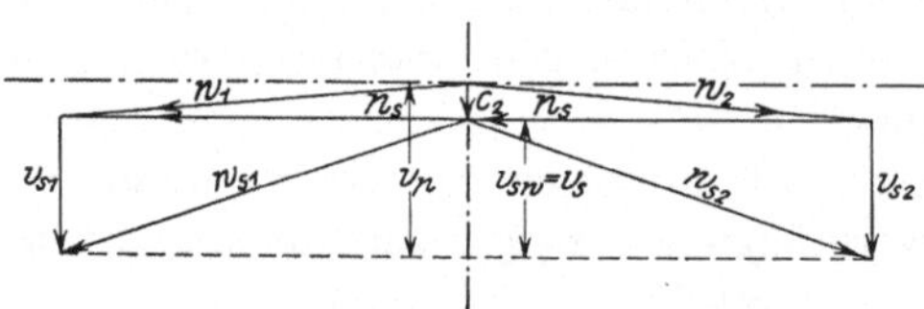

Fig. 60. Ideale Geschwindigkeitsdreiecke einer mit 0,2 Steigungsgeschwindigkeit treibenden Schraube.

Der wirkliche Schiffsantrieb bei fahrendem Schiff entspricht nun offenbar einem zwischen den beiden Extremen liegenden Zustand, d. h. die Schraube liefert z. T. eine rückwärts gerichtete absolute Wasserströmung, den Slip c_2 und erzeugt dadurch die Antriebskraft, z. T. liefert sie eine gleichfalls nach rückwärts gerichtete relative Wasserbewegung, indem sie sich um den gleichen Betrag v_s vorwärts schraubt und dadurch die Schiffsgeschwindigkeit erzeugt. Die Summe $v_s + c_2$ ergibt stets die Steigungsgeschwindigkeit v_p. Fig. 59 und 60 zeigen diesen Zustand, erstere mit $c_2 = 0{,}5\, v_p$ und letztere mit $c_2 = 0{,}2\, v_p$. Auch hier erscheinen im Strömungsdiagramm außer c_2 nur relative Wassergeschwindigkeiten.

Auf dieser idealen Grundlage betrachtet, würde sich bei Schiffsstillstand am Propeller ein Axialschub von der Größe:

$$P_a = 2\,F p_p$$

einstellen, wenn F den freien Schraubenquerschnitt bedeutet. Die auf das Schiff übertragene Arbeit:

$$L_a = P_a v_s$$

ist dann Null, weil $v_s =$ Null ist.

Bei Schiffsbewegung, wenn die absolute Wasserbeschleunigung in c_2 übergeht, nimmt die Antriebsgröße die Form:

$$P_a = \frac{G}{g} c_2$$

an, worin $G = F v_p \gamma$ ist. P_a wird demnach proportional c_2.

Die nutzbare Arbeit des Propellers wird dann:

$$L_a = P_a v_s = \frac{G}{g} c_2 v_s.$$

Für die Erzeugung von c_2, resp. P_a ist der als Arbeitswert verlorene Betrag:

$$L_2 = \frac{G}{g} \frac{c_2^{\,2}}{2}$$

aufzuwenden. Die ideale vom Schraubenantrieb zu liefernde Gesamtarbeit folgt demnach aus:

$$L = L_a + L_2 = \frac{G}{g} c_2 \left(v_s + \frac{c_2}{2}\right)$$

oder, wenn man $c_2 = v_p - v_s$ einführt:

$$L = \frac{G}{2\,g} (v_p^{\,2} - v_s^{\,2})$$

und das ideale Nutzverhältnis aus:

$$\eta_n = \frac{L_a}{L} = \frac{v_s}{v_s + \frac{c_2}{2}} = \frac{2\,v_s}{2\,v_s + c_2} = \frac{2\,v_s}{v_p + v_s}.$$

Im oberen Grenzfall, wenn die Schraube sich mit ihrer Steigungsgeschwindigkeit durch das Wasser schraubt, wird $v_s = v_p$, also $c_2 = 0$ und damit werden P_a, L_a und $L_2 =$ Null, und η_n nimmt die Form $\frac{1}{1}$ an.

Der Verlauf der hieraus folgenden Geschwindigkeits- und Leistungskurven ist aus Fig. 61 zu ersehen.

Es ist zunächst die ideelle Arbeit $L_p = \frac{G}{g}\frac{v_p^2}{2}$ über der Basis $\frac{v_s}{v_p}$ aufgetragen. In Übereinstimmung mit den vorerwähnten Beispielen ist also angenommen, daß der Propeller im ganzen Geschwindigkeitsgebiet, von $v_s = 0$ bis $v_s = v_p$, mit konstantem v_p getrieben wird. Hierauf bezogen ergibt L_a eine Parabel, deren Maximum bei $v_s = \frac{v_p}{2}$ den Wert $0{,}5\,L_p$ erreicht, in Übereinstimmung mit den Ver-

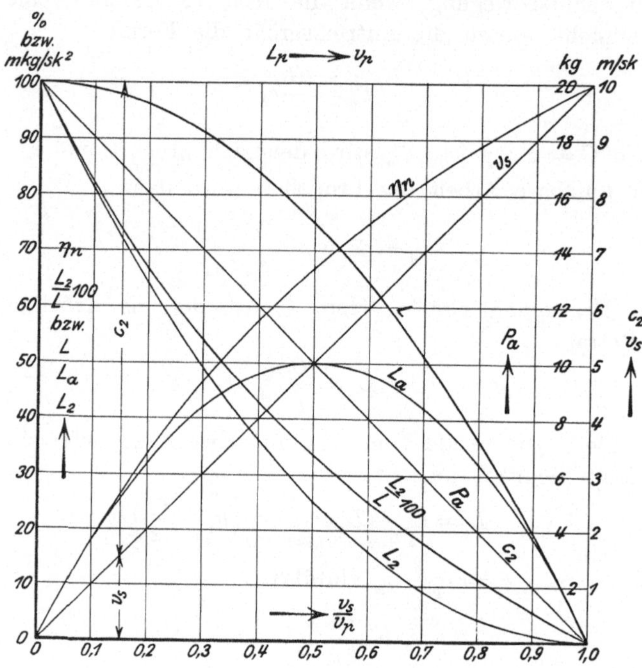

Fig. 61. Charakteristische Kurven des idealen Schiff-Schraubenantriebs. Berechnet für $G = 19{,}62$ kg/sk.

hältnissen beim Rückdruckgefäß. Der Rückstrom- oder Slipverlust L_2 ergibt einen mit c_2 quadratisch abnehmenden Parabelzweig. Dessen Ordinatenwerte sind zu denen von L_a addiert als L-Kurve gleichfalls eingetragen. Die L-Kurve repräsentiert, wie erwähnt, die vom Propellerantrieb mögliche Arbeitsleistung. Der Wert L_p tritt nur bei Stillstand des Schiffes in Funktion. Für den Bewegungszustand hat er lediglich ideellen Wert, denn die Differenz $L_p - L$ bedeutet den hier nicht in die Erscheinung tretenden Arbeitsbetrag L_w des Rückdruckgefäßes. Der Rückstromverlust L_2 ist in der Fig. 61 auch in Prozenten von L dargestellt. Die Schubkurve P_a[1]) verläuft geradlinig, entsprechend ihrer Abhängigkeit von c_2.

Die gleichfalls gezeichnete η_n-Kurve ergibt, daß der ideale Propeller in dem Slipgebiet von 10 bis 20%, in dem gute Propeller scheinbar arbeiten, im Verhältnis zu den praktischen Resultaten recht

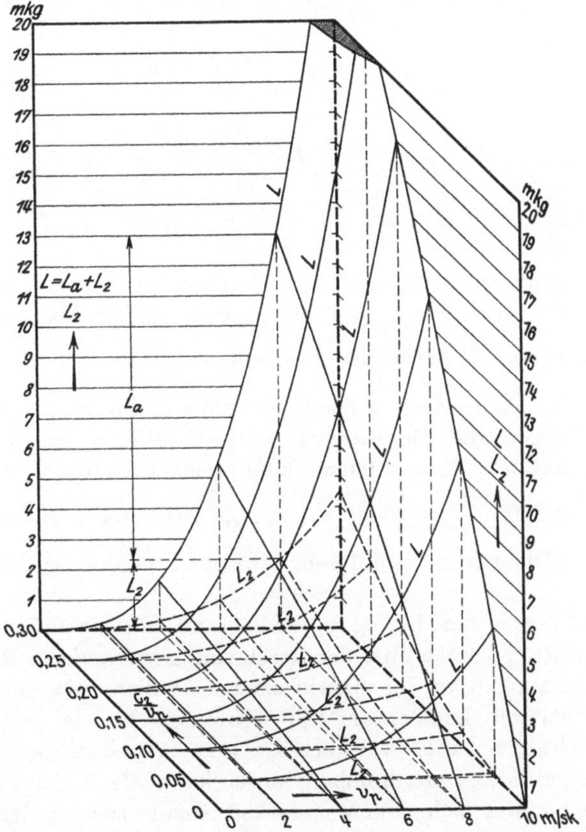

Fig. 62. Gesamtarbeit, Nutzarbeit und Sliparbeit des idealen Schiffantriebs, für die Fahrgeschwindigkeit 1 bis 10 m/sk und das Slipgebiet 0 bis 30%. Berechnet für $\gamma = 1000$ kg/m³ und $F = 0{,}001$ m².

hohe Beträge nutzbarer Energie liefert. Es ist $\eta_n = 94{,}7\%$ bei 10% Slip und $\eta_n = 0{,}889$ bei 20% Slip.

Die zwischen diesen und den praktischen Resultaten liegenden Verlustgrößen werden später besprochen.

---

[1]) S. auch Abschnitt 40.

Die Ordinate über irgendeinem Verhältnis $\frac{v_s}{v_p}$ Fig. 61 gibt somit sämtliche interessierenden Größen des idealen Propellers. Der Ordinatenschnitt setzt einen konstanten Slipwert voraus. Führt man in die Formeln für L_a und L_2 den Propellerquerschnitt F ein, drückt man ferner v_s durch $\left(\frac{v_s}{v_p}\right) v_p$ und c_2 durch $\left(\frac{c_2}{v_p}\right) v_p$ aus, dann wird

$$L_a = \frac{\gamma}{g} F \left(\frac{v_s}{v_p}\right)\left(\frac{c_2}{v_p}\right) v_p^3$$

und

$$L_2 = \frac{\gamma}{2g} F \left(\frac{c_2}{v_p}\right)^2 v_p^3.$$

Hieraus folgt, daß sich bei konstantem Slip sowohl L_a als auch L_2 über v_p mit der dritten Potenz ändern.

In Fig. 62 ist demgemäß eine Darstellung der drei Werte L, L_a und L_2 über einer von $v_p = 0$ bis 10 wachsenden Abszissenbasis gegeben, auf der Z-Achse ist das Slipverhältnis $\frac{c_2}{v_p}$ von 0 bis 0,3 aufgetragen. Da es sich hier lediglich um eine instruktive Darstellung handelt, wurde die Berechnung weiterer Werte unterlassen. Die untere punktierte Kurvenfläche kennzeichnet durch ihre Ordinaten die L_2-Werte für $\frac{c_2}{v_p} = 0{,}05;\ 0{,}1 \ldots 0{,}3$, das obere Kurvenfeld die Werte L. Die Ordinatendifferenz zwischen beiden enthält also die L_a-Werte.

Würde sich der Bewegungswiderstand eines Schiffes gleichfalls mit der dritten Potenz über der Geschwindigkeit ändern, dann würde die Widerstandskurve der Antriebskurve ähnlich sein, und der Propeller würde mit konstantem Slip arbeiten. Da der Exponent der Widerstandskurve aber variabel ist und besonders bei hohen Geschwindigkeiten wesentlich höher werden kann als 3, folgt, daß damit der Propeller, um sich dem Widerstand anzupassen, in der Regel mit steigender Schiffsgeschwindigkeit in Gebiete höheren Slips wandern muß.

35. Das Nutzverhältnis der ortsfesten gemeinen Treibschraube.

In den Abschnitten 26—29 wurde angenommen, daß die Treibschraube das ideale Nutzverhältnis $\eta_n = 1$ liefert und die Untersuchung wurde lediglich auf das Verhalten der zugehörigen Mündungen ausgedehnt. Unter Nutzverhältnis ist dabei gedacht: das Verhältnis der Förderarbeit, die eine Schraube mit dem freien Querschnitt F, der Steigung S und der Tourenzahl n_s im Idealfall zu leisten vermag, zu der durch $L = \frac{F \cdot S \cdot n_s \cdot \gamma}{g} \frac{v_p^2}{2}$ gegebenen möglichen Arbeit, die das Wasser aufnimmt, wenn es aus einer Mündung mit einem Querschnitt $= F$ und einer Geschwindigkeit $= v_p$ fließt. Da dieses Verhältnis viel kleiner als 1 ist, sei für die ideale Größenordnung der von einer gemeinen Treibschraubenfläche erzeugten Strömung und ihres Arbeitswertes ein rechnerischer Nachweis versucht. Es ist dabei belanglos, ob eine eingängige oder mehrgängige Schraube vorliegt.

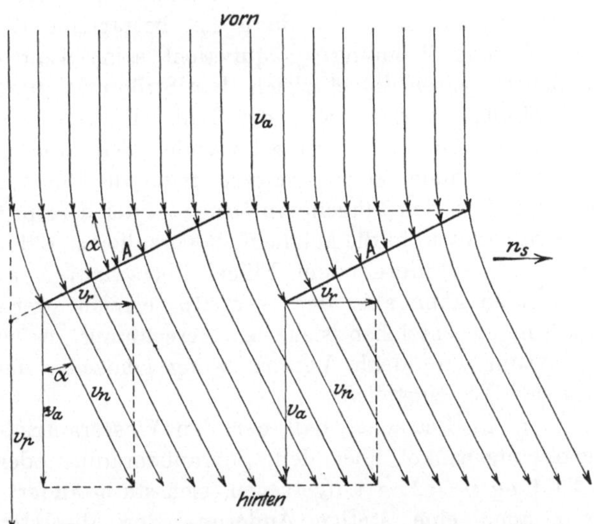

Fig. 63. In die Ebene abgewickeltes Strömungsschema einer sich am Orte drehenden Schiffsschraube.

Fig. 63 möge den abgewickelten Zylinderschnitt durch zwei Flügel A einer Schraube von der Steigungsgeschwindigkeit v_p darstellen, die sich mit der Sekundentourenzahl n_s am Orte dreht. Die Flügeldicke ist konstant und vernachlässigbar klein gedacht. Durch ihre Bewegung verdrängen die Flügel das hinter ihnen befindliche Wasser mit der Geschwindigkeit v_n senkrecht zu A. Infolgedessen wird vor ihnen ein wasserleerer Raum erzeugt. Der umgebende Wasserdruck p_1 veranlaßt eine Nachfüllung dieses Raumes mit Wasser, indem er sich zum Teil entsprechend der Größe $v_n = \sqrt{2\, g \frac{p_n}{\gamma}}$ in Geschwindigkeit umsetzt und dadurch eine Nachströmung einleitet, die mit dem Druckzustand $p_1 - p_n$ an den Flügeln ankommt. Übereinstimmend mit der Verdrängungsrichtung wird auch die Nachströmung beim Auftreffen auf A die Richtung von v_n annehmen. Da n_s als konstanter Wert zu denken ist, wird auch v_n konstant sein und zwar sowohl vor als auch hinter dem Flügel. Durch diesen tritt somit weder eine Geschwindigkeits- noch Druckänderung ein. Das Wasser würde hinter dem Flügel den Druck $p_1 - p_n$ behalten, wenn es hier nicht allseitig dem Gegendruck p_1 ausgesetzt wäre, den es auf die hintere Flügelfläche überträgt.

Könnte die Abströmgeschwindigkeit v_n sich vollkommen in Druckhöhe umsetzen, so würde der Gegendruck auf der Abströmseite von A noch um den Betrag p_n erhöht. Die Druckdifferenz zwischen hinterer und vorderer Flügelfläche würde dann $2p_n$ betragen und damit der Bewegungsgröße der Strömung v_n äquivalent sein, wenn die Axialprojektion der gesamten Flügel gleich dem Strömungsquerschnitt ist.

Wie erwähnt, ist das nicht der Fall. Erstens wird das abströmende Wasser bei einer frei arbeitenden Schraube nur unvollkommen in Druck umgesetzt; zweitens tritt um die Flügelkanten herum und zwischen den Flügeln ein Druckausgleich resp. Rückstrom auf. Es scheint somit wohl die Möglichkeit vorzuliegen, daß die Druckdifferenz p_n vor und hinter dem Flügel überschritten wird, unter keinen Umständen kann aber der Wert $2p_n$ erreicht werden.

Die Störungen entziehen sich der Berechnung, es wird daher für die Ableitung die ideale Voraussetzung gemacht, daß v_n resp. $2p_n$ sich tatsächlich einstellen.

Zieht man in Betracht, daß der den Wasserantrieb liefernde Schraubensteigungswinkel über dem Schraubenradius oder dem zugehörigen Umfang $U = 2r\pi$ aufgetragen, sich stetig ändert, so ergibt sich über r auch eine stetige Änderung der absoluten Wasserbewegung v_n. Da v_p über den ganzen Radius konstant bleibt, ändern sich über r auch die beiden Komponenten v_a und v_r, in die v_n axial und tangential zerlegt werden kann. Fig. 64 zeigt ein solches Diagramm über der Umfangsgeschwindigkeit $u = U$ aufgetragen, d. h. unter der Annahme, daß $v_p = S = D_a$, dem äußeren Flügeldurchmesser, und daß der Nabendurchmesser $D_n = 0{,}2\, D_a$ ist. Die Änderung der drei Geschwindigkeiten v_n, v_a und v_r vollzieht sich danach auf einem Kreisbogen vom Radius $\frac{S}{2}$. Der Steigungswinkel nimmt auf dem Radius $r = \frac{S}{2\pi}$, (für $U = S$) den Wert 45^0 an. Oberhalb dieses Winkels wird die nutzbare Axialkomponente v_a größer als die Rotationskomponente v_r und darunter kehrt sich das Verhältnis um. Da dann aber auch der Absolutwert von v_r und folglich der von v_n ständig abnimmt, ergibt sich, daß die Schraube nach der Nabe hin immer unwirksamer wird. Rein dynamisch betrachtet, ist demnach die nutzbare Arbeit der ohne Leitvorrichtungen arbeitenden Treibschraube um so größer, je kleiner ihr Steigungswinkel ist.

Die Wirkung der Rotationskomponenten auf das geförderte Wasser geht aus Fig. 65, die Wirkung der Axialkomponenten aus Fig. 66 hervor. Während der Propeller eine volle Umdrehung ausführt, wird jedes Wasserteilchen auf den einzelnen Umfangslinien um den Betrag der dick ausgezogenen Kreislinien v_r, Fig. 65, weiter-

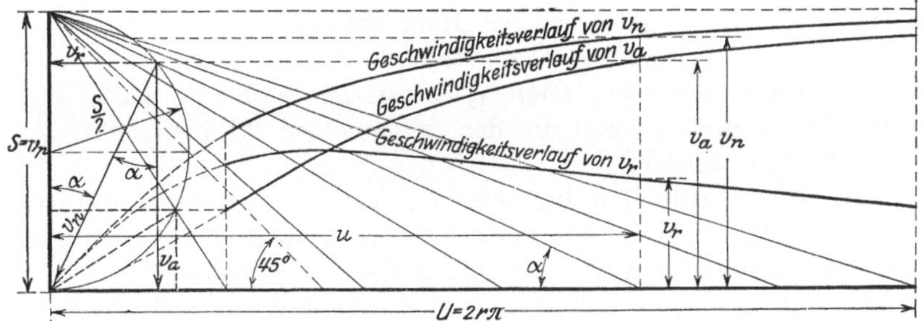

Fig. 64. Umfangsdiagramm der Wassergeschwindigkeiten, in die Ebene abgewickelt.

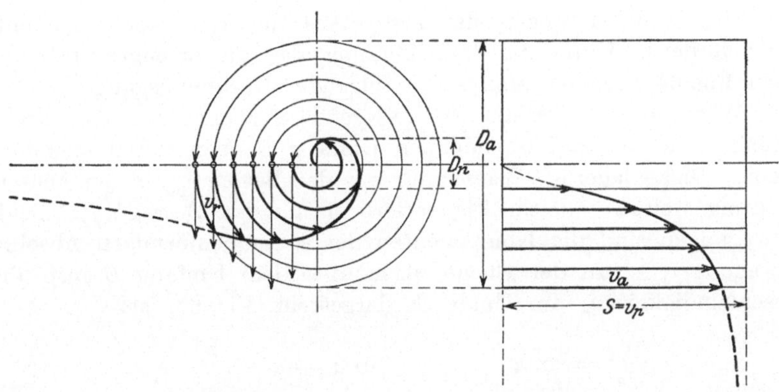

Fig. 65. Diagramm der Wassergeschwindigkeiten im Radialschnitt.

Fig. 66. Diagramm der Wassergeschwindigkeiten im Axialschnitt.

geschoben. Denkt man sich den Propellerkreis-Durchmesser mit gleicher Steigung noch weiter vergrößert, dann würden die v_r-Werte nach der punktiert eingezeichneten Verlängerung abnehmen und bei unendlichem Durchmesser verschwinden. Die v_a-Werte würden gleichzeitig nach der in Fig. 66 punktiert gezeichneten Verlängerung zunehmen, und dem Wert v_p zustreben.

Streng genommen kann der Propeller dem Wasser, soweit die Rotationskomponente in Betracht kommt, nur eine tangentiale Geschwindigkeit erteilen, wie in der Fig. 65 angedeutet. Da aber die Beobachtungen bestätigen, daß ein nicht durch Luft gestörter Schraubenstrom dicht hinter der Schraube fast genau zylindrisch bleibt, muß angenommen werden, daß der Druck des umgebenden Wassers, vermehrt um den Unterdruck, der sich im Stromzentrum zu bilden bestrebt ist, genügt, um das Wasser aus der Tangentialbewegung in annähernd genaue Kreisbewegung abzulenken. Man kann also die Strömung so ansehen, als ob sie dicht hinter dem Propeller in einem geschlossenen Rohr erfolgt.

Die Radialkomponenten, die tatsächlich in positiver oder negativer Richtung auftreten können, lassen sich rechnungsmäßig nicht kontrollieren und müssen in den allgemeinen Verlustkoeffizienten berücksichtigt werden.

Betrachtet man den Propeller als feste Schraube, so wäre das durch eine Umdrehung geförderte Volumen, unter Berücksichtigung der Nabe und unter Vernachlässigung der Flügeldicke:

$$V_p = \frac{\pi}{4} v_p (D_a^2 - D_n^2).$$

Ein gleiches Wasservolumen kann die Propellerschraube aber auch im Idealfall wegen des Auftretens der Rotationskomponente nicht fördern. Unter der Voraussetzung, daß die erzeugte Strömung nach Fig. 64 verläuft, ergibt sich folgender Rechnungsgang:

Während sich der am Ort rotierende Propeller um 360^0 dreht, schiebt sich der auf irgendeinem Umfang U_x von radial unendlich kleiner Dicke lagernde Wasserring um den Betrag v_{ax} in der Achsenrichtung weiter. Gleichzeitig rotiert er um den Betrag v_{rx}. Beide Bewegungen sind die Komponenten der schraubenförmigen Absolutbewegung v_{nx}. In der Ebene, d. h. über dem Umfang U resp. der Geschwindigkeit u_x pro Umdr./sk dargestellt, Fig. 64, ist:

$$\frac{v_n}{u} = \sin\alpha; \quad v_n = u \sin\alpha = u \frac{v_p}{\sqrt{u^2 + v_p^2}}$$

$$\frac{v_r}{v_n} = \sin\alpha; \quad v_r = u \sin^2\alpha = u \frac{v_p^2}{u^2 + v_p^2}$$

$$\frac{v_a}{v_n} = \cos\alpha; \quad v_a = v_p \cos^2\alpha = v_p \frac{u^2}{u^2 + v_p^2} \; {}^{1)}.$$

Mit Hilfe dieser Größen ist es möglich, die Wassermenge zu berechnen, die eine Schraube, verlustfreie Strömung vorausgesetzt, im Idealfall fördern kann. Sie wird gefunden durch:

[1]) Streng genommen müßte nach obigem v_{nx}, v_{rx}, v_{ax} und u_x geschrieben werden. Das x ist der Einfachheit wegen fortgelassen.

$$G_a = \int_{u_n}^{u_a} \gamma \frac{u}{2\pi} v_a \, du,$$

wo $u_a = U_a$ der äußere, $u_n = U_n$ der innere Schraubenumfang (Nabenumfang) ist, oder wenn man über r integriert, durch:

$$G_a = \int_{r_n}^{r_a} \gamma \, 2\pi r v_a \, dr.$$

Setzt man im ersten Integral für v_a den Ausdruck S. 82, so ist:

$$G_a = \int_{u_n}^{u_a} \gamma \frac{u}{2\pi} v_p \frac{u^2}{u^2 + v_p^2} du$$

$$= \gamma \frac{v_p}{2\pi} \int_{u_n}^{u_a} \frac{u^3}{u^2 + v_p^2} du.$$

Durch Substitution von:

$$u^2 + v_p^2 = z,$$
$$u^2 = z - v_p^2,$$
$$u\,du = \frac{dz}{2}$$

ergibt sich:

$$G_a = \gamma \frac{v_p}{4\pi} \int_{u_n}^{u_a} dz - v_p^2 \frac{dz}{z}$$

$$= \gamma \frac{v_p}{4\pi} \left[z - v_p^2 \ln z\right]_{u_n}^{u_a}$$

$$= \gamma \frac{v_p}{4\pi} \left[u_a^2 - v_p^2 \ln (u_a^2 + v_p^2) - u_n^2 + v_p^2 \ln (u_n^2 + v_p^2)\right]$$

$$G_a = \gamma \frac{v_p^3}{4\pi} \left[\frac{u_a^2}{v_p^2} - \ln (u_a^2 + v_p^2) - \frac{u_n^2}{v_p^2} + \ln (u_n^2 + v_p^2)\right].$$

In gleicher Weise findet man den Axialschub aus:

$$P_a = \int_{u_n}^{u_a} d\,G_a \frac{v_a}{\gamma} du$$

$$= \int_{u_n}^{u_a} \frac{\gamma}{g} r v_a^2 du,$$

hierin

$$v_a{}^2 = v_p{}^2 \frac{u^4}{(u^2 + v_p{}^2)^2} \quad \text{und} \quad r = \frac{u}{2\pi}$$

eingeführt:

$$P_a = \frac{\gamma}{g} \frac{v_p{}^2}{2\pi} \int_{u_n}^{u_a} \frac{u^5}{(u^2 + v_p{}^2)^2} d\,u.$$

Setzt man wieder:

$$u^2 = z - v_v{}^2$$

$$u\,d\,u = \frac{d\,z}{2}$$

sowie

$$u^4 = (z - v_p{}^2)^2,$$

dann wird:

$$P_a = \frac{\gamma}{g} \frac{v_p{}^2}{4\pi} \int_{u_n}^{u_a} \frac{(z - v_p{}^2)^2}{z^2} d\,z$$

$$= \frac{\gamma}{g} \frac{v_p{}^2}{4\pi} \int_{u_n}^{u_a} \frac{z^2 - 2\,z\,v_p{}^2 + v_p{}^4}{z^2} d\,z$$

$$= \frac{\gamma}{g} \frac{v_p{}^2}{4\pi} \int_{u_n}^{u_a} d\,z - 2\,v_p{}^2 \frac{d\,z}{z} + v_p{}^4 \frac{d\,z}{z^2}$$

$$= \frac{\gamma}{g} \frac{v_p{}^2}{4\pi} \Big[z - 2\,v_p{}^2 \ln z + \frac{v_p{}^4}{-z} \Big]_{u_n}^{u_a}$$

$$P_a = \frac{\gamma}{g} \frac{v_p{}^4}{4\pi} \Big[\frac{u_a{}^2}{v_p{}^2} - 2 \ln (u_a{}^2 + v_p{}^2) - \frac{v_p{}^2}{u_a{}^2 + v_p{}^2} - \frac{u_n{}^2}{v_p{}^2} + 2 \ln (u_n{}^2 + v_p{}^2) + \frac{v_p{}^2}{u_n{}^2 + v_p{}^2} \Big].$$

Die Axialkomponente des Arbeitswertes der geförderten Wassermenge ergibt sich aus:

$$L_a = \int_{u_n}^{u_a} d\,P_a \frac{v_a}{2} d\,u$$

$$= \int_{u_n}^{u_a} \frac{\gamma}{g} \frac{r\,v_a{}^3}{2} d\,u.$$

Setzt man hierin:

$$v_a{}^3 = v_p{}^3 \frac{u^6}{(u^2+v_p{}^2)^3} \quad \text{und} \quad u^6 = (z - v_p{}^2)^3,$$

dann wird:

$$L_a = \frac{\gamma}{g}\frac{v_p{}^3}{4\pi}\int_{u_n}^{u_a} \frac{u^7}{(u^2+v_p{}^2)^3}\,d\,u$$

$$= \frac{\gamma}{g}\frac{v_p{}^3}{8\pi}\int_{u_n}^{u_a} \frac{(z-v_p{}^2)^3}{z^3}\,d\,z$$

$$= \frac{\gamma}{g}\frac{v_p{}^3}{8\pi}\int_{u_n}^{u_a} \frac{z^3 - 3\,v_p{}^2 z^2 + 3\,v_p{}^4 z - v_p{}^6}{z^3}\,d\,z$$

$$= \frac{\gamma}{g}\frac{v_p{}^3}{8\pi}\int_{u_n}^{u_a} d\,z - 3\,v_p{}^2 \frac{d\,z}{z} + 3\,v_p{}^4 \frac{d\,z}{z^2} - v_p{}^6 \frac{d\,z}{z^3}$$

$$= \frac{\gamma}{g}\frac{v_p{}^3}{8\pi}\left[z - 3\,v_p{}^2 \ln z + \frac{3\,v_p{}^4}{-z} - \frac{v_p{}^6}{-2\,z}\right]_{u_n}^{u_a}$$

$$= \frac{\gamma}{g}\frac{v_p{}^3}{8\pi}\left[u^2 + v_p{}^2 - 3\,v_p{}^2 \ln(u^2+v_p{}^2) - \frac{3\,v_p{}^4}{u^2+v_p{}^2} + \frac{v_p{}^6}{2(u_n{}^2+v_p{}^2)^2}\right]_{u_n}^{u_a}$$

$$L_a = \frac{\gamma}{g}\frac{v_p{}^5}{8\pi}\left[\frac{u_a{}^2}{v_p{}^2} - 3\ln(u_a{}^2+v_p{}^2) - \frac{3\,v_p{}^2}{u_a{}^2+v_p{}^2} + \frac{v_p{}^4}{2(u_n{}^2+v_p{}^2)^2}\right.$$
$$\left. - \frac{u_n{}^2}{v_p{}^2} + 3\ln(u_n{}^2+v_p{}^2) + \frac{3\,v_p{}^2}{u_n{}^2+v_p{}^2} - \frac{v_p{}^4}{2(u_n{}^2+v_p{}^2)^2}\right].$$

Nimmt man wieder an, daß eine Schraube einen Nabendurchmesser $D_n = 0{,}2\,D_a$ und eine Steigung $S = v_p = D_a$ hat, so wäre der scheinbare Arbeitswert einer Umdrehung:

$$L_p = \frac{G_p}{g}\frac{v_p{}^2}{2}$$

$$= \frac{\gamma\,\pi\,v_p{}^3}{8\,g}\left[D_a{}^2 - (0{,}2\,D_a)^2\right]$$

$$= \frac{0{,}96\,\pi}{8}\frac{\gamma}{g}\,v_p{}^3\,D_a{}^2.$$

Berechnet man für diese Schraube L_a, so findet man das Verhältnis

$$\frac{L_a}{L_p} = 0{,}52$$

analog für

$$\frac{P_a}{P_p} = 0{,}632$$

und für

$$\frac{G_a}{G_p} = 0{,}782 .$$

Diese Verhältniszahlen drücken keine reinen Verlustwerte aus, sondern geben nur die, beim Ersatz der hydrodynamischen Bewegungsgröße durch die mechanische Antriebsgröße des Propellers gegenüber der idealen Mündung erreichbaren Werte an.

Als Verlustgröße tritt aber beim Schraubenantrieb die Rotationsarbeit auf, die zusätzlich zu L_a vom Antrieb zu liefern ist.

Die Größe der Rotationsarbeit L_r ist dadurch gegeben, daß die bei einer Umdrehung geförderte Wassermenge G_a gleichzeitig auf die Rotationsgeschwindigkeit $v_r = f(r)$ gebracht wird. Sie läßt sich daher berechnen aus:

$$L_r = \int_{u_n}^{u_a} \frac{\gamma}{g} r \, v_a \frac{v_r^2}{2} du .$$

Hierin $v_r^2 = \dfrac{u^2 v_p^4}{(u^2 + v_p^2)^2}$ und die früher gebrauchten Werte für r und v_a eingesetzt, ergibt:

$$L_r = \frac{\gamma}{g} \frac{v_p^5}{4\pi} \int_{u_n}^{u_a} \frac{u^5}{(u^2 + v_p^2)^3} du .$$

Durch Substitution von $u^2 + v_p^2 = z$; $u\,du = \dfrac{dz}{2}$ und $u^4 = (z - v_p^2)^2$ ergibt sich:

$$L_r = \frac{\gamma}{g} \frac{v_p^5}{8\pi} \int_{u_n}^{u_a} \frac{dz}{z} - 2 v_p^2 \frac{dz}{z^2} + v_p^4 \frac{dz}{z^3}$$

$$= \frac{\gamma}{g} \frac{v_p^5}{8\pi} \left[\ln z + 2 \frac{v_p^2}{z} - \frac{v_p^4}{2 z^2} \right]_{u_n}^{u_a}$$

$$L_r = \frac{\gamma}{g} \frac{v_p^5}{8\pi} \left[\ln (u_a^2 + v_p^2) + \frac{2 v_p^2}{u_a^2 + v_p^2} - \frac{v_p^4}{2 (u_a^2 + v_p^2)^2} - \ln (u_n^2 + v_v^2) \right.$$
$$\left. - \frac{2 v_p^2}{u_n^2 + v_p^2} + \frac{v_p^4}{2 (u_n^2 + v_p^2)^2} \right].$$

Die aus L_a und L_r resultierende Arbeit L_n ist die Gesamtarbeit, die der Propellerantrieb im Idealfall leisten kann. Sie ergibt sich aus der Bedingung, daß die Wassermenge G_a auf die Geschwindigkeit $v_n = f(r)$ zu beschleunigen ist.

$$L_n = \int_{u_n}^{u_a} \frac{\gamma}{g} r v_a \frac{v_n^2}{2} du;$$

hierin $v_n^2 = \frac{u^2 v_p^2}{u^2 + v_p^2}$ und die Werte für r und v_a durch u ausgedrückt, ergibt:

$$L_n = \frac{\gamma}{g} \frac{v_p^3}{4\pi} \int_{u_n}^{u_a} \frac{u^5}{(u^2 + v_p^2)^2} du.$$

Der Integralausdruck ist der gleiche wie derjenige für P_a. Es ändert sich lediglich der konstante Faktor, demnach:

$$L_n = \frac{\gamma}{g} \frac{v_p^5}{8\pi} \left[\frac{u_a^2}{v_p^2} - 2 \ln (u_a^2 + v_p^2) - \frac{v_p^2}{u_a^2 + v_p^2} - \frac{u_n^2}{v_p^2} + 2 \ln (u_n^2 + v_p^2) + \frac{v_p^2}{u_a^2 + v_p^2} \right].$$

Die Werte G_a, P_a, L_a, L_r und L_n beziehen sich auf eine Umdrehung pro Sekunde; v_p muß daher für andere Geschwindigkeiten mit $\frac{n}{60}$ multipliziert werden, wenn n die Umdrehungszahl pro Minute ist. Für u ist dann wieder der Umfang U zu setzen.

Berechnet man L_n für die auf S. 85 angenommenen Dimensionen, dann ergibt $\eta_n = \frac{L_a}{L_n} = 0{,}825$ das ideale Nutzverhältnis dieser Schraube als reine Treibschraube.

Die Arbeitswerte L_a und L_n ergeben, im Verhältnis zueinander und zu L_p gesetzt, die in Fig. 67 aufgetragenen Kurven, die über dem Verhältnis $\frac{S}{\phi} = 0$ bis 1,6 berechnet wurden.

Zur Untersuchung, ob diese Arbeitswerte von der Schraube tatsächlich erzeugt werden können, ist es notwendig, festzustellen, ob ihren Antriebsgrößen entsprechende hydraulische Gegendrücke am Propeller entstehen.

Wenn das Wasser vor dem Propeller mit der Geschwindigkeit v_n zuströmt, erleidet es bis an die Propellerfläche einen Druckabfall

$p_p = v_n^2 \frac{\gamma}{2g}$ während hinter dem Propeller, wenn man ebenen Wasserspiegel voraussetzt, die ursprüngliche Pressung bestehen bleibt.

Die Druckdifferenz, die auf dem ganzen Strömungsquerschnitt entsteht, ist unter dieser Voraussetzung gegeben durch:

$$P_{np} = \int_{u_n}^{u_a} \frac{u}{2\pi} \frac{v_n^2}{2g} \gamma \, du$$

$$= \frac{\gamma}{4\pi g} v_p^2 \int_{u_n}^{u_a} \frac{u^3}{u^2 + v_p^2} du .$$

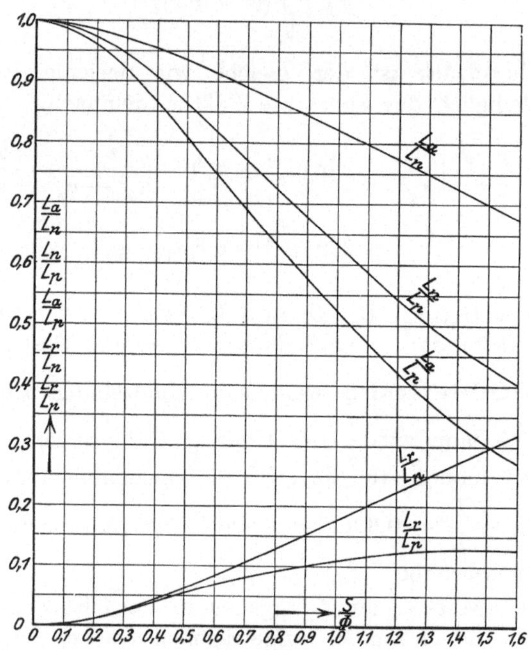

Fig. 67.

Durch Substitution $u^2 + v_p^2 = z$ folgt hieraus:

$$P_{np} = \frac{\gamma}{8\pi g} v_p^2 \left[u^2 + v_p^2 - v_p^2 \ln (u^2 + v_p^2) \right]_{u_n}^{u_a}$$

$$= \frac{\gamma}{8\pi g} v_p^4 \left[\frac{u_a^2}{v_p^2} - \ln (u_a^2 + v_p^2) - \frac{u_n^2}{v_p^2} + \ln (u_n^2 + v_p^2) \right].$$

Hiernach ergibt sich, wieder über $\frac{S}{\Phi}$ berechnet, eine Kurve des Verhältnisses $\frac{P_a}{P_{np}}$, wie sie Fig. 68 zeigt. Innerhalb der berechneten Grenzen von $\frac{S}{\Phi}$ ist danach die axiale Bewegungsgröße P_a durchweg größer als der hydraulische Gegendruck am Propeller. Der, den Wert $\frac{P_a}{P_{np}} = 1$ überschießende Betrag kann zum Teil erzeugt werden, wenn

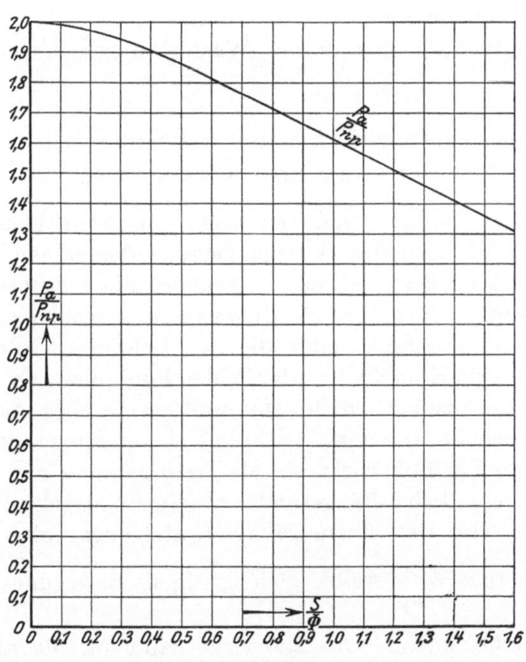

Fig. 68.

direkt vor dem Propeller eine Wasserspiegelsenkung, direkt hinter ihm eine Hebung eintritt. Diese Bedingung wird bei der freilaufenden Schraube nur unvollkommen erfüllt. Es ist dann auch das Verhältnis $\frac{P_a}{P_{np}}$ nach Fig. 68, und damit dasjenige $\frac{L_a}{L_p}$ nach Fig. 67 nicht erreichbar. Denkbar ist dies erst, wenn der Zustrom durch eine Mündung entsprechend Fig. 46 zugeführt wird. Dann wird der den Wert $\frac{P_a}{P_{np}} = 1$ überschießende Betrag als Druckdifferenz der äußeren und inneren axialen Mündungsprojektion übernommen, wenn man voraussetzt, daß in der Mündung bis zum Schraubeneintritt nur axiale

Zuströmung herrscht und daß die Rotationskomponente, wie Fig. 63 andeutet, erst mit Eintritt des Wassers in den Schraubenflügelrotationsraum eingeleitet wird. Es wäre dann auch möglich, über den ganzen Bereich von $\frac{S}{\Phi}$ das Verhältnis $\frac{P_a}{P_{np}} = 2$ zu machen, wenn die austretende Rotationskomponente durch Leitschaufeln in die Richtung von v_a übergeführt wird.

Tritt in diesem Fall noch eine Spiegelsenkung über dem Mündungseintritt und eine Hebung über dem Austritt hinzu, dann wird der hydraulische Gegendruck größer, als die Bewegungsgröße, und die Folge wird ein relativer Rückstrom des Wassers durch die Schraube sein.

36. Über das Nutzverhältnis der Schraube, bei gleichzeitiger Treibwirkung und Schiffsbewegung.

Zur Unterscheidung von der sich am Ort drehenden Treibschraube, auf die sich die Bewegungsgröße der erzeugten Strömung als Gegendruck äußert, sei eine Schraube, die mit ihrer Steigungsgeschwindigkeit v_p fortschreitet, Bewegungsschraube genannt.

Wie früher erläutert, muß die Schiffschraube, solange sie das Schiff bewegt, eine Kombination der beiden Funktionen Druckerzeugung und Bewegung ausüben, d. h. sie muß gleichzeitig als Treib- und Bewegungsschraube arbeiten. Während sie die Steigungsgeschwindigkeit v_p hat (s. Fig. 60), wirkt sie als Treibschraube nur mit der Geschwindigkeit c_2, d. h. die gesamte absolut und relativ passierende Wassermenge wird mit einem relativen Steigungswinkel angetrieben, der sich aus $\operatorname{tg} \alpha = \frac{c_2}{n_s}$ ergibt, gleichzeitig als Bewegungsschraube mit der relativen Ganghöhe $\frac{v_s}{v_p} S$. Sie wirkt dann auf die absolute Strömung mit ihrem relativen Steigungsverhältnis $\frac{c_2}{v_p} \frac{S}{\Phi}$, d. h. die durch Fig. 67 und 68 dargestellten Werte des absoluten Steigungsverhältnisses verschieben sich im Sinne der durch das relative Verhältnis gekennzeichneten. Wenn ein Schiff in Fahrt ist, arbeiten seine Schrauben demnach mit einem relativen Steigungsverhältnis, das sich um so mehr dem Wert Null nähert, je kleiner der Slip ist. Damit nähert sich auch das Verhältnis $\frac{P_a}{P_{np}}$ dem für die freilaufende Schraube ungünstigen Wert 2 und der Anteil des nutzlosen Slips steigt. Wenn dabei trotzdem der Gesamtwirkungsgrad der Schraube steigt, so hat dies seine Ursache darin, daß die Verlustgröße c_2 der Gesamtarbeit

$L = \frac{G}{g}\left(v_s c_2 + \frac{c_2^2}{2}\right)$ im quadratischen Verhältnis abnimmt. Auf die Nutzarbeit dagegen wirkt c_2 nur im einfachen Verhältnis ein, während v_s gleichzeitig wächst. Der Effekt dieser Eigenschaften der freiarbeitenden Schraube ist der, daß mit abnehmendem Slip auch die Summe der Verluste unbedingt abnimmt.

Eine exakte Berechnung der frei arbeitenden Schiffschraube ist hiernach noch nicht möglich. Immerhin dürfte der Versuch, das Problem vom abstrakten Energieprinzip ausgehend, zu lösen, in erster Linie zu einer brauchbaren Theorie führen. Auf die Erzielung gleicher Rechnungssicherheit wie bei der Wasserturbine muß voraussichtlich für immer verzichtet werden, weil die meisten, rechnerisch nicht zu verfolgenden Verlustströmungen und schon allein der unbegrenzte Strömungsumfang die Möglichkeit hierzu ausschließen. Die Unsicherheit der Rechnung wird um so größer, je größer der Slip, resp. je kleiner der effektive Wirkungsgrad ist. Die Schraubendimensionierung ist daher auf rein empirische Unterlagen angewiesen. Mit Rücksicht auf solche ist der nachfolgende Abschnitt verfaßt.

37. Kritik des Schiffs-Schraubenantriebs.

a) Einfluß der Flügelfläche.

Analog dem Strömungsvorgang durch die Mündung in dünner Wand ist es denkbar, daß die Bewegungsgröße den Betrag $\frac{P_r}{2} = \frac{G}{g}\frac{c_2}{2}$ (auf Schiffstillstand bezogen) überschreitet, sie wird aber nie den Betrag P_r erreichen. Gegenüber dem Strömungsvorgang in einer Mündung in dünner Wand treten bei der Schraube noch einige zusätzliche Störungen auf, die zu dem Schluß führen, daß der reine Durchflußkoeffizient bei der Schraube noch ungünstiger ist als bei der Mündung.

Abgesehen von der Rotationsarbeit liegt die Ursache hierzu einesteils in den Verdrängungs- und Reibungsverlusten der Schraubenflügel, anderenteils darin, daß diese nicht den ganzen Strömungsquerschnitt F_k bedecken. Sie werden erfahrungsgemäß mit einer Gesamtfläche ausgeführt, deren Axialprojektion F_a den Wert 0,6 F_k nur ausnahmsweise übersteigt. Dieses scheinbar ungünstige Verhältnis wird dadurch bedingt, daß es sich als notwendig herausgestellt hat, die Flügel an den äußeren Enden zuzuspitzen resp. abzurunden. Dadurch wird zwar die wirksame Propellerfläche verkleinert, doch scheint die volle Ausfüllung der Kreisfläche durch die Flügel noch größere Nachteile zu haben.

Von den Vorgängen am Kreisumfang kann man sich an Hand der Fig. 69 eine Vorstellung machen. Dort ist ein Viertel einer viergängigen Schraube gezeichnet. Es ist sowohl ein Flügel der gebräuchlichen Form eingezeichnet, als auch ein solcher, der den ganzen Quadranten ausfüllt. Nach der Voraussetzung, daß auf der vorderen Flügelfläche der Druck $p_1 - p_a$,[1]) auf der hinteren dagegen p_1 oder ein geringer Überdruck über diesen herrscht, ist anzunehmen, daß diese Druckdifferenz an der Peripherie eine Rückströmung von der hinteren nach der vorderen Flügelfläche im Sinne der in Fig. 69 gezeichneten Pfeile erzeugt. Diese Strömung, die in sich als Rotations-, d. h. Wirbelstrom eingeleitet wird, bedeutet eine Verlustarbeit, weil sie einen Absolutwert in der Fahrtrichtung des Schiffes hat und damit den nutzbaren Slip vermindert, und weil sie einen Verlust der nutzbaren Schubkraft erzeugt, indem das umströmende Wasser eine Erhöhung des Unterdrucks auf der vorderen Flügelfläche bewirkt. Diese Verluste werden offenbar in dem Maße reduziert, in dem die äußeren, den Kreisumfang berührenden Flügelkanten sich zur Länge des letzteren verhalten, d. h. wenn die Flügel außen zugespitzt resp. abgerundet werden, vermindern sie sich bedeutend.

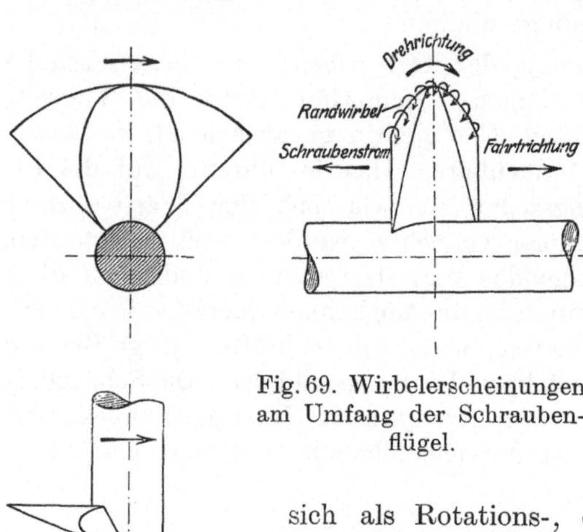

Fig. 69. Wirbelerscheinungen am Umfang der Schraubenflügel.

Ähnliche Erscheinungen sind an den radial gerichteten Ein- und Austrittkanten der Flügel zu vermuten. Nun ist zu beachten, daß eine aus der Druckdifferenz resultierende Rückströmung Zeit braucht, um ihre Geschwindigkeit zu entwickeln. Wenn z. B. ein Flügel einen ganzen Quadranten ausfüllt, dann hat am äußeren Umfang das Wasser während einer Viertelumdrehung Zeit, den Rückstrom auszuführen. Anders jedoch an der Eintrittkante. Diese bewegt sich in einer den Rückstrom schneidenden Richtung und verhindert dadurch zum größten Teil dessen Zustandekommen. Auch an der austretenden Kante liegen die Verhältnisse günstiger. Dort erreicht der Nachstrom seine größte Geschwindigkeit. Die Wirkung des hydraulischen

---

[1]) S. Abschnitt 40.

Gegendrucks hinter dem Propeller wird sich in einer Verzögerung des Nachstroms, d. h. in einem negativen Slip äußern. Ehe dieser aber schädliche Werte annehmen kann, setzt die verdrängende Wirkung des folgenden Flügels ein, durch die der negative Slip, der hinter einem Flügel entsteht, von dem folgenden größtenteils wieder zurückgewonnen wird.

Aus diesen Überlegungen lassen sich folgende Schlüsse ziehen:

Je größer das Steigungsverhältnis $\frac{S}{\varphi}$ ist, um so größer soll die Gangzahl (Flügelzahl) der Schraube sein, weil die relative Dicke der vom Flügel zu verdrängenden Wasserschicht mit $\frac{S}{\varphi}$ wächst. Je größer der Slip resp. der spezifische Schub ist, mit dem eine Schraube arbeitet. um so größer sollen ihre Flügelflächen im Verhältnis zur Kreisfläche sein, weil mit dem Slip die hydraulische Druckdifferenz im Propeller und damit auch die Möglichkeit negativer Slipströmung wächst.

Wie die Fläche auf die Flügel verteilt wird, d. h. die Form ihrer axialen Projektion, scheint, abgesehen davon, daß sie den Schraubenumfang nur auf eine möglichst kurze Strecke berühren dürfen, nur untergeordnete Bedeutung zu haben.

Ebenso untergeordnet scheint die tangentiale Form der Flügelprojektion zu sein, d. h. ob die Ein- und Austrittkanten gerade oder gekrümmte Linien bilden, ob die Erzeugende der Schraubenfläche senkrecht oder geneigt zur Schraubenaxe steht, ob sie gerade oder gekrümmt ist. Man hat geneigte und gekrümmte Erzeugende damit motiviert, daß nach ihnen geformte Flügel die Zentrifugalkraft des abströmenden Wassers unterdrücken. Das ist nicht oder nur in verschwindendem Maße möglich, wenn die Flächenneigung zur Richtung der Zentrifugalkraft nur ca. 15 $^0/_0$ beträgt. Stärkere Neigungen lassen sich aus verschiedenen Gründen nicht anwenden. Aus dem dargestellten Vorgang der Erzeugung der Slipströmung geht auch hervor, daß eine, wenn auch nur partielle Überdeckung der einzelnen Flügelflächen, axial betrachtet, unter keinen Umständen eine Vergrößerung des maximal erreichbaren Schubes erzeugen kann, weil zwischen den überdeckenden Flächen keine Druckdifferenz entsteht. Diese Flächen vermehren lediglich die Reibungsverluste und, da sie notwendigerweise den einhüllenden Zylinder auf einer längeren Strecke berühren müssen, die dort eintretenden Wirbelverluste.

b) Einfluß des Flügelquerschnittes.

Die gebräuchlichste Querschnittsform der Flügel, von deren Übergang in die Nabe abgesehen, ist die in Fig. 70 in die Ebene abgewickelt dargestellte. Sie wird auf der Hinterkante, die den Schub bei Vorwärtsfahrt aufnimmt, durch eine gemeine Schraubenlinie gebildet und hat auf der Vorderseite eine willkürlich gekrümmte Form, die mit Rücksicht auf scharfe Ein- und Austrittkanten, sowie auf die der Materialbeanspruchungen wegen erforderliche Dicke bestimmt wird.

Diese Querschnittform wäre vermutlich günstig, wenn der Schub nur als Überdruck der hinteren Flügelfläche über die vordere erscheinen würde und letztere der unveränderten Druckhöhe der darüberlastenden Wassersäule ausgesetzt wäre. Da das nicht der Fall ist, und im wesentlichen an der Vorderfläche ein Unterdruck entsteht, ergibt sich der Schub als Differenzwert des Druckzustandes zwischen hinterer und vorderer Fläche. Damit ergibt sich weiterhin, daß die Formgebung der vorderen Querschnittkante einen wesentlichen Einfluß auf den Gesamtslip und die Slipgeschwindigkeit haben muß. Daß dies den Tatsachen entspricht, bestätigen viele Versuche, aus denen hervorgeht, daß eine Schraube mit der Querschnittform Fig. 70, wenn sie mit der aus $\sphericalangle \alpha$ folgenden Steigungsgeschwindigkeit der hinteren Fläche angetrieben wird, immer noch einen positiven Schub erzeugt. Das würde heißen, daß die effektive Steigung tg α_1 solcher Schrauben in Wirklichkeit größer ist, als die sogenannte Konstruktionssteigung, d. h. die der hinteren Fläche. Sie wird, wie u. a. aus Versuchen von Taylor[1]) hervorgeht, im Verhältnis zur Konstruktionssteigung um so größer, je dicker die Flügel im Verhältnis zu ihrer abgewickelten Breite sind und je höher für ein- und denselben Propeller die Schiffsgeschwindigkeit steigt. Der effektive Nullpunkt des Schubs liegt also nicht einmal für einen gegebenen Propeller bei einem konstanten Slipwert, sondern er ändert sich mit der Schiffsgeschwindigkeit. Dadurch und durch die Abhängigkeit des Slip-Nullpunktes von Verhältnis Flügeldicke zu Flügelbreite verliert der gemessene, scheinbare Slip, bezogen auf die Konstruktionssteigung, jeden sicheren Anhalt für die Berechnung oder Beurteilung verschiedener Schrauben.

Die Änderung des Slipnullpunktes mit der Schiffsgeschwindigkeit ist ohne weiteres erklärlich, wenn man bedenkt, daß der Verdrängungsimpuls des Flügelkörpers eine mit seiner Drehgeschwindigkeit stark variable Größe hat, während die Druckhöhe, die die Nachströmung liefert, d. i. Tauchtiefe plus Luftdruckhöhe, eine konstante Größe behält. Aus den erwähnten Taylorschen Versuchen geht, wie leicht erkennbar, hervor, daß der Slipnullpunkt vom Nullpunkt des Slips der Konstruktionssteigung aus um so weiter nach der nega-

---

[1]) D. W. Taylor, The Speed and Power of Ships. John Wiley & Sons, New York 1910. (S. Fig. 222 bis 225).

tiven Seite wandert, je völliger der Flügelquerschnitt ist. Beide Nullpunkte werden sich einander mehr nähern, wenn das Flügelmaterial zur Konstruktionssteigung symmetrisch verteilt wird, wie Fig. 71 zeigt. Damit erhält der Flügel gleichzeitig eine Form günstigen Eigenwiderstandes, woraus zu folgern ist, daß ihre Gesamtverluste kleiner werden, auch wenn dabei der scheinbare Slip höhere Werte ergibt. Es ist aber damit noch nicht gesagt, daß der effektive Slip solcher Flügel mit dem Konstruktionsslip zusammenfällt, wenn man als Konstruktionssteigung die durch Ein- und Austrittkante bestimmte bezeichnet. Auch hier ist zu erwarten, daß die Verdrängungsströmung eines Flügels bei der Konstruktions-Steigungsgeschwindigkeit eine Rückwirkung auf den folgenden Flügel haben und der effektive Slip folglich etwas größer sein wird, als der Konstruktionsslip. Die Konstruktionssteigungslinie ist in Fig. 71 mit dem Winkel α bezeichnet. Dieser Winkel muß aber hier viel weniger von α_1 abweichen, als in Fig. 70. Es ist denkbar, daß man durch weitere Umformungen ein Querschnittsprofil finden kann, bei dem wirklicher und Konstruktionsslip übereinstimmen, wodurch die empirische Schraubenbestimmung auf eine wesentlich sicherere Basis gestellt würde.

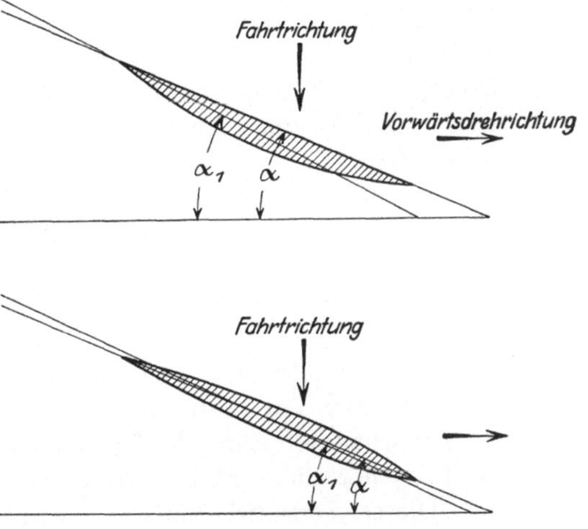

Fig. 70. Gebräuchliche Querschnittsform eines Schraubenflügels.

Fig. 71. Querschnittsform für verminderte Eigenverdrängungsarbeit und bessere Annäherung des effektiven Steigungswinkels an den Konstruktions-Steigungswinkel.

Da die Flügelverdrängungsverluste auf den Schraubenwirkungsgrad einen merkbaren Einfluß haben dürften, ist zu erwarten, daß mit Formen günstigen Eigenwiderstandes wie Fig. 71, auch der Gesamtarbeitsverbrauch des Propellers verbessert wird; vor allem sollten sie für Propeller hoher Geschwindigkeit gut geeignet sein, weil sie den Eintritt der Kavitation durch Verbesserung der Nachströmmöglichkeit der Flügelkörper verzögern.

c) Einfluß des Schiffsnachstroms[1]).

Der Schiffsnachstrom ist eine ungleichförmige Wasserbewegung, sowohl in bezug auf Richtung als auch auf Geschwindigkeit. Damit steht fest, daß er einen ungünstigen Einfluß auf den Propellerwirkungsgrad haben muß, da dessen Konstruktion einen über seinen Strömungsquerschnitt gleichmäßigen axialen Wasserzufluß voraussetzt. Sieht man von den nur störenden Querkomponenten des Nachstroms ab und untersucht die verbleibende Komponente, die in der Schiffsfahrtrichtung verläuft, so hat diese im Mittelwert genommen offenbar einen Einfluß auf den scheinbaren Slip. Für einen gegebenen Propeller, der eine bestimmte Schiffswiderstandsarbeit zu leisten hat, wird die Steigung mit Rücksicht auf den Nachstrom kleiner, als ohne diesen.

Wenn außerdem der wirkliche Steigungswinkel noch wesentlich größer ist, als der konstruktionsmäßige, dann kann unter Umständen der scheinbare Slip ganz verschwinden oder negativ werden, besonders bei plump gebauten, langsam fahrenden Einschraubenschiffen. Diese erzeugen eine relativ große Nachströmgeschwindigkeit, und der Propeller arbeitet an dem Ort, wo sie am stärksten auftritt. Tatsächlich muß ein positiver, d. h. nach hinten gerichteter Slipstrom stets vorhanden sein als Äquivalent der Reibungsverluste und der im Propeller nicht rückgewinnbaren Verdrängungsströmungen.

Dieses Verschwinden des scheinbaren Slips bedeutet keine Verbesserung des Schraubenwirkungsgrades, denn in der Formel für das Nutzverhältnis des Schiffsantriebs $\eta_n = \frac{2\,v_s}{2\,v_s + c_2}$ ist nicht der Absolutwert c_2, sondern die Summe von diesem und dem Nachströmwert c_n einzusetzen. Schreibt man andererseits die Formel $\eta_n = \frac{2\,v_s}{v_s + v_p}$, so ist nicht die um den Nachströmwert verkleinerte Steigungsgeschwindigkeit, sondern die um diesen vermehrte einzusetzen.

Der vom Schiff resp. dessen Antrieb erzeugte Nachstrom kann die ihm erteilte Arbeit demnach nicht wieder in das Schiff zurückliefern, auch nicht über den Umweg durch den Propeller. Wenn über dessen Strömungsquerschnitt der Nachstrom c_n vernichtet und dadurch ein, seiner Geschwindigkeit entsprechender Teil $P_{cn} = \frac{G}{g}\,c_n$ des Propellerschubes erzeugt wird, so hat der Propeller dafür die Arbeit $L_{cn} = \frac{G}{g}\frac{c_n^2}{2}$ aufzuwenden, in gleicher Weise wie für die Erzeugung

[1]) S. a. Kapitel „Der Strömungswiderstand von Schiffen".

eines positiven Slips c_2 die Arbeit L_2. Der Unterschied ist, wie erwähnt, lediglich der, daß die wirksame Steigung ein anderes Verhältnis zur Konstruktionssteigung annimmt.

d) Strömungsbilder.

Die wesentlichsten Verschiebungen der Strömungsvorgänge, die eintreten, wenn sich eine Schraube entweder am Ort dreht oder unter günstigen Antriebsverhältnissen arbeitet, d. h. mit einer Schiffsgeschwindigkeit, die in der Nähe von v_p liegt, werden durch die beiden Fig. 72 und 73 angedeutet.

In Fig. 72 ist die Schraube am Ort drehend gedacht. Der nicht nur axial, sondern auf den ganzen Raum vor der mittleren Drehebene sich verteilende Zustrom veranlaßt nach Früherem eine, mit

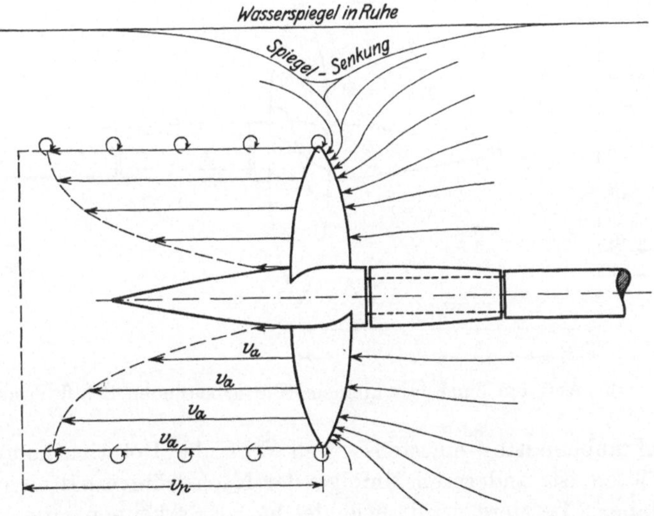

Fig. 72. Strömungsschema einer sich am Ort drehenden Schiffsschraube.

dem Zentrum ungefähr über Schraubenmitte liegende Niveausenkung (Druckabfall), derzufolge das Wasser nach der Oberfläche hin, auch zum Teil von hinten aus zuströmt. Dieses Wasser muß also, um durch die Schraube zu strömen, bis zu 180° umgelenkt werden, was nicht ohne größere Verluste geschehen kann. Man ersieht aus diesem Strömungsverlauf, der sich in ähnlicher Weise um den ganzen Propellerumfang vollziehen dürfte, daß die Zuströmung resp. ihr Druckabfall auch auf die Rückseite des Propellers einwirken und eine teilweise Reduktion des dort einsetzenden Gegendruckes zur Folge haben kann.

Der Abstrom nimmt im Längsschnitt die in Fig. 72 durch die v_a-Pfeile angedeuteten Größen an. In Wirklichkeit ist das Verhältnis dieser Werte zu v_p wegen der eintretenden Verluste noch kleiner als hier gezeichnet; sie behalten aber nach der Peripherie hin ihren größten Wert. Folglich wird auch dort der entstehende Unterdruck am größten und die Bildung von schraubenförmigen Umfangswirbeln, die sich bei genügender Geschwindigkeitssteigerung mit hohlem Zentrum (Kavitationsbildung) entwickeln, nimmt meistens hier ihren Anfang. Ein zweites charakteristisches Wirbelzentrum bildet sich am Abstrom

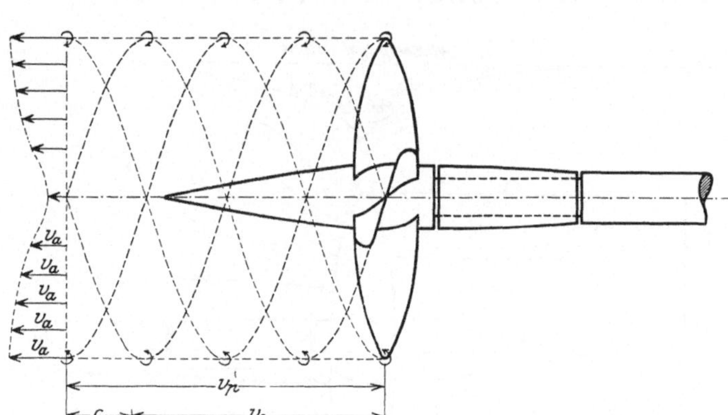

Fig. 73. Abstrom einer mit kleinem Slip arbeitenden Schiffschraube.

der Schraubenmitte, einesteils, weil dort die Rotationskomponente am größten ist, andernteils infolge der Nachströmverhältnisse hinter der Nabe. Letztere wird, wie leicht zu erkennen, die Höhlenbildung um so mehr begünstigen, je stärker sie ist und je stumpfer sie ausläuft.

Gute Illustrationen dieser Erscheinungen sind durch die Flammschen Stereoskopaufnahmen[1]) bekannt geworden. Die Wirbelzentren werden erst dann (auch bei großen Schiffen) dem Auge sichtbar, wenn sich Hohlräume bilden, die zunächst luftleer oder luftverdünnt sind und die in der Folge die in der Nähe befindliche Luft aufnehmen, so daß sie auch noch weiter bestehen können, wenn die Drücke sich mehr und mehr ausgleichen.

---

[1]) Oswald Flamm, Die Schiffsschraube und ihre Wirkung auf das Wasser. (München 1909.)

Mit zunehmender Schiffsbewegung, d. h. abnehmendem Slip nehmen bei konstanter Tourenzahl auch die Absolutgeschwindigkeiten der Wasserströmung ab und damit gleichzeitig die Ursachen der Wirbelbildungen. Die durch Hohlraum sichtbaren Wirbelzentren treten daher nur bei hohen Slipwerten in die Erscheinung.

Fig. 73 deutet an, wie bei kleinem Slip auch die Absolutströmung, über dem Querschnitt betrachtet, gleichförmiger wird. Während die Schraube um v_s als Bewegungsschraube fortschreitet, wirkt sie nur mit c_2 als Treibschraube, mit dem Effekt, daß die absolute, von ihr eingeleitete Wasserbewegung sich ungefähr nach dem Größenverhältnis der v_a-Pfeile Fig. 72 einstellt. In Fig. 73 ist bei diesen die Verteilung des freien Schraubenquerschnitts auf den gesamten umschriebenen Kreisquerschnitt berücksichtigt.

In letzterer Fig. sind die von den 4 Flügelspitzen erzeugten Schraubenlinien eingezeichnet. Diese markieren die Zentren der Umfangswirbel, die, wenn auch ohne Höhlenbildung nicht sichtbar, vorhanden sind, solange ein Slip erzeugt wird.

Mantelpropeller.

38. Verbesserte Propellerformen.

Da ein Propeller fast ausnahmslos unter gleicher oder nahezu gleicher gegebener Ein- und Austrittsdruckhöhe arbeiten muß, ist die Erzeugung einer axialen Schubkraft, soweit freilaufende Propeller in Betracht kommen, unbedingt an die Erzeugung einer absoluten oder auch relativen Rückwärtsbeschleunigung des Schraubenstroms gebunden. Nur durch eine solche ist die Entwicklung einer axialen Schubkraft möglich. Abgesehen von der dafür aufzuwendenden Verlustarbeit ist die äußere Nichtbegrenzung des Schraubenstromes die Hauptursache des schlechten Wirkungsgrades der gemeinen Schiffsschranbe, indem dadurch die Energiewandlung mit großen Verlusten erfolgen muß, ähnlich denen beim Ausfluß aus Mündungen in dünner Wand.

Es liegt nach dieser Erkenntnis nahe, mit Rücksicht auf die ungeheuren Energiemengen, die durch die gebräuchlichen gemeinen Schiffsschrauben dauernd vergeudet werden, Propellerformen zu suchen und zu finden, die mit besserem Wirkungsgrad arbeiten. Die Aufgabe läuft darauf hinaus, den Propeller so zu gestalten, daß er für die Erzeugung des Slips zu einer günstigeren Mündungsform wird.

Ähnlich wie bei Turbinen und Pumpen sind auch beim Propeller verschiedene Wege der hydrodynamischen Arbeitsübertragung möglich, die wirtschaftlich gute Resultate liefern.

Bei allen Propellern, die nachstehend betrachtet werden, sind die Diagramme auf den Betriebszustand bezogen. Die Schiffsgeschwindigkeit ist gleich der relativen Eintrittkomponente v_s. Die axiale relative Abströmkomponente ist v_p. Die Differenz $c_2 = v_p - v_s$ liefert den wirksamen Schub. c_2 wäre dann ein absoluter Wert, wenn das umgebende Wasser strömungsfrei ist und das Schiff keinen Nachstrom erzeugt. Da mindestens das letztere niemals der Fall ist, erscheint auch c_2 als Relativwert.

39. Gemeine Schraube mit zylindrischem Leitmantel.

Der erste Schritt zur Verbesserung ergibt sich an Hand der Fig. 69. Wenn die dort gezeichnete Schraube mit Quadrantenflügeln mit einem zylindrischen Leitmantel umgeben wird, so lassen sich dadurch offenbar die äußeren Randverluste auf ein Minimum herabdrücken, das durch den mechanisch notwendigen Spalt zwischen Schaufelumfang und Leitzylinder bedingt ist. Letzterer erzeugt zwar zusätzliche Reibungs- und Verdrängungsverluste, doch können diese Verluste mit Rücksicht auf das Dimensionsverhältnis von Leitzylinder zum eingetauchten Schiffskörper nicht so groß sein, daß sie den Gewinn aufheben. Das gleiche dürfte für das Verhältnis der durch vermehrte Flügelreibung erzeugten Verluste zum Gewinn an Schub durch die vergrößerte Flügelfläche der Fall sein. Der Strömungsvorgang wird dadurch dem in dünner Wand resp. scharf abgeschnittenem zylindrischen Rohr erzeugten mehr genähert. Damit ist gleichzeitig gesagt, daß er von dem Ideal weit entfernt sein wird und daß demnach ein solcher Propeller als wirtschaftlich gut noch nicht in Frage kommt.

40. Ideale Einlauf-Leitvorrichtung.

Um zu erkennen, welche Bedingungen an einen guten Propeller zu stellen sind, sei wieder die Entstehung des hydraulischen Gegendrucks, welcher der Bewegungsgröße der Slipströmung $P_a = \frac{G}{g}(v_p - v_s)$ das Gleichgewicht halten muß und als wirksamer Schub erscheint, untersucht.

Setzt man $G = F_r \cdot \gamma \cdot v_p$, worin F_r den freien axialen Laufradquerschnitt bedeutet, in die Formel für P_a ein, ebenso

$$v_p = \sqrt{2g\frac{p_p}{\gamma}} \quad \text{und} \quad v_s = \sqrt{2g\frac{p_s}{\gamma}},$$

wonach p_p resp. p_s die relativen Flächenpressungen der Geschwindigkeiten v_p resp. v_s bedeuten, dann ergibt sich:

$$P_a = \frac{F_r}{g}\gamma\sqrt{2g\frac{p_p}{\gamma}}\left(\sqrt{2g\frac{p_p}{\gamma}} - \sqrt{2g\frac{p_s}{\gamma}}\right)$$
$$= 2F_r\left(p_p - \sqrt{p_p p_s}\right).$$

Bezeichnet man den durch den Klammerausdruck gegebenen Druckabfall mit p_a, also:

$$P_a = 2F_r p_a,$$

dann ist die vollkommene Identität des Strömungsvorganges mit dem in einer gewöhnlichen Mündung hergestellt. Es folgt, daß $\frac{P_a}{2} = F_r p_a$ von der Propellerfläche übernommen wird, und daß die zweite Hälfte $\frac{P_a}{2}$ eine Mündungswand verlangt, an der sie sich entwickeln kann.

Setzt man vor einen Propeller LR, Fig. 75c, eine Einlaufmündung LE mit dem Eintrittquerschnitt $F_{e1} = \frac{G}{\gamma v_s}$ und dem Austrittquerschnitt $F_{e2} = F_r$, so ergibt sich, daß sich an ihrer Axialprojektion $F_e = F_{e1} - F_{e2}$ der gesuchte Druck $\frac{P_a}{2}$ entwickelt.

Bezeichnet man den Relativdruck auf ein unendlich dünnes Element dF_x der Ringprojektion mit p_x, dann ist:

$$d\frac{P_a}{2} = dF_x p_x$$

$$\frac{P_a}{2} = \int_{F_{e2}}^{F_{e1}} dF_x p_x .$$

Hierin $p_x = \frac{\gamma}{2g}v_x^2$ und $v_x = v_p\frac{F_{e2}}{F_x}$ gesetzt, ergibt

$$\frac{P_a}{2} = \frac{\gamma}{2g}v_p^2 F_{e2}^2\int_{F_{e2}}^{F_{e1}}\frac{dF_x}{F_x^2}$$

$$= \frac{\gamma}{2g}v_p^2 F_{e2}^2\left[-\frac{1}{F_x}\right]_{F_{e2}}^{F_{e1}}$$

$$= p_p F_{e2}\left(-\frac{F_{e2}}{F_{e1}} + 1\right).$$

Für

$$\frac{F_{e2}}{F_{e1}} = \frac{v_s}{v_p} = \sqrt{\frac{p_s}{p_p}},$$

folgt:

$$\frac{P_a}{2} = F_{e2}\left(p_p - \sqrt{p_p\, p_s}\right).$$

Führt man in die Formel für P_a die Werte p_s und p_2 ein, indem man setzt:

$$v_p - v_s = \sqrt{2g\frac{p_2}{\gamma}} \quad \text{und} \quad v_p = v_s + \sqrt{2g\frac{p_2}{\gamma}},$$

dann ergibt sich:

$$P_a = \frac{F_r\gamma}{g}\left(\sqrt{2g\frac{p_s}{\gamma}} + \sqrt{2g\frac{p_2}{\gamma}}\right)\sqrt{2g\frac{p_2}{\gamma}}$$

$$= 2\,F_r\left(\sqrt{p_s\, p_2} + p_2\right).$$

Für die Berechnung ist es bequemer, den Druck P_a resp. Druckabfall p_a mit Hilfe der Druckhöhen H, H_s und H_2 zu berechnen. Dann gehen die Formeln über in:

$$P_a = 2\,F_r\gamma\left(H_p - \sqrt{H_p H_s}\right); \quad p_a = \gamma\left(H_p - \sqrt{H_p H_s}\right),$$

resp.

$$P_a = 2\,F_r\gamma\left(\sqrt{H_s H_2} + H_2\right); \quad p_a = \gamma\left(\sqrt{H_s H_2} + H_2\right),$$

oder mit Hilfe der Geschwindigkeiten v_p, v_s und $c_2 = v_p - v_s$. Dann gehen die Formeln über in:

$$P_a = \frac{F_r}{g}\gamma\left(v_p^2 - v_p v_s\right); \quad p_a = \frac{\gamma}{2g}\left(v_p^2 - v_p v_s\right),$$

resp.

$$P_a = \frac{F_r}{g}\gamma\left(v_s c_2 + c_2^2\right); \quad p_a = \frac{\gamma}{2g}\left(v_s c_2 + c_2^2\right).$$

Damit gelangt man auf den ursprünglichen Ausdruck zurück. Es folgt aus den Formeln, daß der Druckabfall $p_a < p_p - p_s$ und $p_a > p_2$ ist.

Macht man den Ausdruck $p_a = \frac{\gamma}{2g}\left(v_s c_2 + c_2^2\right)$ dimensionslos, indem man durch $p_p = v_p^2 \frac{\gamma}{2g}$ dividiert, dann wird:

$$\frac{p_a}{p_p} = \frac{v_s}{v_p}\frac{c_2}{v_p} + \frac{c_2^2}{v_p^2}.$$

$\frac{p_a}{p_p}$ und die beiden Summanden der rechten Seite der Gleichung ergeben die in Fig. 74 über $\frac{v_s}{v_p}$ aufgetragenen Kurven, von denen

$\frac{c_2^2}{v_p^2}$ den Druckabfall bedeutet, den eine Menge $F_r \gamma c_2$ auf die Geschwindigkeit c_2 beschleunigt ergibt. Der Summand $\frac{v_s c_2}{v_p^2}$ enthält den zusätzlichen Druckabfall, der notwendig ist, die relative Strömungsmenge $F_r \gamma v_s$ auf die Geschwindigkeit c_2 zu beschleunigen.

Der nutzbare Druckabfall p_a ist identisch mit dem nutzbaren bei Rückdruckgefäß. Ein Unterschied zeigt sich zwischen der Propellerleitvorrichtung und der Gefäßmündung nur insofern, als bei ersterer das ideale Mündungsverhältnis $\frac{F_{e2}}{F_{e1}} = \frac{v_s}{v_p}$, bei letzterer da-

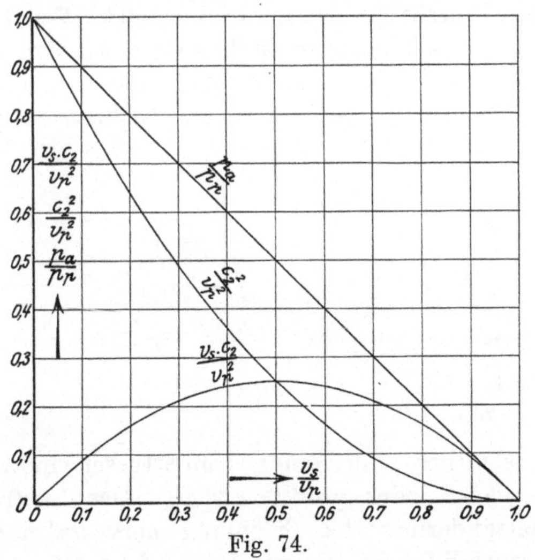

Fig. 74.

gegen $\frac{F_{e2}}{F_{e1}} = \frac{v_p}{\infty}$ wird, weil diese über dem ganzen Geschwindigkeitsgebiet unter der Druckdifferenz $p_p = \frac{\gamma}{2g} v_p^2 = \frac{\gamma}{2g}(v_s^2 + v_s c_2) + p_a$ stehen muß.

Für die Propellerleitvorrichtung ergibt sich demnach, daß $\frac{F_{e2}}{F_{e1}}$ streng genommen mit $\frac{v_s}{v_p}$, d. h. mit dem Slip variabel sein und beim Anfahren des Schiffes den Wert $\frac{v_p}{\infty}$ annehmen müßte. Das ist offenbar nicht möglich. Man wird es für die wichtigste Fahrtgeschwindigkeit ermitteln und ausführen, wodurch sich dann bei anderen Slipverhältnissen eine ungünstigere Wirkung der Leitvorrichtung ergibt.

41. Einteilung der Mantelpropeller.

Die praktische Möglichkeit rationell arbeitender Propeller ist mit der Erzeugung der Antriebsgröße durch einen Unterdruck noch nicht erschöpft. Es ist außerdem möglich, diese resp. die Slipbeschleunigung ohne Druckänderung durch Stromumlenkung in den Laufkanälen oder durch Erzeugung eines Überdrucks und mit Hilfe dessen entwickelter Slipströmung zu erzeugen. Demgemäß ergibt sich folgende Gruppeneinteilung:

I. Unterdruck-Propeller.

Ein solcher liegt vor, wenn die gesamte Beschleunigung von v_s auf v_p bis zum Eintritt in das Laufrad erfolgt. Fig. 75a ist das einfachste Beispiel eines charakteristischen Geschwindigkeitsdiagrammes. Es sind verschiedene Variationen möglich, die sich, im Idealfall dargestellt, sämtlich durch Symmetrie zur Ordinatenaxe auszeichnen.

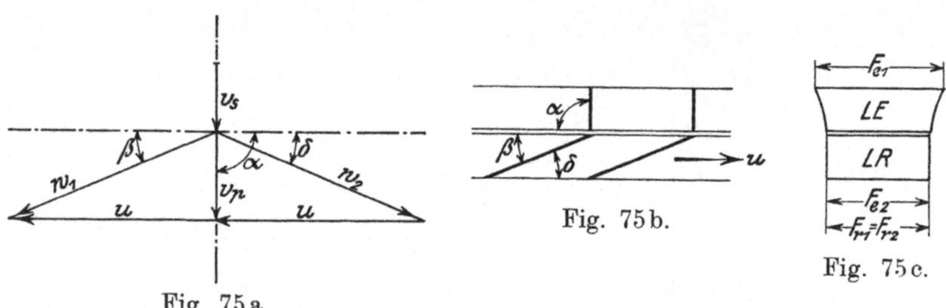

Fig. 75a. Fig. 75b. Fig. 75c.

Sie arbeiten sämtlich mit einer Eintrittgeschwindigkeit in das Laufrad LR, gleich oder größer als v_p. Das Laufrad hat keine Geschwindigkeitsänderung der Strömung hervorzubringen. Es hat lediglich die Druckdifferenz, die zwischen seiner Hinter- und Vorderfläche herrscht, aufrecht zu erhalten. Seine Laufkanäle sind nach der gemeinen Schraubenfläche zu formen. Fig. 75b zeigt den abgewickelten Zylinderschnitt zweier Schaufeln; Fig. 75c den axialen Querschnittverlauf schematisch.

Nimmt man auf die Verluste Rücksicht, dann verschwindet unter Umständen die erwähnte Symmetrie der Geschwindigkeitsdiagramme. In den später angeführten schematischen Beispielen werden die Einzelverluste außer Betracht gelassen, da für eine einigermaßen sichere Größenangabe Versuchsresultate vorliegen müßten.

II. Druck-Propeller.

Diese sind in ihrer einfachsten Form, Fig. 76a/c, dadurch gekennzeichnet, daß wie bei I die Relativgeschwindigkeiten w_1 und w_2 ihrer Größe nach einander gleich sind, nicht aber ihrer Richtung nach. Der Laufradaustrittwinkel δ ist größer, als dessen Eintrittwinkel β. Der dadurch erzeugte Umlenkungsdruck, der wegen $w_1 = w_2$ ohne Änderung der Druckhöhe erfolgt, erhält die Größe $P_a = \frac{G}{g}(v_p - v_s)$, wenn die axiale Austrittkomponente gleich v_p ist.

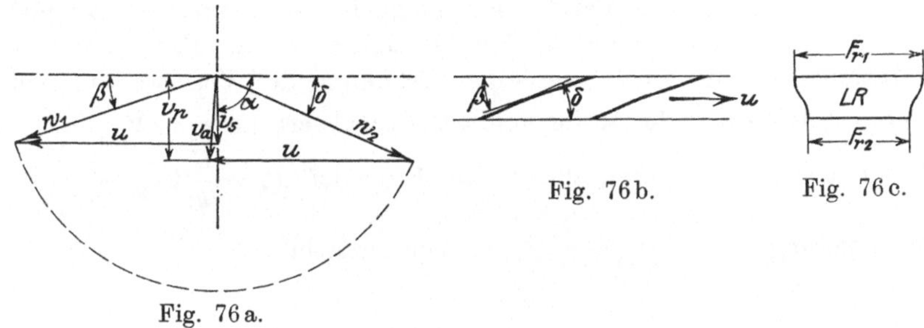

Fig. 76a. Fig. 76b. Fig. 76c.

Eine zweite Art der Druckpropeller ergibt sich, wenn man im Laufrad die axiale Geschwindigkeitskomponente v_s bestehen und die Umlenkung zunächst nur in tangentialer Richtung, d. h. durch eine Rotationskomponente v_u, Fig. 77a, eintreten läßt. In diesem Falle

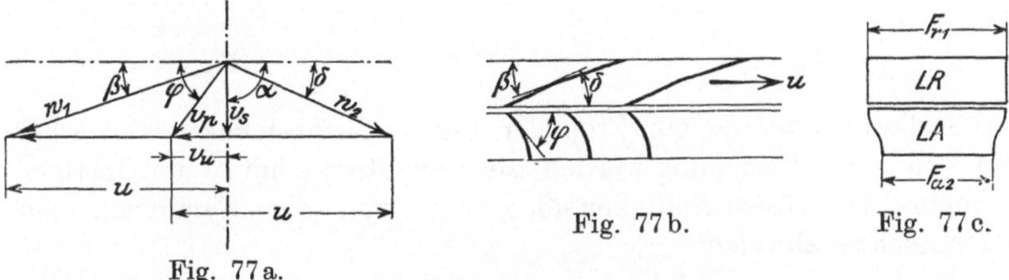

Fig. 77a. Fig. 77b. Fig. 77c.

tritt die Gesamtarbeit $L = \frac{G}{2\,g}(v_p{}^2 - v_s{}^2)$ zunächst als Rotationsarbeit in die Erscheinung. Lenkt man die aus v_s und v_u Resultierende v_p durch eine Austrittleitvorrichtung (Fig. 77b und c) in axiale Richtung

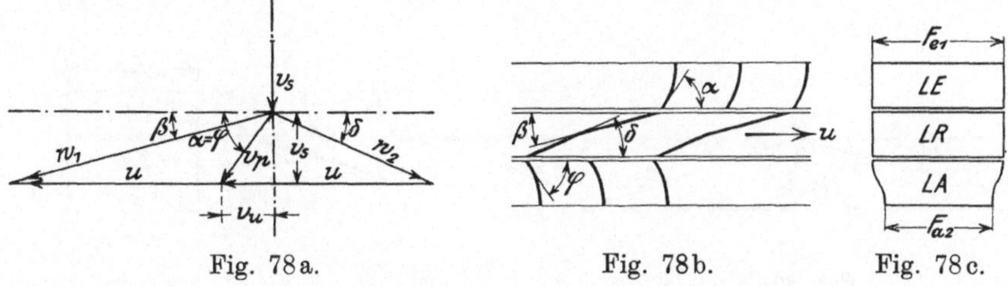

Fig. 78a. Fig. 78b. Fig. 78c.

um, dann wird die Schubkraft P_a durch Umlenkung teilweise am Laufrad, teilweise in der Leitvorrichtung erzeugt.

Eine ähnliche Form zeigen die Fig. 78. Es ist gegenüber Fig. 77a bei Fig. 78a nur das Eintrittdreieck um den Betrag v_u nach links verschoben. Sie erfordert außer der Eintrittleitvorrichtung LE eine solche für den Austritt LA, weil die Rotationsströmung, die beim Eintritt in das Laufrad um den Betrag v_u entgegengesetzt zu u verläuft, das Laufrad mit der gleichen Größe in Richtung u verläßt.

Auch beim Druckpropeller sind außer den angeführten Beispielen eine ganze Reihe von Variationen möglich. Als extremes Beispiel sei Fig. 79 a/c erwähnt, die aus Fig. 76 abgeleitet ist. Hier würde die Rotationsströmung unter unnötiger Erhöhung der Verluste auf den Wert u getrieben, während ihr minimaler Idealwert nur $v_u = \sqrt{v_p^2 - v_s^2}$ entsprechend der Umfangskraft am Propeller $P_u = \frac{G}{g}\sqrt{v_p^2 - v_s^2}$ und der Leistung $L = \frac{G}{2\,g}(v_p^2 - v_s^2)$ zu sein braucht.

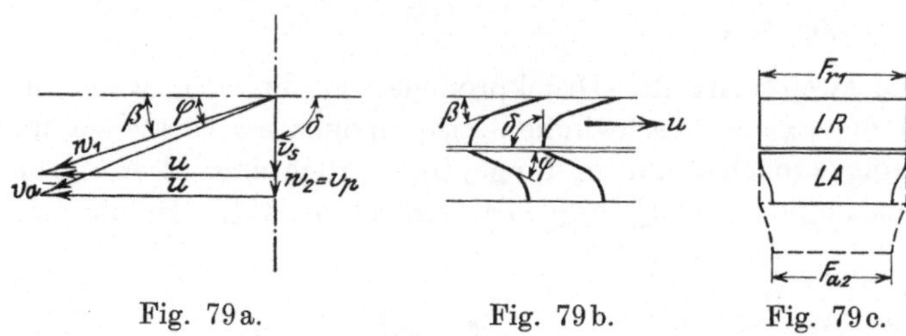

Fig. 79a. Fig. 79b. Fig. 79c.

Außerdem würde ein Propeller Fig. 79 nicht mehr reversierbar sein. In dieser Beziehung werden die Verhältnisse um so ungünstiger, je mehr das Geschwindigkeitsdiagramm von der Symmetrie zur Ordinatenaxe abweicht.

III. Überdruck-Propeller.

Wie erwähnt, sind darunter Propeller zu verstehen, in denen ein Überdruck über den Druck p_1 des umgebenden Wassers eintritt. Ein Schema eines reinen Überdruckpropellers wäre z. B. Fig. 80a/c.

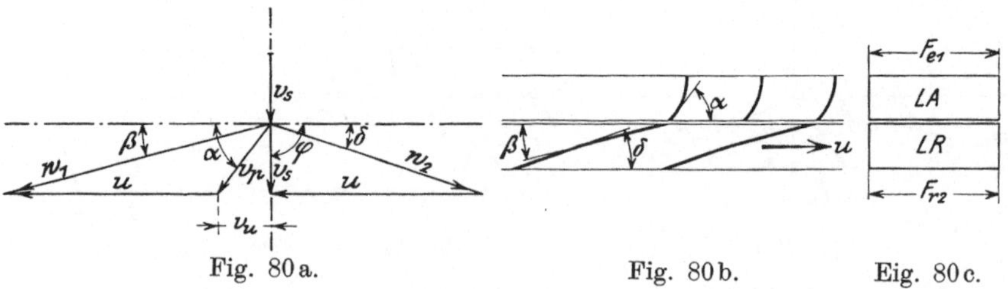

Fig. 80a. Fig. 80b. Eig. 80c.

Es ist eine Eintrittleitvorrichtung angenommen, welche die Rotationskomponente v_u ohne Druckänderung erzeugt. Im Laufrad wird v_u in Druckhöhe verwandelt, so daß am Austritt ein Überdruck von der Größe p_a eintreten würde, wenn ein gleichgroßer Gegendruck vorhanden wäre. Da vor und hinter dem Propeller stets annähernd die gleiche Druckhöhe herrscht, ist diese Form des Überdruckpropellers nicht brauchbar. Es muß, um ihn brauchbar zu machen, hinter dem Laufrad eine im Verhältnis $\frac{v_s}{v_p}$ verjüngte Austrittleitvorrichtung, die in diesem Falle keine Leitschaufeln zu haben braucht, angewandt werden, die den Druck in p_1 und die Geschwindigkeit v_s in v_p verwandelt[1]).

Da das gleiche Resultat ohne die zusätzlichen Druck- und Geschwindigkeitswechsel mit dem Schema Fig. 76 erreicht wird, scheint die Anwendung des Überdruckpropellers keine Vorteile zu bieten.

Nach Fig. 79a würde ein Überdruckpropeller entstehen, wenn das Austrittsdreieck sich mit dem Eintrittsdreieck deckt; dann würde das LA-Schaufelprofil gleich dem LR-Profil, und der Querschnittsverlauf von LA müßte, wie in Fig. 79c punktiert gezeichnet, erfolgen.

Wie aus diesen Beispielen zu schließen, kann man jeden Druckpropeller in einen Überdruckpropeller verwandeln, wenn v_u nicht direkt

[1]) Zeuner (Theorie der Turbinen. Leipzig 1899, Arthur Felix) hat auf S. 239 u. f. eine Theorie des Axialpropellers aufgestellt, die, soweit der abstrakte Vorgang nach dem ersten Hauptsatz der Energetik in Frage kommt, mit der vorliegenden übereinstimmt. Zeuner hat seine Theorie auch unter Berücksichtigung des zweiten Hauptsatzes der Energetik erweitert, dabei aber den Mißgriff begangen, daß er die Gesamtverluste im Laufrad als Funktion des Winkels β einsetzt, während sie in Wirklichkeit, abgesehen von der reinen Reibung, nur eine solche des Slipwinkels, der durch $\operatorname{tg} \beta_s = \frac{v_p - v_s}{u}$ definiert ist, sein können. Die Zeunersche Annahme ist nur für den Fall der ortsfesten Axialpumpe, von der sie übertragen, resp. für den sich am Ort drehenden Propeller berechtigt, wobei $\beta_s = \beta$ wird. Denkt man sich $\beta_s = 0$, d. h. den Propeller mit $v_s = v_p$ fortschreitend, so verschwinden offenbar die Strömungsverluste ebenso wie die Nutzleistung, weil der Propeller keine Strömungsarbeit leisten kann. Es verbleiben nur die Verdrängungs- und Reibungsverluste des Propellermaterials, die wohl eine annähernd als Funktion von β auftretende Größe ergeben, aber von den Strömungsverlusten zu sondern sind.

Den tatsächlichen Verhältnissen dürfte am besten entsprochen werden, wenn die durch die Schiffsgeschwindigkeit entstehenden Verluste als Funktion von v_s resp. v_p für die Leitkanäle eingeführt werden und die durch die Slipströmung entstehenden als Funktion von $v_p - v_s$. Zeuner gelangt auf Grund seiner Annahme zu einem Maximalwert des Verhältnisses $\frac{v_p}{v_s}$, welches sich in der Anwendung auf die Praxis von dem idealen Maximum 1 so weit entfernt, daß die damit berechneten Propellerwirkungsgrade nur wenig über 50 % liegen. In diesem entmutigenden Ergebnis dürfte der Hauptgrund dafür liegen, daß man nicht schon im vorigen Jahrhundert zu Propellerkonstruktionen übergegangen ist, die mit Wirkungsgraden von der Höhe derjenigen hydraulischer Turbinen arbeiten.

durch Umlenkung in v_p übergeführt wird, sondern erst in Druck und hieraus in Geschwindigkeit. Bei allen Propellerarten darf w_2 auf keinen Fall größer werden als w_1, sonst wäre das Diagramm einer Turbine gegeben, d. h. es würde vor dem Propeller eine größere Druckhöhe verlangt als hinter ihm. Zwischen I, II und III lassen sich viele Kombinationen bilden, so daß die Zahl der möglichen Ausführungsformen praktisch unbegrenzt ist.

42. Umfangskraft und Drehmoment der idealen Arbeitsleistung.

Mit Hilfe von p_a läßt sich gleichfalls in einfacher Weise die von der Propellerwelle zu liefernde Arbeit ableiten. Zunächst werde das der Nutzleistung L_a entsprechende Drehmoment bestimmt.

Wenn r_a den äußeren und r_n den inneren Radius der Laufradflügel und n_s die Umdr./sk bedeuten, dann ist die Umfangskomponente von p_a:

$$p_u = \frac{(r_a - r_n)\frac{v_s}{n_s}}{F_r} p_a,$$

die der gesamten nutzbaren Axialschubkraft:

$$P_{ua} = \frac{(r_a - r_n)\frac{v_s}{n_s}}{F_r} P_a.$$

Drückt man P_a mit Hilfe von v_p und v_s aus (S. 102), dann wird

$$P_{ua} = \frac{\gamma}{g}\frac{v_s}{n_s}(r_a - r_n)(v_p{}^2 - v_p v_s).$$

Das zugehörige Drehmoment ist:

$$M_a = P_{ua}\frac{r_a + r_n}{2}$$

$$= \frac{\gamma}{2g}\frac{v_s}{n_s}(r_a{}^2 - r_n{}^2)(v_p{}^2 - v_p v_s).$$

Hieraus folgt die nutzbare Arbeit mit Hilfe der Winkelgeschwindigkeit ω:

$$L_a = M_a\,\omega = M_a\,2\pi n_s$$

$$= \frac{\gamma}{g}\pi(r_a{}^2 - r_n{}^2)\,v_s(v_p{}^2 - v_p v_s)$$

$$= \frac{\gamma}{g}F_r\,v_s(v_p{}^2 - v_p v_s).$$

Außer der Nutzarbeit hat der Propeller noch die Verlustarbeit:

$$L_2 = \frac{F_r \gamma v_p}{2g} (v_p - v_s)^2$$

zu leisten.

Deren Antriebsgröße resp. Gegendruck ist gleichfalls:

$$P_a = \frac{F_r}{g} \gamma (v_p^2 - v_p v_s).$$

Aus

$$\frac{L_2}{P_a} = \frac{v_p - v_s}{2}$$

folgt:

$$L_2 = P_a \frac{v_p - v_s}{2},$$

und der hierauf entfallende Anteil der Umfangskraft

$$P_{u2} = \frac{(r_a - r_n)}{F_r} \frac{(v_p - v_s)}{2 n_s} P_a,$$

sowie das zugehörige Drehmoment

$$M_2 = P_{u2} \frac{r_a + r_n}{2}$$

$$= \frac{\gamma}{2g} \frac{v_p}{2 n_s} (r_a^2 - r_n^2)(v_p - v_s)^2.$$

Dieser Ausdruck läßt sich mit $L_2 = M_2 \omega$ wieder auf den obigen für L_2 umformen.

Die der Gesamtarbeit $L = L_a + L_2$ entsprechende Umfangskraft ergibt sich aus der Summe:

$$P_u = P_{ua} + P_{u2} = \frac{(r_a - r_n)}{F_r} \frac{(v_p + v_s)}{2 n_s} P_a$$

$$= \frac{\gamma}{g} \frac{(r_a - r_n)}{2 n_s} v_p (v_p - v_s)(v_p + v_s)$$

$$= \frac{\gamma}{g} \frac{v_p}{2 n_s} (r_a - r_n)(v_p^2 - v_s^2).$$

Das zugehörige Drehmoment ist:

$$M = \frac{\gamma}{2g} \frac{v_p}{n_s} \frac{r_a^2 - r_n^2}{2} (v_p^2 - v_s^2)$$

und die Gesamtarbeit:

$$L = \frac{\gamma}{2g} v_p \pi (r_a^2 - r_n^2)(v_p^2 - v_s^2)$$

$$= \frac{F \gamma v_p}{2g} (v_p^2 - v_s^2)$$

$$= \frac{G}{2g} (v_p^2 - v_s^2),$$

wie bereits wiederholt vermerkt.

43. Schematische Beispiele für Unterdruckpropeller.

A. Propeller mit normalem Einlauf.

Vor den Propeller LR sei eine mündungsförmige Leitvorrichtung LE gesetzt, wie in Fig. 81c im Querschnitt angedeutet. Ihr freier Eintrittquerschnitt F_{e1} verhalte sich zum Austrittquerschnitt F_{e2} wie $\frac{v_p}{v_s}$, dann wird, wenn das Schiff mit der Geschwindigkeit v_s fährt,

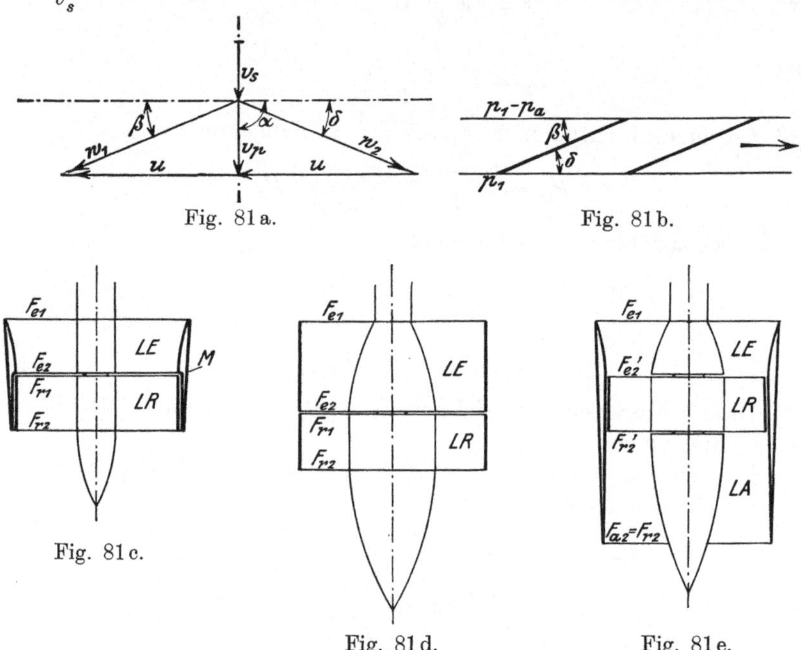

Fig. 81a. Fig. 81b.

Fig. 81c. Fig. 81d. Fig. 81e.

in ihr eine Relativbeschleunigung von v_s auf v_p eintreten. Zur Sicherung der axialen Strömungsrichtung können axial gerichtete Leitschaufeln eingesetzt werden. Der Propeller liefert, wenn er Laufschaufeln konstanter Steigung hat, ein Geschwindigkeitsdiagramm nach Fig. 81a. Die in der Leitvorrichtung erzeugte Richtung von v_p bleibt bestehen, weil der relativ geradaxige Laufkanal 81b, keine Ablenkung hervorruft. v_p setzt sich mit u zu w_1 zusammen und am Austritt ergibt w_2 mit u wieder v_p. Vorausgesetzt ist, daß der freie Strömungsquerschnitt $F_{r\,1-2}$ im Laufrad LR normal zur Axe konstant $= F_{e2}$ bleibt.

Den mittleren Flächendruck des umgebenden Wassers $= p_1$ gesetzt, tritt in der Leitvorrichtung der Druckabfall p_a ein. An der äußeren festen Ummantelung M des Propellers entsteht gleichfalls ein Druckabfall unter p_1, weil das äußere Wasser beim Durchgang des Propellers die Flächendifferenz zwischen F_{e1} und F_{a2} durch Nachströmen ausfüllen muß. Dieser Abfall ist etwas von der Form des Mantels M abhängig und unter allen Umständen wesentlich kleiner als p_a. Seine Größe ist annähernd bestimmbar durch die auf den einzelnen Flächenelementen des Mantels herrschende Nachströmgeschwindigkeit $c_r = v_s \sin\varphi$, wo φ den Winkel bezeichnet, den das Mantelelement mit der Propelleraxe einschließt. Vernachlässigt man sie und setzt als äußeren Manteldruck p_1, dann kann man für den wirksamen Unterdruck zwischen F_{e1} und F_{e2} schreiben $\frac{P_a}{2} = F_{e2} p_a$. Der Propeller selbst ist auf seiner vorderen Axialprojektion dem Unterdruck p_a auf seiner hinteren Projektion dem Gegendruck p_1 ausgesetzt. Er übernimmt also gleichfalls einen Schub von der idealen Größe $\frac{P_a}{2} = F_{e2} p_a$, so daß er damit die Bedingung $P_a = 2 F_{e2} p_a$ annähernd zu erfüllen vermag und als Propeller mit einem hohen erreichbaren Wirkungsgrad zu bezeichnen ist.

Dieser Propeller ist ebenso wie jede Schraube reversierbar, doch liefert er bei Rückwärtsgang einen schlechteren Wirkungsgrad, weil die Zuströmung, so wie bei der einfachen zylindrischen Mündung, ungünstiger wird. Wenn er gleich günstig arbeiten sollte wie bei Vorwärtsfahrt, dann müßte offenbar während der Rückwärtsfahrt die Eintrittleitvorrichtung von der vorderen auf die hintere Propellerseite verlegt werden, was sich praktisch nicht ausführen läßt. Dieser Mangel ist ohne Bedeutung, da die gebräuchlichen Schrauben noch ungünstiger arbeiten und ein Bedürfnis für gleiche Rück- und Vorwärtsleistung nicht besteht.

B. Propeller mit Wasserrotation in der Drehrichtung u.

(Erhöhte Steigung.)

Den Propeller, Abschnitt A, kann man als solchen mit Normalsteigung bezeichnen, mit Rücksicht darauf, daß die Strömung im Laufkanal ihre axiale Richtung behält. Durch Anwendung einer Ein- und Auslauf-Leitvorrichtung nach Fig. 82b/c ist es möglich, dem Propeller für das gleiche Verhältnis von $\frac{v_s}{v_p}$ einen größeren Steigungswinkel $\beta = \delta$ zu geben, wenn der Strömung in der Leitvorrichtung LE eine Komponente v_u in Richtung u erteilt und in LA wieder entnommen wird. Dann ergibt sich ein symmetrisches Diagramm nach Fig. 82a, das dem der gemeinen freilaufenden Schraube ähnlich ist, d. h. bei dem die v_p und w-Komponenten annähernd senkrecht zueinander stehen.

Die Austrittgeschwindigkeit v_e aus dem Leitrad wird durch Zufügung der Rotationskomponente größer als v_p, $v_e = \frac{v_p}{\sin \alpha}$. Diese Geschwindigkeitserhöhung, die die Verluste im Leitapparat vergrößert, wird aber mehr oder weniger durch Reduktion der Relativgeschwindigkeiten w_1 und w_2 im Laufrad LR aufgehoben. Das Wasser tritt aus dem Laufrad mit der Geschwindigkeit $v_a = v_e$ unter dem Winkel $\varphi = \alpha$ aus und muß durch die zu LE umgekehrt symmetrische Aus-

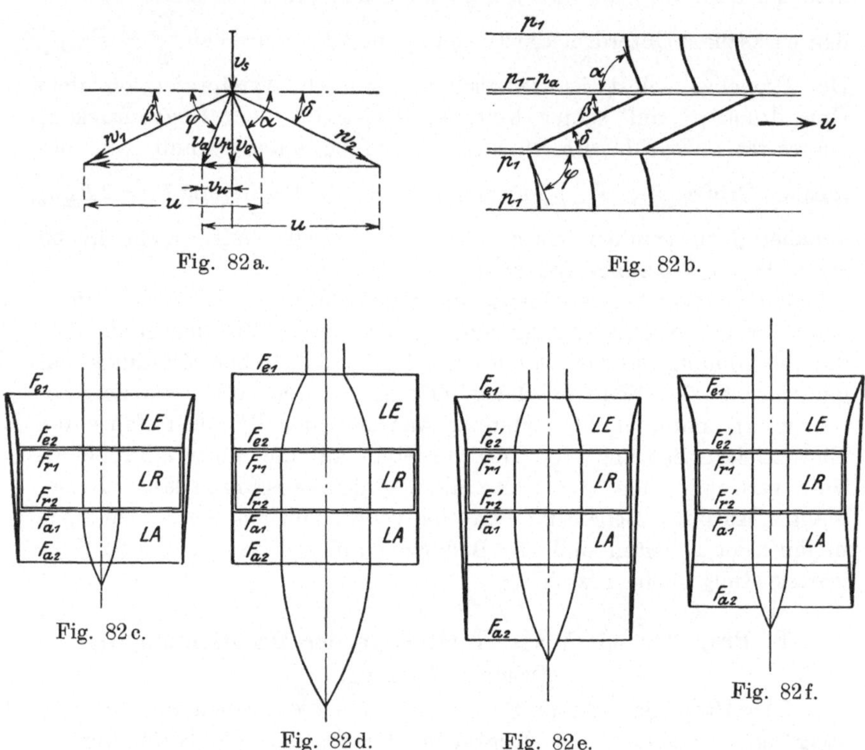

Fig. 82a. Fig. 82b. Fig. 82c. Fig. 82d. Fig. 82e. Fig. 82f.

trittleitvorrichtung LA in eine rein axiale Richtung umgelenkt werden. Dieses Schema hat gegenüber Beispiel A die Wirkung, daß wegen des größeren Steigungswinkels bei gleichem v_p eine niedrigere Tourenzahl erzielt wird.

Für die Umlenkung der Eintrittströmung von der Richtung v_p in diejenige von v_e ist in der Eintrittleitvorrichtung eine Antriebsgröße $P_e = \frac{G}{g} v_p \operatorname{ctg}^2 \alpha$ aufzuwenden. Diese Antriebsgröße wird in der Austrittleitvorrichtung wieder zurückgewonnen. Beide ändern folglich, abgesehen von den durch sie hervorgerufenen Zusatzverlusten, an der Energieumsetzung nichts.

Das gleiche gilt für den Rotationsdruck $P_r = \frac{G}{g} v_p \operatorname{ctg} \alpha$, den v_u in den Leitvorrichtungen erzeugt.

C. Propeller mit Wasserrotation entgegen der Drehrichtung.

(Verminderte Steigung.)

Werden die Leitschaufeln von LE und LA des Beispiels B ohne sonstige Änderung umgedreht, wie Fig. 83b zeigt, dann erhält die Geschwindigkeit v_p der Eintrittleitvorrichtung eine Zusatzkomponente $v_u = v_p \operatorname{ctg} \alpha$ entgegengesetzt der Drehrichtung u (Fig. 83a). Aus v_e und u ergibt sich dann w_1 mit einem kleineren Steigungswinkel β als im Beispiel A. Macht man für A und C die Werte G, $\frac{v_s}{v_p}$ und u einander gleich, dann erhalten die Laufschaufeln für C eine flachere Steigung entsprechend dem kleineren Wert von $\beta = \delta$. Der Längsschnitt des Propellers wird mit dem vom Beispiel B, Fig. 82c, identisch. Die Fig. 82c bis f gelten daher auch für Fig. 83. Der wesentliche Unterschied des Propellers gegen den Fig. 81a/b ist der, daß der verminderte Steigungswinkel von LR für die gleichen Antriebsbedingungen eine höhere Tourenzahl verlangt. Dafür ist aber eine Erhöhung der Reibungsgeschwindigkeiten w_1 und w_2 in Kauf zu nehmen. Solche Propeller kommen also vorzugsweise dort in Frage, wo die Geschwindigkeiten an sich niedrig sind, vorausgesetzt, daß die spitzwinklige Zusammensetzung von v_e und w_1 sowie von w_2 und v_a keinen ungünstigen Einfluß auf den Wirkungsgrad hat.

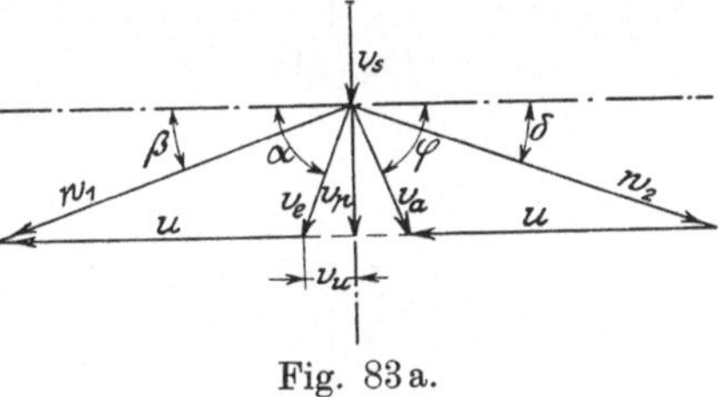

Fig. 83a.

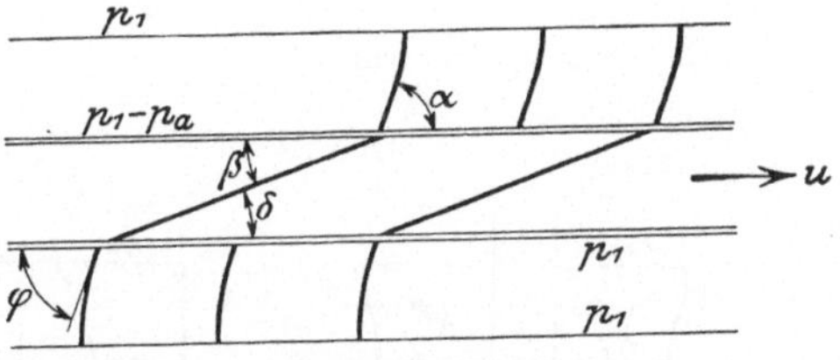

Fig. 83b.

44. Schematische Beispiele für Druckpropeller.

A. Propeller mit Axialbeschleunigung im Laufrad, ohne Leitvorrichtung.

Der Querschnitt von LR, Fig. 84c, muß sich, um der Geschwindigkeitszunahme zwischen F_{r1} und F_{r2} von v_s auf v_p zu genügen, im umgekehrten Verhältnis: $\frac{v_p}{v_s}$ verjüngen. Würde nach Fig. 76 die Grenzbedingung $w_2 = w_1$ eingehalten, so ergibt sich für das Geschwindigkeitsdreieck am Austritt, da $u_{ra2} < u_{ra1}$, zu v_p eine Komponente entgegen der Drehrichtung. Diese läßt sich nach Fig. 84 am Außenumfang durch geeignete Schaufelkrümmung beseitigen, so daß v_p auch ohne Leitvorrichtung in axialer Richtung abströmt. Anders dagegen

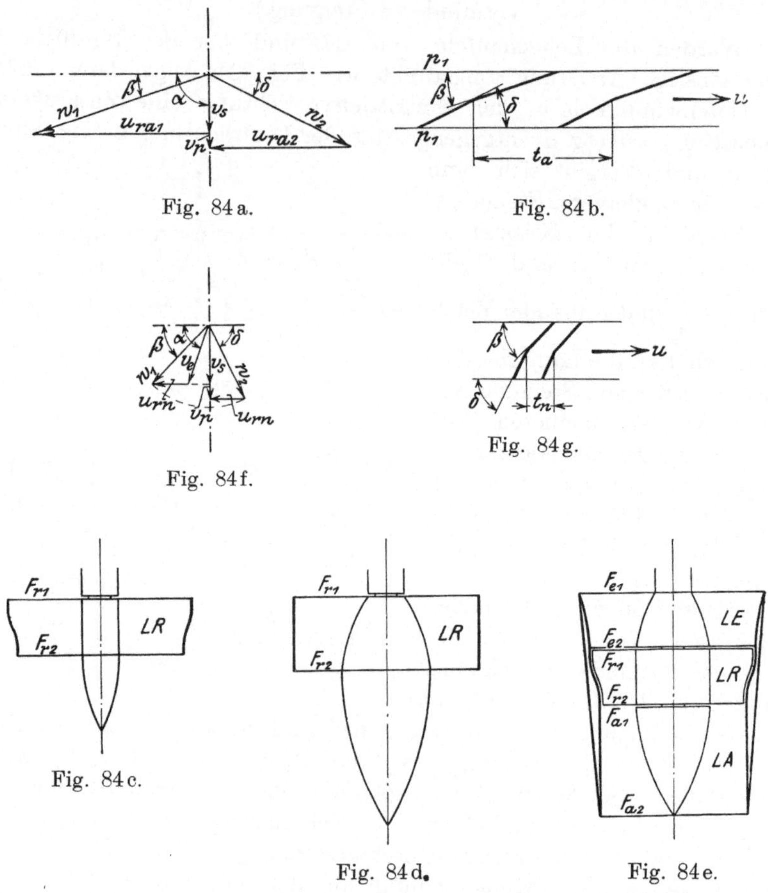

Fig. 84a. Fig. 84b. Fig. 84f. Fig. 84g. Fig. 84c. Fig. 84d. Fig. 84e.

am Nabenumfang. Fig. 84f zeigt hierfür die Geschwindigkeitsdreiecke mit Bezug auf Fig. 84c. Die zu 84f gehörigen Schaufelschnitte sind in 84g angedeutet. Wenn w_2 so gelegt wird, daß der Abstrom v_p axial verläuft, dann muß für die Bedingung $w_1 = w_2$ ersteres über den axialen Zuflußwert $w_1 = \sqrt{v_s^2 + u_{rn}^2}$ hinaus vergrößert werden, so daß sich für das Laufrad innen v_e mit einem Winkel $\alpha < 90^0$, d. h. die Voraussetzung einer Eintrittleitvorrichtung mit Umlenkungsschaufeln entgegen der Drehrichtung von LR ergibt. Mit den der Fig. 84 zugrunde gelegten Verhältnissen würde der Propeller daher ohne Leitvorrichtung nach der Nabe zu unvorteilhaft arbeiten. Noch ungünstiger wäre in der Beziehung die Form Fig. 84d, bei der die Querschnittsverminderung nach innen verlegt ist.

Die Krümmungsverhältnisse der Laufschaufeln werden günstiger, wenn der Nabendurchmesser zum Außendurchmesser, der hier 0,2 D_a angenommen ist, größer gemacht wird.

Die diesem Propeller zugrunde liegende Idee der Anwendung zunehmender Steigung der Laufschaufeln ist wiederholt bei freilaufenden Schrauben ausgeführt worden. Offenbar kann der beabsichtigte Zweck wiederum nur im geschlossenen Kanal erreicht werden, weil die Konstanthaltung des Druckes p_1 nur dann vorliegt, wenn die Kontinuität für jede Geschwindigkeit v_x zwischen v_s und v_p durch $v_x = v_s \frac{F_{r1}}{F_{rx}}$ erfüllt wird.

Bei der freilaufenden Schraube hat die zunehmende Steigung keinen nennenswerten Einfluß auf die Größenordnung des hydrodynamischen Wirkungsgrades. Ihre Hauptwirkung in dem Fall ist die, daß sich irgendein anderes Verhältnis zwischen konstruktionsmäßigem und wirklichem Slip einstellt, als bei einer Schraube mit konstanter Steigung. Durch die zunehmende Steigung wird hauptsächlich die Rotationskomponente vergrößert; für die Axialbeschleunigung muß nach wie vor, wie bei der gemeinen Schraubenfläche, ein Unterdruck erzeugt werden. Dabei wird der Konstruktionsslip wegen der variablen Steigung eine praktisch überhaupt nicht zu ermittelnde Größe, so daß auch der Maßstab für den Effekt der variablen Steigung gegenüber der konstanten verloren geht.

Wie weit man bei dem Druckpropeller die Schaufelteilung treiben kann, ist eine offene, durch den Versuch zu bestimmende Frage. Jedenfalls kann man sie, da die Kontinuitätsbedingung nur für die axiale Strömungsrichtung gilt, relativ weiter annehmen, als bei Wasserturbinen, bei denen die Querschnitte senkrecht zur Kanalrichtung für die Größe der Arbeitsströmung maßgebend sind. Eine große Teilung ist beim Propeller erwünscht, erstens zur Erreichung großer radialer Schaufellängen, d. h. kleiner Nabendurchmesser, zweitens, damit die Reibungsarbeit der Laufschaufeln, die von den hohen Relativgeschwindigkeiten w_1 und w_2 und von der Schaufelfläche abhängt, möglichst klein ausfällt. Es ist aus diesem Grunde bei allen Propellern auch vorzuziehen, die Schaufeln außen mit freien Enden auszuführen und nicht durch einen mitrotierenden Ring abzuschließen.

B. Propeller mit Tangentialbeschleunigung im Laufrad und mit Austritt-Leitvorrichtung.

Die Einströmung sei wieder wie bei A. angenommen. Das Eintrittsdreieck bleibt dann ebenfalls das gleiche. Wird nun die Bedingung gestellt, daß die axiale Geschwindigkeitskomponente im Laufkanal gleich v_s bleiben soll, dann geht das Austrittsdreieck in die Form Fig. 85a über, (s. a. Fig. 77), und der Laufkanal bleibt im Längsschnitt parallelwandig, Fig. 85c. Die Laufschaufeln werden am Austritt in der Richtung w_2 nach $\sphericalangle \delta$ gekrümmt.

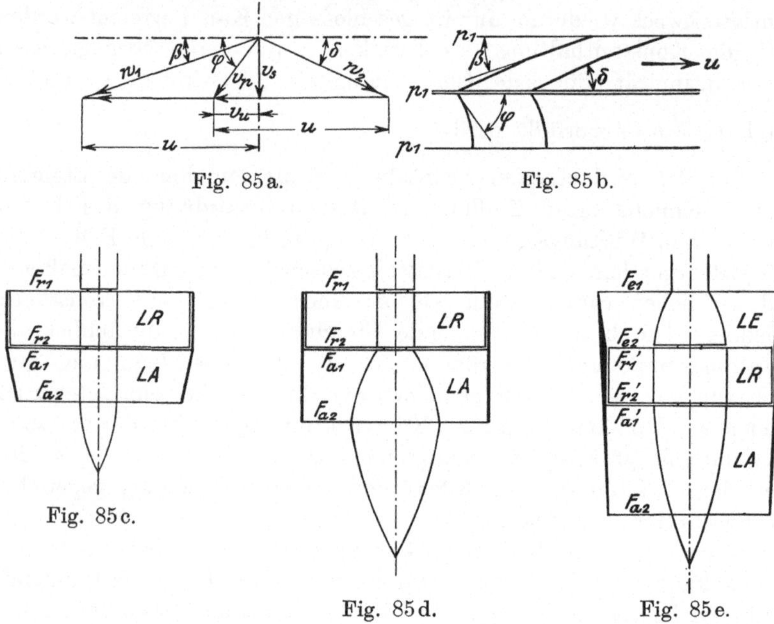

Fig. 85a. Fig. 85b.

Fig. 85c. Fig. 85d. Fig. 85e.

Der Antrieb äußert sich zunächst nur in der Erzeugung einer Rotationskomponente v_u, die in Zusammensetzung mit v_s die Austrittströmung v_p ergibt. Um diese Strömung in die nutzbare axiale Richtung umzulenken, ist eine Austrittleitvorrichtung LA, Fig. 85c, notwendig, die im Verhältnis $\frac{v_p}{v_s}$ verjüngt sein muß und deren Leitschaufeln nach Fig. 85b zu formen sind.

Dieser Propeller arbeitet gleichfalls durchweg unter dem Flächendruck p_1, und der Axialschub wird lediglich durch Umlenkungsdruck erzeugt. Während im Laufkanal die Beschleunigung von v_s auf v_p erfolgt, wird gleichzeitig durch den Antrieb die entsprechende Druckhöhe $\frac{v_u^2}{2g}$ als Geschwindigkeitserhöhung zugeführt. In der Austrittleitvorrichtung, in der $v_p = \sqrt{v_s^2 + v_u^2}$ sich nicht ändert, sondern nur axial gerichtet wird, erfolgt gleichfalls keine Druckhöhenänderung. LA muß hierfür wie erwähnt verjüngt werden.

C. Propeller mit Beschleunigung im Laufrad und in der Eintritt-Leitvorrichtung.

Dieser ist nach Vorherigem ohne weiteres erklärlich. Die Strömung wird bei konstantem Querschnitt $F_{e1} = F_{e2}$ der Eintrittleitvorrichtung LE ohne Druckhöhenänderung auf die Umfangskomponente $v_u = \sqrt{v_p^2 - v_s^2}$ entgegen der Richtung u beschleunigt. Im Laufrad er-

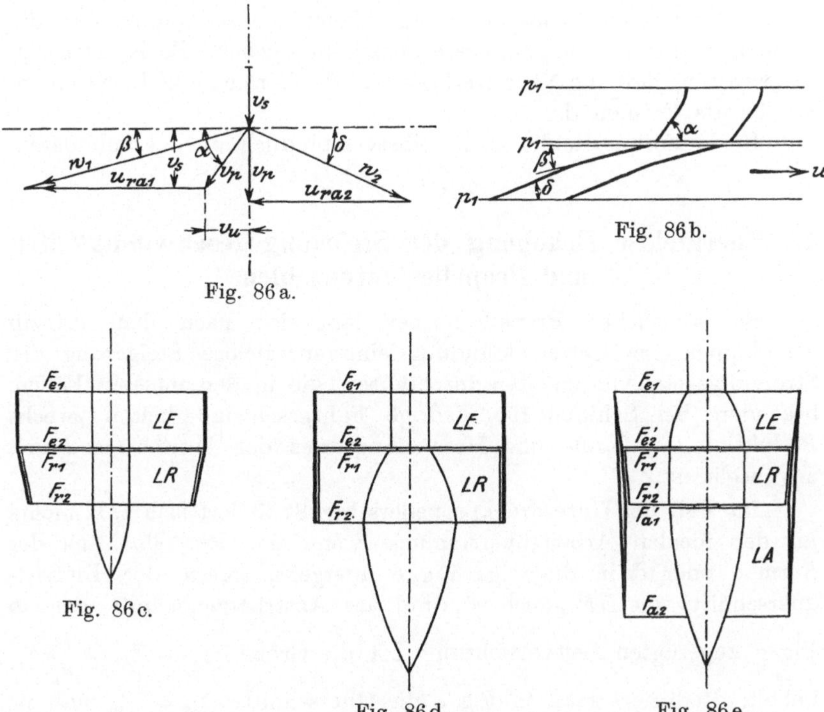

Fig. 86a.

Fig. 86b.

Fig. 86c.

Fig. 86d.

Fig. 86e.

folgt eine Umlenkung der aus v_s und v_u resultierenden Eintrittströmung v_p in axiale Richtung wiederum ohne Druckhöhenänderung. Die Querschnittsverminderung geht in das Laufrad zwischen F_{r1} und F_{r2} über. Fig. 86a ist wieder für den äußeren Umfang gedacht, so daß nach Fig. 86c die Umfangskomponente $u_{ra2} < u_{ra1}$ wird.

Es lassen sich, wie erwähnt, noch beliebig viele weitere Kombinationen aufstellen, insbesondere solche, dei denen die Strömungsbeschleunigung auf Leit- und Laufvorrichtungen verteilt wird. Darauf soll aber verzichtet werden, weil sie sich aus den hier dargestellten prinzipiellen Konstruktionen ableiten lassen.

In den Figuren 81 bis 86 sind außer den erwähnten Querschnittsbildern c noch weitere dargestellt. Diejenigen mit der Bezeichnung d wurden bereits erwähnt. Es ist dort der äußere Propellerumfang überall zylindrisch angenommen und die erforderliche Querschnittänderung ist nach innen verlegt. Dadurch werden in allen Fällen lang auslaufende Abströmnaben erforderlich. Da über diesen die Geschwindigkeit v_p herrscht, ist ihr Nachströmverlust von dieser Größe abhängig, während er am Mantel nur als Funktion von v_s erscheint. Die Anwendung einer günstigen Strömungsform ist daher an der Nabe noch wichtiger als am Mantel. Dazu kommt, daß die Formen *d* zum Teil ungünstigere Schaufeln ergeben. Es ist hiernach zu erwarten, daß die Nebenverluste für die Formen c kleiner werden, als für die Formen d.

Beide Formen lassen sich selbstverständlich auch kombinieren.

45. Energielose Erhöhung der Strömungsgeschwindigkeiten und Propellertourenzahlen.

Bei sämtlichen Propellerformen läßt sich nach dem Prinzip der doppelt erweiterten Mündung eine energielose Steigerung der Strömungsgeschwindigkeiten durchführen, die in den meisten Fällen, besonders bei Schiffen für niedrige Fahrgeschwindigkeiten zwecks Reduktion von Größe und Herstellungspreis der Antriebsmaschinen erwünscht ist.

Im Fall des Unterdruckpropellers Fig. 81 ändert sich z. B. nichts an der idealen Arbeitsübertragung, wenn der Propeller aus der Form c oder d in diejenige Fig. e übergeht, sofern der Eintrittquerschnitt von LE gleich F_{e1} und der Austrittquerschnitt der in Fig. e zugefügten Leitvorrichtung LA die Größe $F_{a2} = F_{r2} = \frac{v_s}{v_p} F_{e1}$ behält. Reduziert man in Fig. e die Querschnitte $F_{e2} = F_{r2}$ auf die kleineren Werte $F'_{e2} = F'_{r2}$, dann nimmt der Propeller, zusätzlich zu den durch die Arbeitsübertragung bedingten Querschnittänderungen, die Eigenschaft einer doppelt erweiterten Mündung an. Die in F'_{e2} und F'_{r2} auftretende Geschwindigkeitserhöhung von v_p auf v_p' ist energielos. Sie erfordert außer der durch sie vermehrten Reibungsarbeit keinen Arbeitsaufwand, weil die Bewegungsgröße ihrer Beschleunigung in LE sich mit der ihrer nachfolgenden Verzögerung in LA aufhebt.

Die Erhöhung von v_p auf v_p', bei F_{ez}', ist mit einer Drucksenkung verbunden. Daraus folgt, daß es für die Geschwindigkeit v_p' einen Grenzwert gibt, der an die für die Beschleunigung verfügbare Wasser-, plus darauf lastender Luft-Druckhöhe der Atmosphäre, $H_1 + H_0$, d. h. an den Absolutdruck gebunden ist.

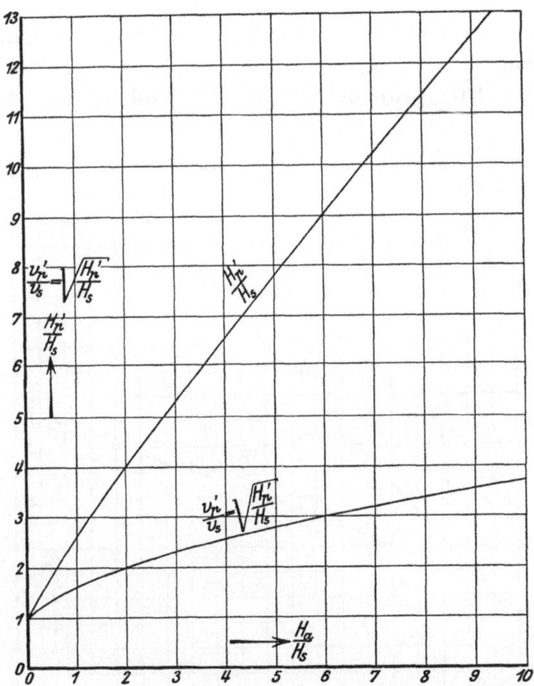

Fig. 87. Ideale Grenzgeschwindigkeit im Propeller, bei gegebener Tauchtiefe und Schiffsgeschwindigkeit.

Beim Unterdruckpropeller wird zwischen $F_{e2} = F_{r2}$ hiervon bereits die Teilhöhe $H_a = \frac{p_a}{\gamma}$ in Anspruch genommen. Für die weitere Steigerung der Geschwindigkeit bis zum Eintritt des Absolutdruckes Null gilt folglich, mit Bezug auf Abschn. 40, die Grenzbedingung:

$$p_a' = p_p' - \sqrt{p_p' p_s}$$

oder durch die bequemere Druckhöhe ausgedrückt:

$$H_a' = H_p' - \sqrt{H_p' H_s}.$$

Da $H_a' = H_1 + H_0$ und $H_s = \frac{v_s^2}{2g}$ gegeben sind, findet sich die Grenzbedingung für H_p' aus:

$$H_p' < H_a - \sqrt{H_p' H_s},$$

$$H_p' < H_a + \frac{H_s}{2} + \frac{1}{2}\sqrt{4 H_a H_s + H_s^2}$$

und

$$v_p' < \sqrt{2 g H_p'}.$$

Damit ist die erreichbare Grenzgeschwindigkeit für Unterdruckpropeller gegeben.

Bei den Druckpropellern tritt H_s' und v_s' an Stelle von H_p' und v_p'.

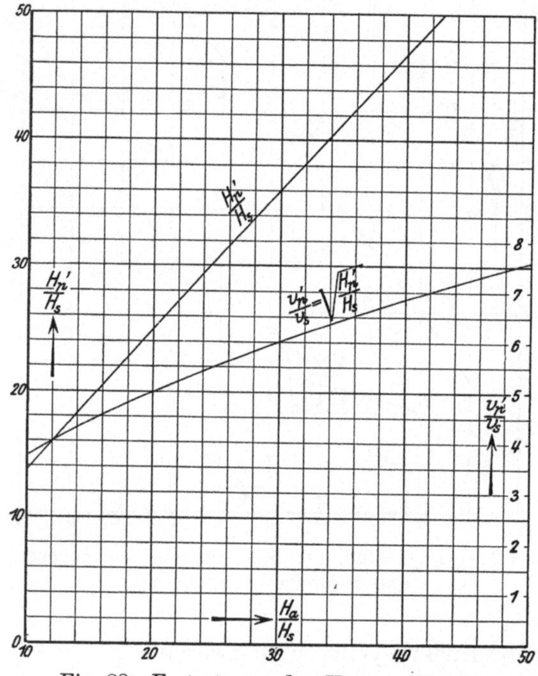

Fig. 88. Fortsetzung der Kurven Fig. 87.

In den Fig. 81e bis 86e sind schematisch einige Querschnittformen angegeben, welche die Propeller mit Beschleunigungstrichter grundsätzlich annehmen würden. Die zusätzliche Verjüngung und Erweiterung ist bei allen Figuren in die Nabe verlegt, in Fig. 83f als Gegenbeispiel, außerdem in den Mantel. Die Propeller müssen für die Erzielung der Geschwindigkeitserhöhung sämtlich sowohl Ein- als auch Austrittleitvorrichtungen haben, und zwar müssen diese wegen der größeren Querschnittsdifferenzen auch verhältnismäßig länger werden, als nach Ausführung c.

Zur Erleichterung der Übersicht über die bei gegebener Schiffsgeschwindigkeit und Tauchtiefe H_1 erreichbaren Querschnittsverhältnisse sind in Fig. 87 und ihrer Fortsetzung Fig. 88, Kurven dargestellt für die Beziehungen:

$$\frac{H_p'}{H_s} = \frac{H_a}{H_s} + \frac{1}{2}\left(1 + \sqrt{4\frac{H_a}{H_s} + 1}\right)$$

und

$$\frac{v_p'}{v_s} = \sqrt{\frac{H_p'}{H_s}}.$$

Die Kurven sind über $\frac{H_a}{H_s}$ aufgetragen. Ist $H_a = H_1 + H_0$ gegeben durch eine aus der Schiffskonstruktion hervorgehende Höhe H_1, und nimmt man von der Luftdruckhöhe einen Teilbetrag hinzu, der bei großem H_1 wahrscheinlich noch höher genommen werden kann, als bei Turbinen (7 m), so gibt das über $\frac{H_a}{H_s}$ der Figuren zu findende Verhältnis $\frac{v_p'}{v_s}$ das zugehörige ideale Flächenverhältnis $\frac{F_{e1}}{F_r'}$ an.

46. Beispiele für Schiffsantrieb durch Mantelpropeller.

1. Beispiel: Torpedoboot von ca. 650 t Dpl., 33 Sm/st, durch zwei Propeller getrieben.

$V = 33$ Sm/st, $v_s = 17$ m/sk, Schiffswiderstand $W = 2 \cdot 19850$ kg.

Hieraus folgt die zu leistende Antriebsarbeit:

$$N_w = \frac{W \cdot v_s}{75} = \frac{2 \cdot 19850 \cdot 17}{75} = 9000 \text{ PS}.$$

Für den Antrieb sind $2 \times 3{,}5$ qm Strömungsquerschnitt bez. auf F_{e1}, resp. auf v_s verfügbar.

Sieht man von allen Nebenverlusten ab und setzt

$$P_a = \frac{W}{2} = \frac{G}{g}(v_p - v_s),$$

dann wird nach Einsetzen von $G = F_{e1} \cdot \gamma \cdot v_s$, wenn man nach v_p auflöst:

$$v_p = \frac{W \cdot g}{2 \cdot F_{e1} \cdot \gamma \cdot v_s} + v_s = \frac{19850 \cdot g}{3{,}5 \cdot 1000 \cdot 17} + 17$$
$$= 3{,}27 + 17 = 20{,}27 \text{ m/sk}.$$

Der ideale Slip ist somit:

$$v_p - v_s = 3{,}27 \text{ m/sk, entsprechend } 16{,}13\,\% \text{ Slip bez. auf } v_p.$$

$\frac{v_s}{v_p}$ beträgt demnach 0,838 und das Nutzverhältnis (s. Fig. 61):

$$\eta_n = \frac{2\,v_s}{v_p + v_s} = 0{,}912.$$

Die Propeller könnten als Druck- oder Unterdruckpropeller ausgeführt werden. Für beide ergibt sich der Austrittquerschnitt zu F_{r2} resp. $F_{a2} = F_{e1} \cdot \frac{v_s}{v_p} = 2{,}93 \text{ m}^2$. Beide Querschnitte sind unter Berücksichtigung der Naben und der Schaufel- resp. Flügelquerschnitte unterzubringen.

Die ideale Antriebsleistung wird in jedem Fall:

$$N = \frac{L}{75} = \frac{2 \cdot F_{e1} \cdot \gamma \cdot v_s}{75 \cdot 2\,g} (v_p^{\,2} - v_s^{\,2})$$

$$= \frac{3{,}5 \cdot 1000 \cdot 17}{75 \cdot g} (20{,}27^2 - 17^2)$$

$$= 2 \cdot 4934 = 9868 \text{ PS}.$$

Nimmt man für Strömungs- und Reibungsverluste 18 % bezogen auf die Antriebsleistung an, so wird diese

$$N_e = \frac{N}{0{,}82} = 12040 = 2 \times 6020 \text{ PS}.$$

Setzt man den Nabendurchmesser bei $LR = 0{,}5$ m und für die Flügel einen Flächenzuschlag von 6 %, dann wird als Unterdruckpropeller:

$$F_r = \frac{2{,}93}{0{,}94} + 0{,}196 = 3{,}31 \text{ m}^2,$$

was einem Außendurchmesser $\Phi_{ra} = 2{,}05$ m entsprechen würde.

Unter Annahme einer äußeren Umfangsgeschwindigkeit des Laufrades von $u = 60$ m/sk folgt eine Tourenzahl

$$n = \frac{60 \cdot 60}{2{,}05 \cdot \pi} = 559 \text{ p. Min.}$$

Es ist wegen der Strömungsverluste zu erwarten, daß sich n höher einstellt, schätzungsweise um 10 %, wenn die Steigung nach $S = \frac{v_p}{n_s} = \frac{20{,}27 \cdot 60}{559} = 2{,}18$ m ausgeführt wird. Will man die Tourenerhöhung nicht zulassen, dann könnte entweder ein Zuschlag zum Strömungsquerschnitt, oder ein solcher zu v_p, d. h. zur Steigung gemacht werden.

Ausführung als Unterdruckpropeller mit Beschleunigungstrichter.

Der Propeller soll nach Fig. 81e ausgeführt werden.

Bis zur Oberkante des Querschnitts, an dem v_p' auftritt, sei eine Druckhöhe $H_1 = 0{,}8$ m verfügbar. H_0 werde zu 10 m eingesetzt, dann muß sein:

$$H_p' < H_a + \frac{H_s}{2} + \frac{1}{2}\sqrt{4 \cdot H_a H_s + H_s^2}$$

$$H_p' < 10{,}8 + \frac{14{,}73}{2} + \frac{1}{2}\sqrt{4 \cdot 10{,}8 \cdot 14{,}73 + 14{,}73^2}$$

$$H_p' < 32{,}765 \text{ m}$$

und

$$v_p' < \sqrt{2\,g \cdot H_p'} = 25{,}3 \text{ m/sk.}$$

Der Verluste wegen kann man H_0 nicht voll in Anspruch nehmen, weil sonst der Wasserstrom abreißen, d. h. Kavitation eintreten würde. Nimmt man daher nur $0{,}6\,H_0$ in Anspruch, dann wird:

$$H_p' = 6{,}8 + \frac{14{,}73}{2} + \frac{1}{2}\sqrt{4 \cdot 6{,}8 \cdot 14{,}73 + 14{,}73^2} = 26{,}585 \text{ m}$$

und

$$v_p' = 22{,}84 \text{ m/sk.}$$

Es wird demnach

$$\frac{F'_{r1}}{F_{r1}} = \frac{F'_{r2}}{F_{r2}} = \frac{v_p}{v_p'} = 0{,}887.$$

Setzt man wieder die Nabe mit 0,5 m ϕ ein und die Schaufeln mit $0{,}94\,F_{r1}$, dann wird der Radaußendurchmesser:

$$\phi'_{ra} = \sqrt{\frac{4}{\pi}\left(\frac{0{,}887}{0{,}94} \cdot 2{,}93 + 0{,}196\right)} = 1{,}941 \text{ m}.$$

Aus dem Verhältnis $\frac{\phi_{ra}}{\phi'_{ra}} = \frac{2{,}05}{1{,}941} = 1{,}056$ ergibt sich die durch die Anwendung des Beschleunigungstrichters mögliche Tourenerhöhung, die bei diesem schnellaufenden und flachgehenden Schiff nur 5,6% beträgt, aber mit kleiner Geschwindigkeit und größerer Tauchtiefe immer mehr zur Geltung kommt. Möglicherweise läßt sich eine weitere Tourensteigerung durch Anwendung des Schemas Fig. 83 erreichen.

Wendet man einen Druckpropeller an, dann ergibt sich mit $H_a = 6{,}8$ m der gleiche ϕ'_{ra} wie vorher, der Laufradquerschnitt würde aber ohne Beschleunigungstrichter im Verhältnis $\frac{v_p}{v_s}$ größer, als beim U.-D.-Propeller, erlaubt demnach ohne Trichter nicht so hohe Tourenzahlen wie dieser.

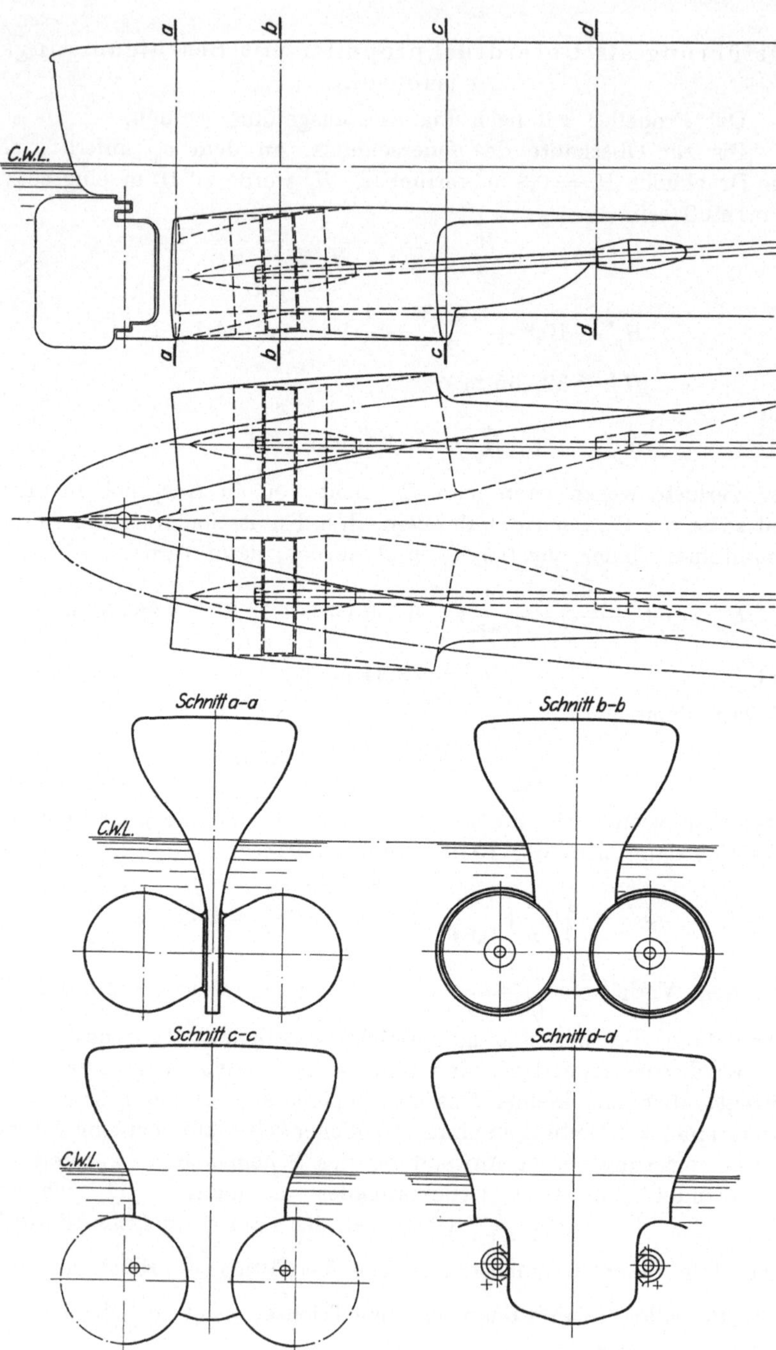

Fig. 89.

In Fig. 89 ist im Aufriß, Grundriß und in vier Querschnitten der Zusammenbau der Propeller mit dem Schiffskörper skizziert. An der Wellenanordnung ändert sich gegenüber der üblichen mit Dampfturbinenantrieb grundsätzlich nichts. Die Ausführung wird wegen der komplizierteren Schiffsform und der Ummantelung teurer als bei Schraubenantrieb, was aber durch die zu erwartende Betriebsersparnis belanglos wird. Die Mantelpropeller dürften außerdem wegen der vermehrten indirekten Belastung des Hinterschiffs durch das im Mantel befindliche Wasser eine dämpfende Wirkung, hauptsächlich auf die Stampfbewegung des Bootes haben. Die Dämpfung wird auch noch durch die Mantelflächen unterstützt. Um die zusätzlichen Verdrängungs- und Reibungsverluste des Gesamtpropellers so klein als möglich zu halten, ist es selbstverständlich nötig, daß alle Übergänge der Konstruktionsteile in der Fahrtrichtung einen ungezwungenen Verlauf nehmen.

2. Beispiel: Handelsdampfer von 15000 t Depl., 16 Sm/st., durch zwei Propeller getrieben.

Tiefgang 8 m, $V = 16$ Sm/st, $v_s = 8{,}24$ m/sk.

Der Schiffswiderstand W sei zu $2 \times 23\,000$ kg ermittelt, entsprechend einer Widerstandsarbeit

$$N_w = \frac{2 \cdot 23000 \cdot 8{,}24}{75} = 2 \times 2525 = 5050 \text{ PS}.$$

In diesem Fall, in dem der Strömungsquerschnitt nicht beschränkt ist, soll mit Rücksicht auf billige Baukosten ein verhältnismäßig hoher Slip zugelassen und $\eta_n = 0{,}88$ angenommen werden, dann ist:

$$v_p = \frac{2\,v_s - \eta_n \cdot v_s}{\eta_n} = 10{,}50 \text{ m/sk}$$

$$v_p - v_s = 2{,}26 \text{ m/sk, entspr. } 21{,}5\,\% \text{ Slip bez. auf } v_p.$$

$$\frac{v_s}{v_p} = 0{,}784\,.$$

Der ideale Querschnitt des für die Schuberzeugung zu beschleunigenden Wasserstroms ist dann:

$$2\,F_{e1} = \frac{W \cdot g}{\gamma \cdot v_s\,(v_p - v_s)} = \frac{2 \cdot 23000 \cdot g}{1000 \cdot 8{,}24 \cdot 2{,}26} = 2 \times 12{,}1 \text{ m}^2.$$

Die Propeller sollen als U.-D.-Propeller mit Beschleunigungstrichter ausgeführt werden. Die geringste Tauchtiefe des Querschnitts, an dem v_p' auftritt, betrage 4,5 m, von der Luftdruckhöhe werde $0{,}6 \cdot H_0 = 6$ m in Anspruch genommen. Dann ist, wenn $H_s = 12{,}71$ m:

$$H_p' = 10{,}5 + \frac{12{,}71}{2} + \frac{1}{2}\sqrt{4 \cdot 10{,}5 \cdot 12{,}71 + 12{,}71^2} = 30{,}055 \text{ m}$$

und $v_p' = 24{,}3$ m/sk.

Es wird demnach:

$$\frac{F'_{r1}}{F_{r1}} = \frac{F'_{r2}}{F_{r2}} = \frac{v_p}{v_p'} = \frac{10{,}5}{24{,}3} = 0{,}432\,.$$

Da $F_{e1} = 12{,}2 \text{ m}^2$ und $F_{e2} = F_{r1} = \frac{v_s}{v_p} \cdot F_{e1} = 9{,}57 \text{ m}^2$,

wird: $F'_{r1} = \frac{v_p}{v_p'} \cdot F_{r1} = 0{,}432 \cdot 9{,}57 = 4{,}14 \text{ m}^2.$

Nimmt man den Innen-Raddurchmesser zu 1 m und den Zuschlag für die Flügeldicke wieder zu 6% an, dann wird:

$$\Phi'_{ra} = \sqrt{\frac{4}{\pi}\left(\frac{4{,}14}{0{,}94} + 0{,}785\right)} = 2{,}57 \text{ m}.$$

Unter Annahme einer äußeren Umfangsgeschwindigkeit $u_{ra} = 50$ m/sk ergibt sich somit eine ideale Tourenzahl:

$$n' = \frac{50 \cdot 60}{2{,}57 \cdot \pi} = 372 \text{ p. Min.}$$

und eine Laufradsteigung von:

$$S = \frac{v_p'}{n_s'} = \frac{24{,}3 \cdot 60}{372} = 3{,}92 \text{ m.}$$

Rechnet man wieder mit einer ca. 10%igen Erhöhung der Tourenzahl durch den Verlustslip, dann wird n auf über 400 p. Min. steigen. Da das Steigungsverhältnis $\frac{S}{\Phi'} = 1{,}525$ möglicherweise einen ungünstig hohen Wert hat, mag es in diesem Falle vorteilhafter sein, zur Deckung der Verluste die Durchmesser zu vergrößern, d. h. die Strömungsmenge. Es sind also ziemlich günstige Bedingungen für direkten Dampfturbinenantrieb gegeben und es folgt, daß das Anwendungsgebiet der Dampfturbine durch die Mantelpropeller wesentlich erweitert werden kann.

Rechnet man zuzüglich zum Nutzverhältnis für die Strömungs- und Reibungsverluste den wahrscheinlich zu hohen Betrag von 20%, $\eta_s = 0{,}80$, dann ergibt sich für die effektive Wellenleistung:

$$N_e = \frac{N_w}{\eta_n \cdot \eta_s} = \frac{5050}{0{,}88 \cdot 0{,}80} = 7170 = 2 \times 3585 \text{ PS.}$$

3. Beispiel: Zweiwellen-Dampfer von 2800 t Depl., 16 Sm/st.

Tiefgang 5 m, $V = 16$ Sm/st, $v_s = 8{,}24$ m/sk.

Der Schiffswiderstand sei zu 17000 kg ermittelt, entsprechend einer Widerstandsarbeit:

$$N_w = \frac{17000 \cdot 8{,}24}{75} = 1868 = 2 \times 934 \text{ PS.}$$

Es soll wieder ein Nutzverhältnis $\eta_n = 0{,}88$ angenommen werden; dann ist:

$$v_p = \frac{2 \cdot 8{,}24 - 0{,}88 \cdot 8{,}24}{0{,}88} = 10{,}5 \text{ m/sk;}$$

$v_p - v_s = 2{,}26$ m/sk entspr. 21,5 % Slip bez. auf v_p;

$$\frac{v_s}{v_p} = 0{,}784.$$

Der ideale Querschnitt des für die Schuberzeugung zu beschleunigenden Wasserstroms ist:

$$2 F_{e1} = \frac{17000 \cdot g}{1000 \cdot 8{,}24 \cdot 2{,}26} = 8{,}96 \text{ m}^2 = 2 \times 4{,}48 \text{ m}^2.$$

Die Propeller sollen als Druckpropeller nach Fig. 85e ausgeführt werden.

Die Tauchtiefe des Querschnitts von LR, an dem v_p' auftritt, betrage $H_1 = 3$ m, von der Luftdruckhöhe werde der Betrag $0{,}5 \cdot H_0 = 5$ m in Anspruch genommen. Dann ist bei $H_s = 12{,}71$ m:

$$H_p' = 8 + \frac{12{,}71}{2} + \frac{1}{2}\sqrt{4 \cdot 8 \cdot 12{,}71 + 12{,}71^2} = 26{,}265 \text{ m}$$

$$v_p' = 22{,}7 \text{ m/sk.}$$

In diesem Falle kann $\frac{F_r'}{F_r} = \frac{v_s}{v_p'}$ gesetzt werden, also:

$$F_r' = \frac{8{,}24}{22{,}7}\, 4{,}48 = 1{,}626 \text{ m}^2.$$

Wird $\Phi_{rn} = 0{,}6$ m und die Flügeldicke mit 7 % eingesetzt, dann wird

$$\Phi_{ra}' = \sqrt{\frac{4}{\pi}\left(\frac{1{,}626}{0{,}93} + 0{,}283\right)} = 1{,}61 \text{ m.}$$

Unter Annahme einer äußeren Umfangsgeschwindigkeit $u_{ra} = 45$ m/sk ergibt sich die ideale Tourenzahl

$$n' = \frac{45 \cdot 60}{1{,}61 \cdot \pi} = 534 \text{ p. Min.}$$

Bestimmt man hiernach die Steigung am Laufradeintritt:

$$S_e = \frac{v_s}{v_p}\frac{v_p'}{n_s'} = \frac{0{,}784 \cdot 22{,}7 \cdot 60}{534} = 2{,}00 \text{ m},$$

so ist eine Tourenerhöhung auf ca. $n = 600$ p. Min. zu erwarten. Das Steigungsverhältnis hat auch hier am Austritt einen hohen Wert. Dieser läßt sich nötigenfalls durch die im Beispiel 2 angegebenen Wege oder durch Erhöhung von u vermindern. Nimmt man $\eta_s = 0{,}80$ an, wie im Beispiel 2, dann wird:

$$N_e = \frac{1868}{0{,}88 \cdot 0{,}8} = 2650 = 2 \times 1325 \text{ PS.}$$

4. Beispiel: Kleiner Schnelldampfer von ca. 2000 t Depl., 19,4 Sm/st., durch zwei Propeller getrieben.

Länge = 92,0 m, Breite = 11,6 m, Tiefgang = 3,1 m.

$V = 19{,}4$ Sm/st, $v_s = 10{,}0$ m/sk.

Die hierfür gemessene Wellenleistung der Dampfturbinen sei $N_e = 2 \times 3000$ PS, bei $n = 550$ p. Min. Der Schiffswiderstand sei zu $W = 2 \cdot 12000$ kg ermittelt, folglich:

$$N_w = \frac{2 \cdot 12000 \cdot 10}{75} = 2 \cdot 1600 = 3200 \text{ PS.}$$

Hieraus folgt ein Wirkungsgrad der Schiffschraube:

$$\eta = \frac{N_w}{N_e} = 0{,}533.$$

Die Schiffschrauben sollen durch Unterdruckpropeller ersetzt werden.

Das Nutzverhältnis sei zu $\eta_n = 0{,}9$ angenommen; dann ergibt sich:

$$v_p = \frac{2\, v_s - \eta_n \cdot v_s}{\eta_n} = \frac{2 \cdot 10 - 0{,}9 \cdot 10}{0{,}9} = 12{,}22 \text{ m/sk}$$

$v_s - v_p = 2{,}22$ m/sk entsprechend $18{,}16\,\%$ Slip.

$$\frac{v_s}{v_p} = 0{,}818.$$

Der ideale Querschnitt des für die Schuberzeugung zu beschleunigenden Wasserstromes ist:

$$2\, F_{e1} = \frac{W \cdot g}{\gamma \cdot v_s (v_p - v_s)} = \frac{2 \cdot 12000 \cdot g}{1000 \cdot 10 \cdot 2{,}22} = 10{,}6 \text{ m}^2 = 2 \times 5{,}3 \text{ m}^2.$$

Die für v_p' maßgebende Tauchtiefe sei: $H_1 = 0{,}8$ m; von der Luftdruckhöhe werde $0{,}5 \cdot H_0 = 5$ m in Anspruch genommen, folglich:

$$H_a = 5{,}8\ \text{m}; \quad H_s = \frac{v_s^2}{2\,g} = 5{,}1\ \text{m};$$

$$H_p' = 5{,}8 + \frac{5{,}1}{2} + \frac{1}{2}\sqrt{4 \cdot 5{,}8 \cdot 5.1 + 5{,}1^2} = 14{,}35\ \text{m}$$

$$v_p' = 16{,}77\ \text{m/sk}.$$

Es wird demnach:

$$F_r' = F_{e1} \cdot \frac{v_s}{v_p'} = 5{,}3 \cdot \frac{10}{16{,}77} = 3{,}16\ \text{m}^2.$$

Mit einem Rad-Innendurchmesser $\Phi_{rn} = 0{,}6$ m und einem Zuschlag von $5^0/_0$ für Flügeldicke ergibt sich daraus:

$$\Phi_{ra}' = \sqrt{\frac{4}{\pi}\left(\frac{3{,}16}{0{,}95} + 0{,}283\right)} = 2{,}143\ \text{m}.$$

Mit 50 m Umfangsgeschwindigkeit folgt die ideale Tourenzahl:

$$n' = \frac{50 \cdot 60}{2{,}143 \cdot \pi} = 445\ \text{p. Min.}$$

$$S = \frac{16{,}77 \cdot 60}{445} = 2{,}26\ \text{m}.$$

Die Tourenzahl würde wegen des hohen für η_n angenommenen Wertes selbst unter Berücksichtigung des zusätzlichen Verlustslips noch nicht den Wert 550 p. Min. des Schraubenantriebes erreichen. Es würde vermutlich auch Schwierigkeiten bereiten, den für v_s maßgebenden Querschnitt von 5,3 m² unterzubringen, der einen Nettodurchmesser von 2,6 m erfordert, dagegen ist der erreichbare Wirkungsgrad sicher ein guter. Schätzt man $\eta_s = 0{,}85$, dann würde $\eta_e = \eta_s \eta_n = 0{,}765$ und die effektive Wellenleistung:

$$N_e = \frac{3200}{0{,}765} = 4180 = 2 \times 2090\ \text{PS}$$

an Stelle von 2×3000 des Schraubenantriebes.

5. Beispiel: Schnelldampfer wie Beispiel 4, für 20,4 Sm/st.

Für den gleichen Dampfer wie vorher, werde der Umbau für Mantelpropeller unter Verwendung der vorhandenen Antriebsmaschinen veranschlagt. Um diese rationeller arbeiten zu lassen, soll die Tourenzahl von 550 auf 600 p. Min. erhöht werden. Da die Turbinenanlage dann eine etwas höhere Leistung als 2×3000 PS bequem liefern kann und sie voll ausgenutzt werden soll, wird der Propeller für eine höhere Schiffsgeschwindigkeit berechnet.

Da ein kleinerer Propeller angewendet werden soll, sei angenommen, daß η_e nur den Wert 0,7 erreicht. Mit $\eta_s = 0{,}82$ wird dann $\eta_n = 0{,}854$.

Es wird:

$$N_w = \eta_e \cdot N_e = 4200 = 2 \times 2100 \text{ PS.}$$

Vorausgesetzt, daß die N_w-Kurve sich bei Vollastgeschwindigkeit mit der vierten Potenz über der Schiffsgeschwindigkeit ändert, ergibt sich für diese Leistung ein $V = 20{,}8$ Sm/st, an Stelle von 19,4 Sm; demnach $v_s = 10{,}7$ m/sk.

$$v_p = \frac{2 \cdot 10{,}7 - 0{,}854 \cdot 10{,}7}{0{,}854} = 14{,}36 \text{ m/sk.}$$

$$v_p - v_s = 3{,}66 \text{ m/sk entspr. } 25{,}5\,\% \text{ Slip bez. auf } v_p; \quad \frac{v_s}{v_p} = 0{,}745.$$

Für den Einströmquerschnitt ergibt sich:

$$2\,F_{e1} = \frac{N_w \cdot 75 \cdot g}{\gamma \cdot v_s^2 (v_p - v_s)} = \frac{4200 \cdot 75 \cdot g}{1000 \cdot 10{,}7^2 \cdot 3{,}66} = 7{,}37 = 2 \cdot 3{,}685 \text{ m}^2.$$

$H_a = 5{,}8$ m werde wie für Beispiel 4 angenommen, ferner ist $H_s = 5{,}84$ m, so daß:

$$H_p' = 5{,}8 + \frac{5{,}84}{2} + \frac{1}{2}\sqrt{4 \cdot 5{,}8 \cdot 5{,}84 + 5{,}84^2} = 15{,}23 \text{ m}$$

und

$$v_p' = 17{,}3 \text{ m/sk.}$$

Folglich wird:

$$F_r' = 3{,}685 \cdot \frac{10{,}7}{17{,}3} = 2{,}28 \text{ m}^2.$$

Φ_{rn} wie vorher $= 0{,}6$ m; Schaufeldickenzuschlag $= 5\,\%$ angenommen, ergibt:

$$\Phi_{r\,a}' = \sqrt{\frac{4}{\pi}\left(\frac{2{,}28}{0{,}95} + 0{,}283\right)} = 1{,}85 \text{ m.}$$

Wenn die ideale Tourenzahl $n' = 550$ p. Min. ist, ergibt sich somit eine Umfangsgeschwindigkeit von:

$$u' = \frac{1{,}85 \cdot \pi \cdot 550}{60} = 53{,}3 \text{ m/sk,}$$

eine Steigung:

$$S = \frac{v_p'}{n_s'} = \frac{17{,}3}{9{,}17} = 1{,}886 \text{ m,}$$

und eine tatsächlich (bei $n = 600$) zu erwartende Umfangsgeschwindigkeit $u = 58{,}2$ m/sk.

6. Beispiel: Lastkahn.

$V = 3{,}6$ km/st; $v_s = 1$ m/sk: $W = 150$ kg.

Antrieb durch 1 Propeller.

Wegen der ungünstigen Verdrängungsform, die solche Fahrzeuge erhalten, ist mit einem niedrigen Wert von η_n zu rechnen. Es sei $\eta_n = 0{,}65$ angenommen. Dann ist:

$$v_p = \frac{2 \cdot 1 - 0{,}65 \cdot 1}{0{,}65} = 2{,}076 \text{ m/sk.}$$

$$v_p - v_s = 1{,}076, \text{ entsprechend } 51{,}8\,\% \text{ Slip bez. auf } v_p,$$

$$\frac{v_s}{v_p} = 0{,}4815,$$

Hierfür kann nur ein Unterdruckpropeller in Betracht kommen, weil sich in der Ausführung als Druckpropeller so stark gekrümmte Laufschaufeln ergeben, daß der Propeller für Rückwärtsbetrieb unbrauchbar wird.

$$F_{e1} = \frac{W \cdot g}{\gamma \cdot v_s (v_p - v_s)} = \frac{150 \cdot g}{1000 \cdot 1 \cdot 1{,}076} = 1{,}367 \text{ m}^2.$$

Die geringste mittlere Tauchtiefe des Propellers sei wegen des erforderlichen Betriebes bei unbeladenem Kahn 0 m. Von der Luftdruckhöhe werden 2 m in Anspruch genommen.

$$H_a = 2 \text{ m}; \quad H_s = 0{,}051 \text{ m}$$

$$H_p' = 2 + \frac{0{,}051}{2} + \frac{1}{2}\sqrt{4 \cdot 2 \cdot 0{,}051 + 0{,}051^2} = 2{,}35 \text{ m}$$

$$v_p' = 6{,}78 \text{ m/sk.}$$

Folglich wird:

$$F_r' = \frac{v_s}{v_p'} \cdot F_{e1} = \frac{1}{6{,}78} \cdot 1{,}367 = 0{,}2016 \text{ m}^2.$$

Nabendurchmesser = 0,15 m. Zuschlag für Schaufeldicke 8 %.

$$\Phi_{r\,a}' = \sqrt{\frac{4}{\pi}\left(\frac{0{,}2016}{0{,}92} + 0{,}0177\right)} = 0{,}550 \text{ m.}$$

Die Tourenzahl n' sei zu 600 p. Min. angenommen, daraus folgt:

$$S = \frac{v_p'}{n_s'} = \frac{6{,}78}{10} = 0{,}678.$$

Schätzt man den Verlustslip zu ca 14 %, dann wird die wirkliche Tourenzahl $n = 700$ p. Min. und die Umfangsgeschwindigkeit

$$u = 20{,}2 \text{ m/sk.}$$

Setzt man wegen der ungünstigen Strömungsverhältnisse die Nebenverluste zu 25% der Antriebsleistung ein, dann wird $\eta_e = 0{,}65 - 0{,}25 = 0{,}4$ und

$$N_e = \frac{150 \cdot 1}{75 \cdot 0{,}4} = 5 \text{ PS}.$$

Beim Vergleich mit einer gewöhnlichen Schraube wird sich zeigen, daß trotz enormer Tourensteigerung η_e hier wesentlich höher ist. Das Beispiel 6 ist in Fig. 90 in der praktischen Anwendung skizziert. Es ist darauf Rücksicht zu nehmen, daß solche Fahrzeuge unbeladen mit sehr geringem Tiefgang fahren müssen. Wenn man

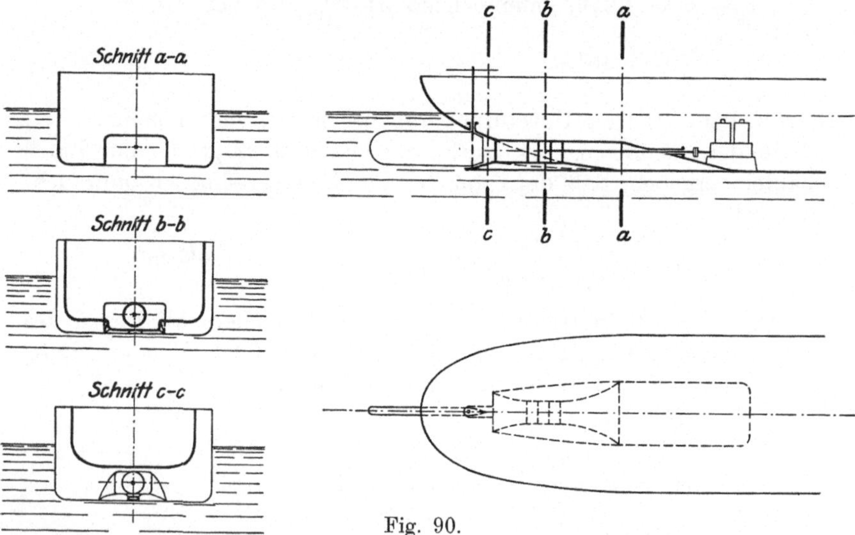

Fig. 90.

daher den Zuflußkanal, wie gezeichnet, so anlegt, daß er auch bei leerem Schiff noch vollkommen in das Wasser eintaucht, dann wird damit der Vollastwirkungsgrad des Propellers nicht nur gewahrt, er wird sogar noch überschritten werden, weil der geringere Schiffswiderstand einen kleineren Slip und demnach ein größeres η_n des Propellers zur Folge hat. Es ist dann ein besserer Gesamtwirkungsgrad möglich, selbst wenn die Nebenverluste sich infolge der nicht mehr zutreffenden Strömungsquerschnitte verschlechtern.

47. Bemerkungen über Nebenverluste.

Da bisher keinerlei Versuche unternommen wurden, durch deren Ergebnisse die in den Rechnungsbeispielen angenommenen Nebenverluste belegt werden könnten, sei nochmals betont, daß die dafür eingesetzten Zahlen rein spekulativer Art sind.

Stellt man den Vergleich mit der Überdruck-Wasserturbine an, so ergibt sich, daß diese durchweg mit besserem η_n ausgeführt werden kann, als der Propeller, weil man durch günstige Formgebung des Ablaufrohres bei der Überdruckturbine die verlorene Austrittgeschwindigkeit und Energie meistens auf einen kleineren Prozentsatz bringen kann als beim Propeller den Wert $v_p - v_s$, der durch die verfügbaren Strömungsquerschnitte begrenzt ist.

Vergleicht man andererseits die Nebenverluste von Turbine und Mantelpropeller, die sich aus Umlenkungs-, Verdrängungs-, Wirbel- und Reibungsverlusten zusammensetzen, so sind zu erwarten:

1. für die Umlenkungsverluste beim Propeller günstigere Werte, weil die Ablenkungen von der geradlinigen Strömung im allgemeinen geringer sind als bei der Turbine,
2. für die Verdrängungsverluste von Mantel-, Leit- und Laufschaufeln und Nabe des Propellers ungünstigere Werte, weil die bezügl. Geschwindigkeiten relativ höher sind als bei der Turbine,
3. für die Wirbelverluste, soweit sie von 1. beeinflußt werden, für den Propeller günstigere, soweit sie von 2. beeinflußt werden, ungünstigere Werte,
4. für die Reibungsverluste des Propellers ungünstigere Werte, weil sowohl die reibenden Flächen als auch die Reibungsgeschwindigkeiten durchweg gegenüber der Turbine relativ höher ausfallen.

In Summa ist danach nicht zu erwarten, daß mit dem Mantelpropeller, abgesehen von Ausnahmefällen, Effektivwirkungsgrade von der Höhe derjenigen guter Wasserturbinen, d. s. 85 bis $90^0/_0$, zu erreichen sind, wohl aber kann ausgesprochen werden, daß es möglich ist, den Durchschnittspropeller auf Effektivwirkungsgrade von 70 bis $80^0/_0$ zu bringen, was gegenüber der gemeinen Schiffschraube einen Fortschritt von unberechenbarer Tragweite bedeuten würde.

Schnellaufende Wasserturbinen und Pumpen für kleine Gefälle.

48. Prinzip der Arbeitsübertragung.

Der Mantelpropeller führt zu einer brauchbaren Form der Axialpumpe und -turbine, wenn man seine Querschnitte für den stationären Betriebsfall einrichtet und die axiale, dem v_s entsprechende Strömgeschwindigkeit energielos macht. Diese wird für die stationäre Maschine eine absolute Strömung. Sie sei für die axiale Pumpe bzw.

Turbine mit c_a, für die radiale mit c_r, bezeichnet. Sie wird nach früherem energielos, wenn sie vor Eintritt der nutzbaren Energiewandlung durch eine konvergente Einlaufmündung, nötigenfalls unter Inanspruchnahme des absoluten Luftdruckes p_0, erzeugt, und nach der Energiewandlung durch eine divergente Auslaufmündung unter Rückwandlung des Unterdrucks zum Verschwinden gebracht wird.

Die nutzbaren Absolutwerte $c_2^2 - c_a^2$ oder $c_2^2 - c_r^2$, die in der Pumpe die Förderhöhe liefern, und $c_e^2 - c_a^2$ oder $c_e^2 - c_r^2$, die in der Turbine die Antriebsarbeit liefern, können, wie bei den Propellern, je nach der Form der Strömquerschnitte, entweder radial oder tangential (in der Drehrichtung) auftreten. Die Zahl der Möglichkeiten, solche Maschinen auszuführen, ist hiernach gleichfalls unbegrenzt. Sie sollen lediglich durch zwei willkürlich herausgegriffene Zahlenbeispiele belegt werden.

Für diese wird der einfache Fall vorausgesetzt, daß c_a resp. c_r während der Energiewandlung konstant bleibt. Daraus folgt, daß die Strömungsquerschnitte F_r rechtwinkelig zu c_a oder c_r gemessen gleichfalls konstant sein müssen.

Es ist $$G = F_r \, c_a \, \gamma \text{ oder } G = F_r \, c_r \, \gamma.$$

Bezeichnet man die ideale Geschwindigkeit des Nutzgefälles mit c_u, so ist die verfügbare Arbeit gleich der nutzbaren:

$$L = L_n = \frac{G}{g} \frac{c_u^2}{2} = \frac{G}{g} u \, c_u'.$$

Mit obigen Werten für G wird:

$$L = L_n = F_r \frac{\gamma}{g} c_a \frac{c_u^2}{2} \text{ oder } F_r \frac{\gamma}{g} c_r \frac{c_u^2}{2}.$$

Das Nutzverhältnis ist:

$$\eta_n = \frac{L_n}{L} = 1.$$

Wenn c_u im Geschwindigkeitsplan auf der linken Seite der Ordinatenaxe liegt (Fig. 92a/b und 96/97), dann ist das Merkmal der Pumpe gegeben; liegt es rechts, das Merkmal der Turbine.

Da c_a oder c_r nicht als Auslaßverlust auftritt, ist seine Größe im Verhältnis zu c_u grundsätzlich belanglos. Es kann sogar größer werden als dieses. Ebenso kann u beliebig über die Größe von c_u hinaus gesteigert werden, solange c_u, abgesehen von den Nebenverlusten, den gesamten Energieumsatz kennzeichnet und aus der Differenz der auf die positive und negative Seite der Ordinatenaxe entfallenden u-Komponenten entsteht.

Damit ist gleichzeitig die Möglichkeit gegeben, durch geeignete Form der Leit- und Laufkanäle bei Axial-Pumpen oder -Turbinen in weitem Bereich über dem Radius ein konstantes c_u zu erzeugen, d. h. den nachteiligen Einfluß des veränderlichen u zu beseitigen.

Während bei den gebräuchlichen Axialmaschinen eine ausgesprochene Abhängigkeit der nutzbaren Druckhöhe in Funktion vom Raddurchmesser besteht, bleibt diese hier mit c_u konstant, indem sich die, die Antriebsgröße des Wassers oder des Rades bestimmende Komponente nach der Formel für $L = L_n$ entsprechend dem Wert:

$$c_u' = c_u \frac{c_u}{2\,u}$$

einstellt.

Die ideale Umfangskraft einer solchen Maschine ist demnach gegeben durch:

$$P_u = \frac{G}{g} \frac{c_u^2}{u_a + u_i},$$

wenn u_a die Umfangsgeschwindigkeit am äußeren und u_i diejenige am inneren Laufkanaldurchmesser ist.

49. Beispiel einer Schnelläuferaxialpumpe.

Es sollen 2540 m^3/st Wasser um 1 m Höhendifferenz gehoben werden.

Die Pumpe soll mit 3000 Touren angetrieben werden.

Die Umfangsgeschwindigkeit des Laufrades wird zu 50 m/sk festgelegt. Damit ergibt sich sein Außendurchmesser:

$$\Phi_{ra} = \frac{50 \cdot 60}{3000 \cdot \pi} = 0{,}318 \text{ m}.$$

Nimmt man den Nabendurchmesser zu $\Phi_{ri} = 0{,}118$ m an, dann ergibt sich eine Axialgeschwindigkeit:

$$c_a = \frac{2540 \cdot 4}{3600 \cdot \pi (0{,}318^2 - 0{,}118^2)} = 10{,}3 \text{ m/sk}$$

und $F_r = 0{,}0685 \text{ m}^2$.

Für die Einlaufmündung E_m muß daher eine brauchbare absolute Fallhöhe von mindestens $H_e = \frac{10{,}3^2}{2\,g} = 5{,}4$ m verfügbar sein.

Die Pumpe wird aus dem Grunde (s. Fig. 91) 0,6 m tiefer als der Unterwasserspiegel aufgestellt, was auch wegen des selbsttätigen Auffüllens erwünscht ist. Die bis Mitte Welle verfügbare absolute Druckhöhe beträgt dann, mit $H_0 = 10$ m gerechnet, 10,6 m, so daß bei F_{r1} eine Druckhöhe von 5,2 m abs. verbleibt.

Zur Überwindung der Druckhöhendifferenz von 1 m muß das Laufrad dem Wasser eine zusätzliche Absolutgeschwindigkeit von $c_u = \sqrt{2g(H_2 - H_1)} = 4{,}43$ m/sk erteilen. Damit sind die Geschwindigkeitsdreiecke festgelegt. Fig. 92a zeigt dasjenige für den äußeren, Fig. 92b das für den inneren Radumfang. Für das Rad erscheinen vier Laufschaufeln am Umfang ausreichend. Ihre Form ist in Fig. 93a für den äußeren und in Fig. 93b für den inneren Radumfang gezeichnet.

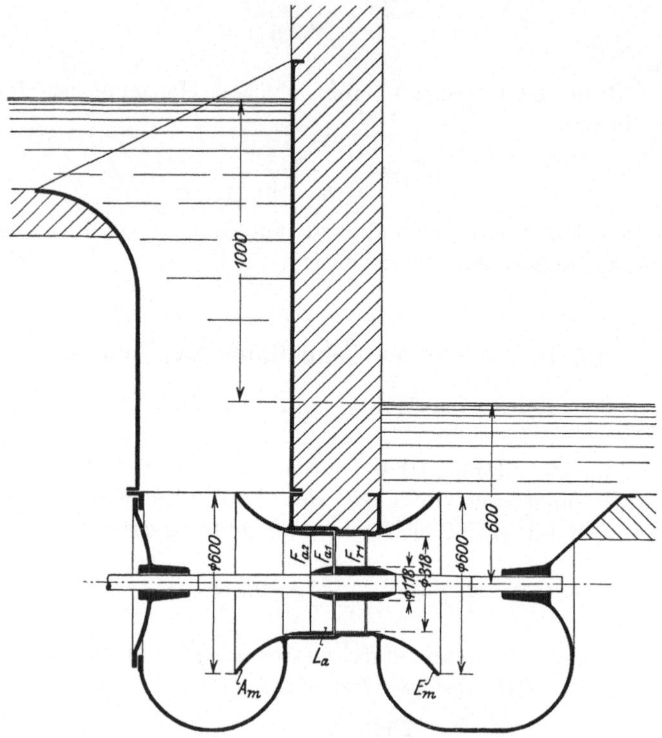

Fig. 91. Axialpumpe nach Fig. 92/93.

Wie daraus und aus den Geschwindigkeitsdreiecken hervorgeht, wird die Schaufelkrümmung auch am inneren Umfang noch sehr gering, so daß als Kompensation der zu erwartenden hohen Reibungsverluste geringe Umlenkungsverluste auftreten werden.

Das Diagramm Fig. 94 zeigt, daß man, ohne Eintrittleitschaufeln anwenden zu müssen, mit dem gleichen Rad bedeutend größere Druckhöhen überwinden könnte. Der Grenzfall wäre gegeben, wenn sich Ein- und Austrittdreieck nach Fig. 94 decken. Dann nimmt c_u den Wert u_i (Fig. 92b) an, entspricht also hier einer idealen Druckhöhe von ca. 19 m. Der Laufschaufelaustritt würde dann innen axial endigen.

Um die Komponente c_u, Fig. 92, in Druck umzusetzen, wird hinter dem Laufrad eine im Längsschnitt, Fig. 91, zylindrische Leit-

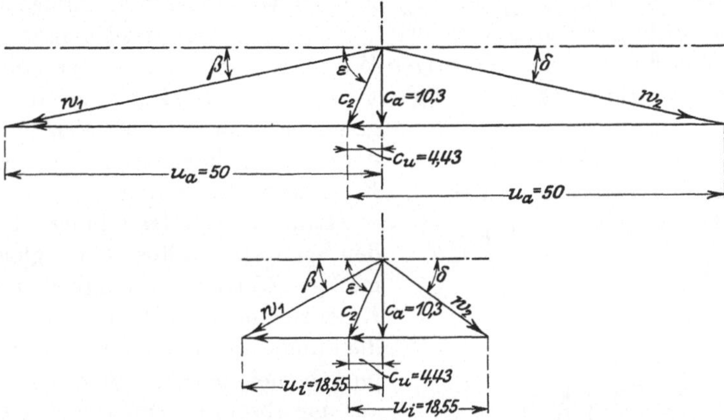

Fig. 92a/b. Geschwindigkeitsdreiecke außen und innen zu Fig. 91.

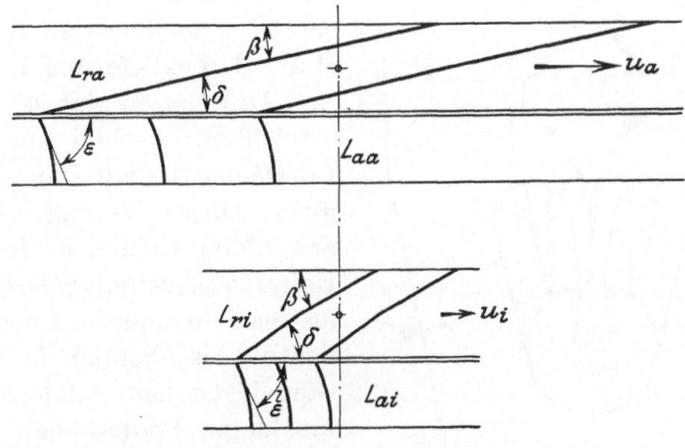

Fig. 93a/b. Schaufelkrümmungen außen und innen zu Fig. 91.

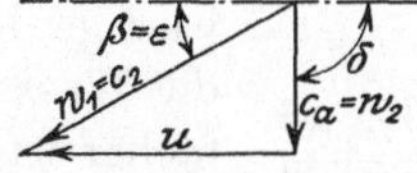

Fig. 94. Dreieck für Grenzwert $c_u = u_i$ der Pumpe Fig. 91.

vorrichtung L_a angebracht, mit Leitschaufeln, die außen nach Fig. 93a und innen nach Fig. 93b gekrümmt sind. Da die Querschnitte F_{a1} und F_{a2} gleich groß angenommen wurden, bleibt die Axialgeschwindigkeit $c_a = 10{,}3$ m/sk bestehen, abgesehen von der geringen Änderung durch die Nabenverjüngung. Man könnte auch in L_a bereits eine äußere Erweiterung eintreten lassen und L_a somit als Teil der Austrittmündung A_m (Fig. 91) verwenden, in der die energielose Strömung c_a wieder verschwindet.

Die Mündungen E_m und A_m ergeben voraussichtlich infolge der extrem hoch gewählten Geschwindigkeiten in der gezeichneten gedrungenen Form keinen günstigen Wirkungsgrad, denn sie verlangen bereits eine Eintrittgeschwindigkeit von ca. 3,5 m/sk. Steht für sie genügend Raum zur Verfügung, dann kann ihnen eine günstigere Form gegeben werden.

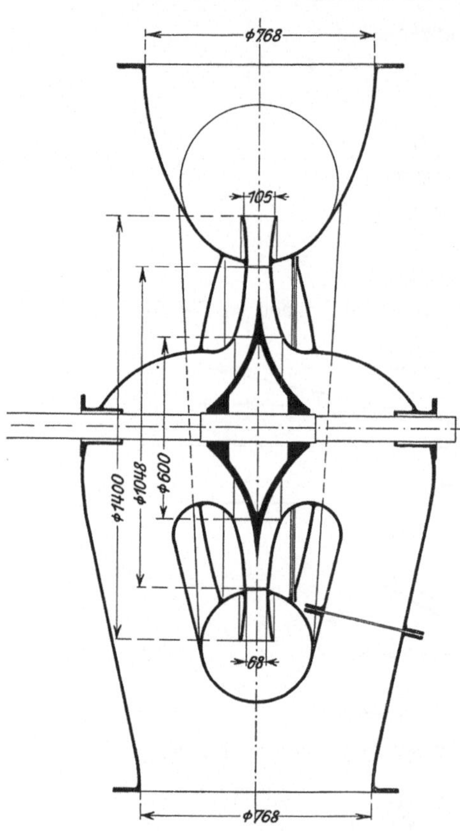

Fig. 95. Radialpumpe nach Fig. 96 und 98. Nach Fig. 97 sind Kanalbreiten auf die Hälfte zu vermindern.

Lauf- und Leitrad liefern über den ganzen Radius eine gleichmäßige Nutzgeschwindigkeit resp. Nutzdruckhöhe. Damit erscheint die Pumpe der gebräuchlichen Axialpumpe, bei der die Nutzdruckhöhe aus der absoluten Differenz der Relativgeschwindigkeiten hervorgeht, bedeutend überlegen, denn bei dieser ist eine über den Radius konstante Drucklieferung nur bei kleinen Differenzen der ϕ_{ra} und ϕ_{ri} erreichbar, weshalb man in der Praxis der Radialpumpe den Vorzug gibt. Dieser Vorzug gleicht sich aus in dem Gebiet, in dem man die Relativgeschwindigkeiten energielos machen und die Energiekomponente ausschließlich in die u-Richtung legen kann, d. h. vorwiegend für kleine Förderhöhen.

Die Axialpumpe dürfte in diesem Gebiet der Radialpumpe gleichwertige Resultate ergeben, zumal die Wasserführung in ihr viel einfacher ist, d. h. geringeren Umlenkungen ausgesetzt wird.

50. Beispiel einer Radialpumpe.

Es soll mit einer Schiffszirkulationspumpe, deren Welle um $H_1 = 3$ m unter Wasserlinie liegt, ein Gesamtwiderstand entsprechend $H_w = 8$ m Druckhöhe überwunden werden. Die stündliche Wasserförderung soll $V = 5000$ m³ betragen. Spezifisches Gewicht $\gamma = 1{,}025$. Die Pumpe soll nach dem Schema Fig. 95 ausgeführt werden. Die Geschwindigkeit im Zu- und Abflußrohr betrage

$$c_R = 3 \text{ m/sk}; \quad \text{Rohr } \phi = \sqrt{\frac{5000 \cdot 4}{3600 \cdot 3 \cdot \pi}} = 0{,}768 \text{ m}.$$

Es sei vorausgesetzt, daß die Schiffsgeschwindigkeit v_s keinen Einfluß auf die Ein- und Austrittgeschwindigkeit des Kühlwassers in das Schiff resp. aus dem Schiff hat. Die Geschwindigkeit c_R ist demnach durch die Widerstandshöhe der Pumpe aufzubringen. Zunächst wird das Diagramm Fig. 96 für die Pumpe angenommen. Die energielose radiale Eintrittgeschwindigkeit in das Laufrad betrage $c_r = 6{,}2$ m/sk. Sie soll im Laufrad und in der Austrittleitvorrichtung unverändert beibehalten werden. Die Luftdruckhöhe $H_0 = 10$ m gesetzt, kommt das Wasser demnach mit einer Absolutdruckhöhe:

$$H_{ri} = H_0 + H_1 - \frac{c_r^2}{2g} = 13 - 1{,}96 = 11{,}04 \text{ m abs}$$

am Laufradeintritt an. Das Wasser besitzt also dort noch einen Überdruck.

Das Verhältnis $\frac{\phi_{ri}}{\phi_{ra}}$ des Pumpenlaufrades sei zu 0,573 angenommen. Die Widerstandshöhe H_w erfordert die Erzeugung einer absoluten Umfangskomponente $c_u = \sqrt{2g\,H_w} = 12{,}53$ m. Die Umfangsgeschwindigkeit u_i bei L_{ri} sei zu 16,8 m/sk angenommen; dann wird

$$u_a = \frac{u_i}{0{,}573} = 29{,}3 \text{ m/sk}.$$

Damit liegt das Diagramm Fig. 96 fest.

Den zugehörigen Schaufelplan zeigt Fig. 98. Es ist nach dem Schema in dieser Projektion angenommen, daß durch die Austrittleitschaufeln die Umfangskomponente c_u vollkommen in Druckhöhe verwandelt wird, so daß sich radiale Leitschaufelenden ergeben. Das äußere Sammelrohr (Fig. 95) wird dann zweckmäßig nach dem Auslauf hin beiderseits symmetrisch erweitert. Will man das Sammelrohr schneckenhausartig ausbilden, dann ist es vorteilhafter, die Leitschaufeln nicht radial, sondern mit einer Komponente in der am Umfang herrschenden Abströmrichtung endigen zu lassen.

Der Laufrad-Innenradius r_i kann zu 0,3 m angenommen werden, dann wird $r_a = \frac{0{,}3}{0{,}573} = 0{,}524$ m und die Tourenzahl $n = \frac{u_i \cdot 30}{r_i \pi}$ $= 535$ pro Min. Die Laufkanalbreite innen wird:

Fig. 96. Geschwindigkeitsdreiecke für Radialpumpe Fig. 95.

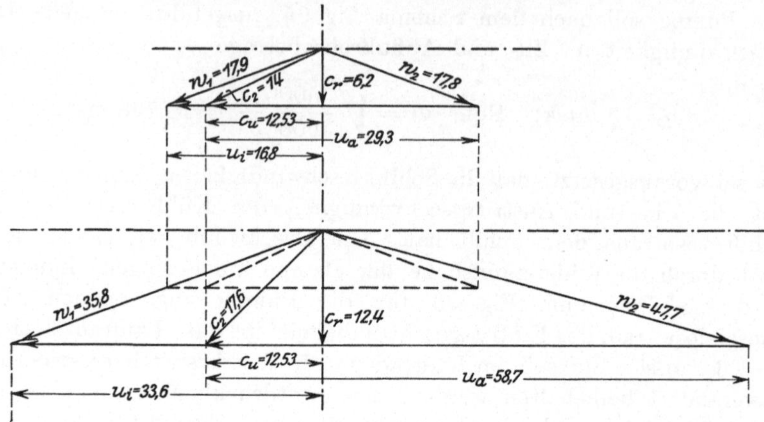

Fig. 97. Geschwindigkeitsdreiecke für doppelte Tourenzahl gegenüber Fig. 96.

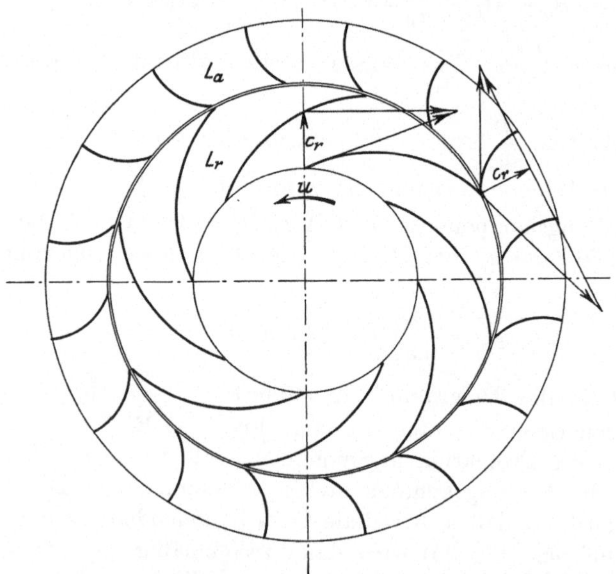

Fig. 98. Schaufelkrümmungen für Pumpe Fig. 95/97.

$$B_{ri} = \frac{V}{3600 \cdot c_r \cdot 2 \cdot r_i \cdot \pi} = \frac{5000}{3600 \cdot 6{,}2 \cdot 2 \cdot 0{,}3 \cdot \pi} = 0{,}1188 \text{ m} \sim 119 \text{ mm},$$

und außen:

$$B_{ra} = 0{,}573 \cdot B_{ri} = 0{,}0681 \text{ m} \sim 68 \text{ mm}.$$

Damit erhält das Laufrad die in Fig. 95 skizzierten Proportionen.

Werden die Kanäle der Leitvorrichtung L_a so dimensioniert, daß durch sie c_u in Druckhöhe verwandelt wird, während c_r bestehen bleibt, dann wird die Austrittdruckhöhe in L_a auf $H_{ri} + \frac{c_u^2}{2g} = 19{,}04$ m steigen. Die Leitradaustrittbreite wäre dann, wenn der $\phi_{aa} = 1{,}4$ m beträgt (Fig. 95), $B_{aa} = 0{,}0681 \frac{1{,}048}{1{,}4} = 0{,}051$ m. Es ist aber zweckmäßiger, die Geschwindigkeit c_r bei L_{aa} wieder auf die Rohrgeschwindigkeit c_R zu vermindern, was erreicht wird, wenn L_a axial nach dem Austritt hin erweitert wird auf:

$$B_{aa} = 0{,}051 \frac{6{,}2}{3} = 0{,}1054 \text{ m} \sim 105 \text{ mm}.$$

Soll die Tourenzahl gesteigert werden, so ist das, da bei L_{ri} noch ein Überdruck herrscht, ohne weiteres möglich. Es sei zu dem Zweck angenommen, daß c_r auf den doppelten Wert $= 12{,}4$ m getrieben wird; dann ergibt sich eine Laufradeintrittsdruckhöhe

$$H_{ri} = H_0 + H_1 - \frac{c_r^2}{2g} = 13 - 7{,}85 = 5{,}15 \text{ m abs.},$$

die noch zulässig erscheint.

Beim Entwurf der Geschwindigkeitsdreiecke ist nun zu beachten, daß c_u seinen Wert 12,53 m/sk behalten muß. Mit der weiteren Voraussetzung, daß an den Laufraddurchmessern nichts geändert wird, geht dann das Geschwindigkeitsdiagramm in das Fig. 97 über. Dasjenige Fig. 96 ist in Fig. 97 punktiert wiederholt. Daraus geht hervor, daß zwar einerseits die relativen Reibungsgeschwindigkeiten in den Laufkanälen und damit die Reibungs- und Verdrängungsverluste der Laufschaufeln sehr gesteigert werden, daß andererseits aber sowohl der Umlenkungswinkel der Laufschaufeln, als auch derjenige der Leitschaufeln in L_a verkleinert wird. Es steht also der Zunahme der genannten Verluste eine Abnahme der Umlenkungsverluste gegenüber.

Indem die gleichen ϕ wie vorher angenommen wurden, ergibt sich für Fig. 97 eine Steigerung der Tourenzahl im Verhältnis der Umfangsgeschwindigkeiten, d. h. $n = 535 \frac{33{,}6}{16{,}8} = 1070$ pro Min. Die Axialbreiten der Laufkanäle sind im gleichen Verhältnis zu reduzieren, d. h. auf die halben Werte der Fig. 95.

Ebenso wie beim Propeller wird die Pumpe bei dieser idealen Tourenzahl und den berechneten Dimensionen infolge der inneren Verluste weder die volle Menge V, noch die volle Druckhöhe H_w liefern. Um die verlangte Leistung zu erreichen, müssen Zuschläge zu den abstrakten Pumpendimensionen gemacht werden, die auf n, Φ, B und die Schaufelwinkel verteilt werden können, und deren Größe sich nur empirisch ermitteln läßt. Da man bei der Pumpe, ebenso wie z. B. einer Dampfturbine, nur die Summe der Verluste resp. den Gesamtwirkungsgrad mit Sicherheit messen kann, bleibt die Verteilung der Einzelverluste auf die vorgenannten Dimensionen mehr oder weniger dem spekulativen Ermessen des Konstrukteurs überlassen. Unter Berücksichtigung dieser und der für Schaufeldicken und Spaltverluste sich rechnerisch ergebenden Korrekturen sind dann die praktischen Dimensionen festzulegen.

Die Tourenzahl $n = 1070$ läßt bei der Größe der äußeren Widerstandsleistung $N_w = 151$ PS bereits die Möglichkeit eines einigermaßen rationellen Dampfturbinenantriebs zu.

Das der Einfachheit halber hier gewählte primitive Beispiel der reinen Radialpumpe bietet aber bei weitem nicht die Grenze der erreichbaren Tourensteigerung. Verlegt man den Eintritt der Laufschaufeln in den axialen Einlauf, d. h. führt man die Pumpe nach dem Vorbild der Francisturbine aus, so läßt sich die Tourenzahl so weit steigern, daß der Dampfturbinenantrieb auch in diesem Fall rationeller wird, als Kolbenmaschinenantrieb. Unter Berücksichtigung der betriebstechnischen Vorteile des Dampfturbinenbetriebes dürfte sich damit eine absolute Überlegenheit der Turbopumpe über die durch Kolbenmaschine getriebene ergeben.

Der Strömungswiderstand untergetauchter Schwimmkörper.

51. Ähnlichkeit der Verdrängungsarbeit in Luft und Wasser.

Die Theorie der nachfolgend erörterten Widerstandsarbeit von Geschossen läßt sich auch auf ganz im Wasser untergetauchte Schwimmkörper umformen. Rechnungsmäßig ist auch hier die Widerstandsgröße nur dann mit einiger Sicherheit zu verfolgen, wenn die Körper, wie es bei Torpedogeschossen möglich ist, mathematisch einfache Formen haben, die außerdem für die Erzeugung der Verdrängungsarbeit günstig sind. Da eine solche Ableitung wenig praktischen Wert hat, wird darauf verzichtet. Körper unregelmäßiger Formen sind lediglich auf empirische Ermittlung des Widerstandes angewiesen.

Die Verdrängungsarbeit von ebenen Flächen, die senkrecht zur Bewegungsrichtung gehalten werden, nähert sich dem Nutzverhältnis der Ausströmung aus Mündungen in dünner Wand.

Die Gesetze, nach denen der Widerstand günstiger Verdrängungskörper entsteht, sind mit denen für Geschosse, die sich durch die Luft bewegen, identisch. Es ist dabei Rücksicht zu nehmen auf das unterschiedliche Verhalten von γ. Wegen des bedeutend größeren Wertes vom γ des Wassers wird in der Hauptsache für die Verdrängung des gleichen Volumens ein viel größerer Arbeitsaufwand bedingt, außerdem fehlen die elastischen Eigenschaften des zu verdrängenden Mediums. Daraus folgt, daß im Wasser viel geringere Geschwindigkeiten erreichbar sind als in der Luft. Ferner ist darauf Rücksicht zu nehmen, daß für die Erzeugung der Nachströmgeschwindigkeit im Wasser ein um so kleineres Gefälle zur Verfügung steht, je näher der Körper unter der Wasseroberfläche schwimmt. Im Druckgefälle ausgedrückt, setzt sich dieses zusammen aus dem Druck p_1 der über der Außenfläche des Körpers lagernden Wassersäule plus dem auf dieser lastenden Luftdruck p_0, d. h. für die Nachströmgeschwindigkeit ist der absolute Wasserdruck maßgebend. Um die Körper dieser verhältnismäßig geringeren Nachströmungsmöglichkeit anzupassen, muß ihre Nachströmverjüngung im Verhältnis zur Verdrängungsspitze im allgemeinen und außerdem mit zunehmender Oberflächenschwimmnähe schlanker werden. Das bestätigen auch die empirisch gefundenen Formen der Torpedogeschosse und vor allen Dingen die der Fische. Letztere abgesehen von einer Anzahl paradoxer Exemplare, bei denen andere Lebensbedingungen eine größere Rolle spielen, als die der Bewegungsmöglichkeit.

52. Verdrängungsauftrieb.

Eine Nebenerscheinung der Verdrängungsarbeit untergetauchter Schwimmkörper bedarf besonderer Erörterung. Ganz allgemein betrachtet wird die Wasserverdrängung durch einen unter Wasser bewegten Körper sich teilweise in einer Stauung nach oben äußern, die sich weiterhin in Form von Wellen fortpflanzt. Betrachtet man die in der Vertikalmittelebene der Bewegungsrichtung oberhalb der Horizontalmitte des Körpers liegende Wasserschicht, so erfährt diese offenbar in der Hauptsache eine nach oben gerichtete Bewegung. Jedoch auch die seitlichen Verdrängungskomponenten erhalten durch den Widerstand der äußeren Wassermassen eine z. T. aufwärtsgerichtete Ablenkung. Die symmetrisch dazu, unterhalb der Horinzontalmitte liegende Wasserschicht müßte sich dementsprechend nach unten bewegen. Das ist aber offenbar nicht möglich, weil hier ein praktisch starrer Wasserwiderstand entgegensteht. Es kann daher an dieser Stelle zunächst nur ein Überdruck über den des umgebenden Wassers erzeugt werden. Hierdurch wird das Wasser seitlich nach oben umgelenkt und weiterhin nach oben verdrängt, d. h. von der senkrecht nach unten zeigenden Richtung aus um 180°. Der Körper muß also an dieser Stelle die Verdrängungsarbeit auf einem Umweg leisten, wodurch unbedingt ein größerer Arbeitsaufwand, also auch ein größerer spezifischer Flächendruck am Körper, gegenüber der oberen Verdrängungsfläche bedingt ist. Dieser Druck wird noch dadurch erhöht, daß auf der Unterseite an sich eine höhere Drucksäule lastet, also schon deshalb ein größerer Aufwand an Verdrängungsarbeit zu leisten ist. Zwischen den untersten und obersten Flächenteilen findet ein kontinuierlicher Übergang statt, falls der Körper zur Bewegungsmittellinie symmetrisch ist. In Summa ergibt sich daraus, daß die Vertikalkomponente des Verdrängungsdruckes auf die untere Projektion der Verdrängungsspitze größer sein muß, als die auf die obere. Die weitere Konsequenz ist, daß ein solcher Körper, wenn er zur horizontalen und vertikalen Längsebene symmetrisch ist und einen horizontalen Bewegungsimpuls erhält, die Tendenz erhält, sich gleichzeitig nach oben zu bewegen.

53. Störende Wirkung des Verdrängungsauftriebs von Torpedogeschossen.

Eine Bestätigung dieses Phänomens scheint sich in dem Verhalten der Torpedogeschosse zu zeigen, die in der Regel nach dem ersten Eintauchen wieder zu einem Luftsprung über der Wasseroberfläche erscheinen. Dieser Vorgang hat allerdings zwei Ursachen. Das Geschoß taucht zunächst infolge der Fallbeschleunigung, vom Ausstoßrohr (über Wasser) aus gerechnet, zu tief, so daß als Reaktion hierzu eine vermehrte Auftriebsbewegung entsteht. Möglicherweise entsteht dabei an der Tiefensteuerung die Tendenz, überzuregulieren. Außerdem macht sich aber der erwähnte Verdrängungsauftrieb geltend, mit der Wirkung, daß das Geschoß mit dem Kopf zuerst an der Oberfläche erscheint, wenn die Gegenwirkung der Tiefensteuerung noch nicht ausreichte, diesen Auftrieb aufzuheben.

Ein solcher Luftsprung hat offenbar den Verlust eines Teiles der verfügbaren Arbeit zur Folge. Außerdem verursacht er, infolge Tourenerhöhung der in der Luft arbeitenden Schrauben und durch die beim Wiedereintauchen eintretende stoßartige Bewegungsverzögerung derselben, Beanspruchungen des Antriebsmechanismus, die dessen Haltbarkeit herabsetzen. Die Beseitigung der erwähnten Eigenschaften bedeutet daher eine beachtenswerte Verbesserung des Geschosses. Hierzu bieten sich verschiedene Möglichkeiten.

54. Neigung der Torpedogeschützachse.

Bei den gebräuchlichen Torpedogeschützen dürfte der Bewegungsvorgang ungefähr so sein, wie er in Fig. 99 schematisch durch eine Reihe aufeinanderfolgender Positionen des Geschosses dargestellt ist.

Fig. 99. Verlauf der Anfangsbewegung eines Torpedogeschosses bei Horizontallage des Ausstoßrohres.

Es ergibt sich daraus die einfache Folgerung, daß man mit demselben Geschoß und derselben Steuerung den Luftsprung vermeiden kann, wenn man der Geschützachse in der Schießrichtung eine Neigung gibt. Damit wird die Anfangstauchtiefe etwas größer, aber die Steuerung hat mehr Zeit, auf das Geschoß einzuwirken, und der Verdrängungsauftrieb der Spitze muß zusätzlich zum vorher erwähnten Vorgang das Geschoß erst von der geneigten Lage in

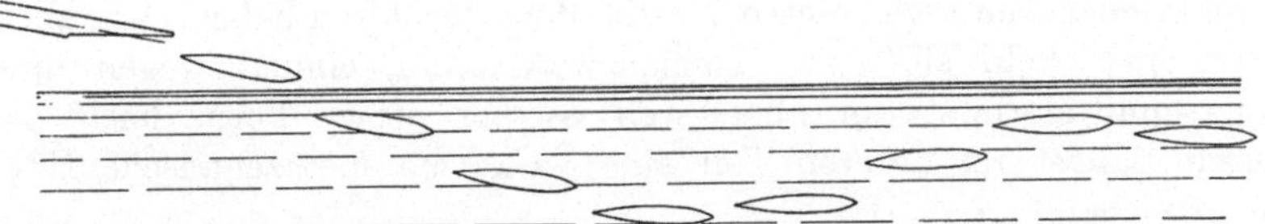

Fig. 100. Verlauf der Bewegung bei geneigtem Ausstoßrohr.

die horizontale drängen. Mit dieser Geschützlage sollte der Bewegungsvorgang in die in Fig. 100 gezeigte schematische Darstellung übergehen. Welcher Neigungsgrad des Geschützes dabei anzuwenden ist, um das Wiederaustauchen zu vermeiden, bleibt Sache des Versuchs.

55. Schwimmkörper mit geringem Verdrängungsauftrieb.

Eine zweite Möglichkeit zur Reduktion des Spitzenauftriebs scheint dadurch erreichbar, daß man dem Geschoß eine Form gibt, durch die die Seitenverdrängung vergrößert, die Tiefenverdrängung hingegen verkleinert wird. Für zwei Beispiele solcher Schwimmkörper sind in den Fig. 101 und 102 die Verdrängungs- und Nachströmspitzen in ihren Umrissen skizziert.

Für beide ist die punktierte Spitzenform als Profil des horizontalen Mittelquerschnitts gedacht, und die strichpunktiert gezeichneten Profile geben die Querschnitte senkrecht zur Längsachse an den Stellen $A — A$, $B — B$, $C — C$ an. Solche oder ähnliche Formen dürften bei gleichem Verdrängungswiderstand gegenüber Torpedos mit durchgend kreisförmigem Querschnitt wegen der größeren Seiten-

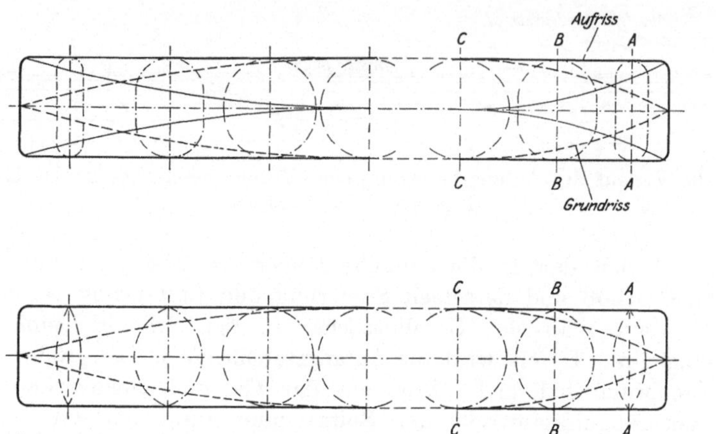

Fig. 101/102. Torpedogeschoßformen für verminderten Verdrängungsauftrieb.

projektionsfläche auch bessere Geradlaufeigenschaften haben. Vor allem aber entwickeln sie einen Torsionswiderstand, einmal wegen ihrer Querschnittsform, dann aber, weil es bei dieser Form leicht ist, durch Ballast im unteren Teil eine wirksame metazentrische Höhe zu erreichen.

Der Strömungswiderstand von Schiffen.

56. Kennzeichen.

Zur Unterscheidung von untergetauchten Schwimmkörpern sind hier unter der Bezeichnung „Schiff“ lediglich Oberflächenschwimmkörper zu verstehen. Sie bilden den Grenzfall zwischen den reinen Luftschwimmkörpern und den untergetauchten Wasserschwimmkörpern. Die Entstehung des Bewegungswiderstandes folgt gleichfalls den allgemeinen Gesetzen der Bewegung fester Körper in flüssigen. Die Entwicklung der Verdrängungs- und Nachströmarbeit ist bei Schiffen aber schwieriger zu verfolgen, als bei untergetauchten Schwimmkörpern. Erstens, weil er aus zwei verschiedenen Widerständen entsteht, dem oberhalb der Wasserlinie auftretenden Luftwiderstand und dem unter der Wasserlinie auftretenden Wasserwiderstand. Zweitens, weil sich die Druckhöhe des zu verdrängenden Wassers von Null bis zu einem durch den Tiefgang gegebenen Maximum ändert, wodurch verschiedene, grundsätzlich widerstandserhöhende Nebenerscheinungen bedingt sind. Drittens, weil die durch Stabilitätsbedingungen und Erfahrung als günstig gefundenen üblichen Schiffsformen eine der exakten Berechnung der Verdrängungsarbeit schwer zugängliche Gestalt haben.

57. Verhältnis von Luftwiderstand zu Wasserwiderstand.

Infolge des großen Unterschiedes der spezifischen Gewichte von atmosphärischer Luft und Wasser, ca. 1 : 850, beträgt der Luftwiderstand meist nur einen geringen Bruchteil des Wasserwiderstandes. Nur bei Gegenwind, dessen Geschwindigkeit bei kleinen Schiffsgeschwindigkeiten ein Mehrfaches der letzteren sein kann, vermag der Luftwiderstand beachtenswerte Größen anzunehmen. Das kommt insbesondere in Betracht, wenn die relative Einfallrichtung α des Luftstromes unter ca. 45^0 zur Fahrtrichtung liegt. Dann kann bei hochbordigen Schiffen mit reichlichen Aufbauten die vom Wind getroffene Flächenprojektion das 6- bis 8fache des Hauptspantareals, das für die Wasserverdrängung in Frage kommt, betragen, in welchem Maß dann auch die zu verdrängende Luftmenge wächst.

Rechnet man z. B. mit einem Schiff von $v_s = 8$ m/sk = ca. 15 Sm/st Fahrgeschwindigkeit und einer relativen Windgeschwindigkeit von $w_1 = 20$ m/sk die bei $\alpha = 45^0 =$ ca. 16 m/sk absolut entspricht, dann ergibt sich, wenn die in der Richtung w_1 liegende Oberwasserprojektion des Schiffes F_l das 8fache des Hauptspantareals F_w beträgt, ein ideales Verhältnis der beiden Widerstände:

$$\frac{w_l}{w_w} = \frac{F_l \cdot \gamma_l \cdot w_l^2 \cdot g}{g \cdot F_w \cdot \gamma_w \cdot v_s^2} = 8 \cdot 2{,}5 \cdot \frac{\gamma_l}{\gamma_w} = 0{,}0588.$$

Nun ist das Unterwasserschiff ein viel günstigerer Verdrängungskörper als das Oberwasserschiff, besonders wenn es viele Aufbauten trägt, so daß man für die Wasserverdrängungsarbeit einen doppelt so günstigen Wirkungsgrad erwarten kann als für die Luftverdrängung. Dann würden sich für den tatsächlichen Luftwiderstand ca. 12 % des Wasserwiderstandes ergeben, also ein beachtenswerter Betrag.

Die Berücksichtigung günstiger Luftverdrängungsformen sollte daher beim Oberwasserschiff nie außer acht gelassen werden.

58. Die Grundlagen der Schiffwiderstandsarbeit.

Es würde zu weit führen, auf die umfangreiche Literatur und die vielseitigen Theorien, die über diesen Gegenstand bestehen, zurückzugreifen. Der nachfolgende Abschnitt bleibt daher im Rahmen der sich aus Vorhergehendem ergebenden Folgerungen. Auch auf die Theorie der Oberflächenwellen soll nicht weiter eingegangen werden. Die Behandlung des Vorganges wird auf allgemeine Schlüsse und Betrachtungen beschränkt, die sich auf Grund der Tatsache ergeben, daß die Schiffantriebsmaschine die Arbeit für jede Wasserbewegung, die das fahrende Schiff erzeugt, aufzubringen hat.

In Übereinstimmung mit der Entstehung des Geschoßwiderstandes und desjenigen untergetauchter Schwimmkörper, entsteht der Wasserwiderstand der Hauptsache nach aus einer von der vorderen Verjüngung des Schiffskörpers zu leistenden Verdrängungsarbeit und einer von der hinteren Verjüngung zu leistenden Nachströmarbeit. Dazu kommt wiederum der Reibungswiderstand, der bei Wasser eine weit größere Rolle spielt als bei Luft, hier aber außer Betracht gelassen wird. Erwähnt sei nur, daß sich die Reibungsarbeit 1. in Wärme, 2. in Wirbeln und 3. in einer Wasserbewegung im Sinne des Nachstroms äußert und dadurch zu dessen Erhöhung beiträgt. Ihre Werte können, wie alle durch Reibungswiderstände erzeugten, nur empirisch ermittelt werden.

Der Nachstrom hat eine im wesentlichen in der Fahrtrichtung verlaufende Bewegung. Er wird deshalb gewöhnlich, und mit Bezug auf die Schraubenpropeller auch mit einiger Berechtigung, als Vorstrom bezeichnet. Man erkennt nach der Geschoßtheorie, daß der Nachstrom keine erwünschte Strömung ist, denn seine Zunahme kennzeichnet eine Verschlechterung des Hinterschiffs als Verdrängungskörper und damit eine Widerstandsvergrößerung. Da der Nachstrom auch, soweit er den Propeller trifft, seinen Arbeitswert nicht an diesen resp. an das Schiff zurückliefert, so ändert sich nichts an dem Faktum, daß er unter allen Umständen einen Verlust bedeutet. Er könnte nur dann Arbeit an das Schiff liefern, wenn seine mittlere Geschwindigkeit den unmöglichen Wert $v_n > v_s$ annehmen würde.

Auf das Prinzip der Strömungserzeugung zurückgreifend, stellt das Schiff eine negative Ausflußmündung dar, mit dem eingetauchten Hauptspantquerschnitt F_w als Maximalquerschnitt, mit der, im Ruhezustand von Null bis zum Tiefgang T variablen Druckhöhe und der idealen Mündungsgeschwindigkeit $v_s =$ der Schiffsgeschwindigkeit. Ebenso, wie beim doppelt verjüngten Geschoß und dem Torpedogeschoß, ist die Verdrängungsform als eine negative doppelt erweiterte Mündung anzusehen. Der Hauptspantquerschnitt F_w entspricht dem negativen engsten Querschnitt der Mündung, d. h. der Flächenbegriff ist negativ zu verstehen, und anstatt des kleinsten Strömungsareals erscheint F_w als das größte. Die „Mündung“ ist nicht eine solche, in welcher Druckhöhe in Strömungsarbeit, sondern umgekehrt eine, in der mechanische Arbeit in Druckhöhe und weiterhin in Strömungsarbeit umgesetzt wird. Ein- und Austrittgeschwindigkeit haben praktisch die Größe Null. Abstrakt genommen ist folglich für den Durchfluß durch F_w keine Arbeit zu leisten; es entstehen hierdurch nur die bekannten Nebenverluste. Die zu leistende Antriebsarbeit ist nicht die Differenz der im konvergenten und divergenten Mündungsteil erzeugten scheinbaren Energiewerte, sondern deren Summe, weil die im Verdrängungsteil erzeugte Strömungsenergie nicht oder nur ein kleiner Betrag davon im Nachströmteil zurückgewonnen werden kann. Die erzeugte Druckhöhendifferenz zwischen Ein- und Austritt (Vor- oder Hinterschiff) ist, abgesehen von der Schiffsgeschwindigkeit, abhängig von der Schärfe der Schiffsenden. Die Förderung der Wassermenge $F_w \cdot \gamma \cdot v_s$ auf die Druckhöhendifferenz, bzw. auf die Ab- und Nachströmgeschwindigkeit der Bug- und Heckwellen bedingt die Hauptarbeit. Die zu leistende ideale Verdrängungsarbeit zur Erzeugung der Überdruckhöhe der Bugwellen über das Ruheniveau, und der Abströmgeschwindigkeit, ist eine Funktion des Quadrates des halben Sinus des momentanen Verdrängungswinkels und der Schiffsgeschwindigkeit v_s. Die Nachströmarbeit, die durch eine vom Schiff erzeugte Unterdruckhöhe (Heckwellental) entsteht, ist eine ebensolche Funktion des Nachströmwinkels, folglich nehmen beide mit kleiner werdenden Winkeln, d. h. mit schlankeren Schiffsformen ab, bis zum ideellen Wert Null, bei dem der Schiffskörper in eine Vertikalfläche von der Länge ∞ übergehen würde.

Da eine bestimmte Schiffsform an sich unveränderlich ist, kann man das Verhältnis der gedachten Stömungsarbeit $F_w \frac{\gamma}{g} \frac{v_s^3}{2}$, zur wirklichen, konstant annehmen.

Für den Schiffswiderstand kann man daher die Grundformel aufstellen:

$$W = W_c + W_r,$$

worin W_c den Verdrängungswiderstand, W_r den Reibungswiderstand oder ganz allgemein, die mit der Arbeitswandlung verbundenen Nebenverluste bedeuten, soweit solche an der benetzten Schiffsfläche entstehen. Es ist:

$$W_c = f(C) F_w \frac{\gamma}{g} v_s^2,$$

wo $f(C)$ eine allerdings komplizierte Funktion ist, die erstens von der Schärfe der Schiffsenden abhängt, zweitens von der durch die

Trimmlage des Schiffes bedingten Veränderung der Schärfe resp. des Querschnitts F_w, drittens von den Wechselbeziehungen zwischen der Druckhöhendifferenz und der durch sie eingeleiteten Abströmung resp. Wellenbewegung, und die zum Schluß die mit der Arbeitsübertragung verknüpften Verluste enthält.

Setzt man in der Formel für W_c:

$$v_s^2 = 2 g \frac{p_x}{\gamma},$$

wo $\frac{p_x}{\gamma}$ die ideelle Druckhöhendifferenz ist, dann wird:

$$W_c = f(C)\, 2\, p_x F_w,$$

und man erkennt die Analogie mit dem Gefäßgegendruck der Ausströmung.

Wenn Vor- und Hinterschiffsform ungleich sind, was gewöhnlich der Fall ist, kann man W_c entstanden denken aus:

$$W_c = W_v + (-W_n),$$

d. h. aus der Summe des Überdrucks der Verdrängung plus dem Unterdruck der Nachströmung, so daß man W_c auch schreiben kann:

$$W_c = f(C)\, 2\, F_w p_v + f(C)\, 2\, F_w p_n.$$

Der erste Summand bezeichnet den Überdruck, der zweite den Unterdruck gegenüber den bei Schiffstillstand ($v_s = 0$) auf der vorderen bzw. hinteren Schiffskörperprojektion vom Querschnitt F_w lastenden Drücken.

Während sonach, abgesehen von der Einwirkung von $f(C)$, die Verdrängungsarbeit $L_v = W_c v_s$ und damit die Widerstandsarbeit der Schiffsbewegung ohne Berücksichtigung der Reibungsarbeit eine ideale Abhängigkeit von der dritten Potenz der Schiffsgeschwindigkeit ergibt, können in Wirklichkeit durch $f(C)$ Änderungen dieses Verhaltens eintreten. Diese Änderungen äußern sich in bedeutenden Schwankungen der Leistungspotenz, und zwar vorwiegend in einer Erhöhung derselben, wenn man sie über der Geschwindigkeit v_s aufträgt.

Die Wasserreibungsarbeit zeigt eine ähnliche Charakteristik wie die Luftreibungsarbeit. Durch den Reibungsimpuls erfahren die dem Schiffskörper zunächst fließenden Wasserschichten, da ihr Reibungswiderstand gegen die außerhalb fließenden Schichten geringer ist, als gegen die Schiffswand, eine Beschleunigung in Richtung v_s. Diese verliert sich mit zunehmendem Abstand vom Schiff. Es ist daher außer der reinen Reibungsarbeit noch eine Beschleunigungsarbeit aufzubringen. Infolgedessen scheint die spezifische Wasserreibungsarbeit einer Änderung zu unterliegen, die in der Nähe der dritten Potenz über v_s liegt, wie aus dem Verhalten der Reibungsarbeit in Wasserbremsen mit glatten Scheiben zu schließen ist[1]).

59. Umwandlung der Verdrängungsarbeit in Wellenenergie.

Die Verdrängungsarbeit äußert sich unter allen Umständen in erster Linie in einer Steigerung der Druckhöhe (Wellenberg) am Vorschiff, die Nachströmarbeit in einer Verminderung der Druckhöhe (Wellental) am Hinterschiff. Dadurch tritt eine primäre Änderung des Auftriebs (Trimmänderung) ein. Das Schiff hebt sich vorn und senkt sich hinten.

Die Verdrängungswellen üben außerdem eine Rückwirkung auf das Schiff aus, so lange die Periode ihrer Eigenschwingung so kurz und ihre Abströmgeschwindigkeit so klein ist, daß ihre Wiederholungswelle noch den Schiffskörper trifft. Sie können weiterhin auch mit den Nachströmwellen in Interferenz treten, d. h. deren Wirkung sowohl vermehren als vermindern.

Die Erscheinungsformen und die Einwirkung oder besser Rückwirkung der Verdrängungswellen auf das Schiff sind demnach vielseitig und ändern sich mit der Schiffsgeschwindigkeit ständig. Die Verdrängungswellen scheinen nur bis zu einer gewissen kritischen Schiffsgeschwindigkeit die Zuströmung zum Hinterschiff zu unterstützen und dabei die Änderung der Widerstandsarbeit in der Höhe der dritten Potenz zu erhalten.

Nicht nur die Verdrängungarbeit äußert sich auf das umgebende Wasser durch Erzeugung von Wellen, sondern auch die Nachströmarbeit; deren Wirkung sind die Heckwellen. Ihre primäre Entstehung ist auf eine Stauwirkung des am Schiffsende von vorn zufließenden Zustroms und des hinter dem Schiff nachgeschleppten Nachstroms zurückzuführen. Ihre Mächtigkeit kann ebenso wie die der Bugwellen als Kennzeichen der Güte der Strömungsform des Schiffskörpers gelten, d. h. je günstiger diese ist, desto geringer werden die Bug- und Heckwellen in die Erscheinung treten.

60. Verdrängungswellen eines einfachen Körpers.

Wenn sich ein einfacher Körper, z. B. ein im Horizontalquerschnitt runder Stab A (Fig. 103), durch eine Wasseroberschicht bewegt, dann erzeugt er durch seine Verdrängungs- und Nachströmarbeit im

---

[1]) Auf eine diesbezügliche Kontrolle der vielen im Interesse des Schiffbaues unternommenen Versuche konnte sich der Verfasser leider nicht einlassen.

Wasser Veränderungen des Ruhezustandes, die in der Figur im senkrechten Längsschnitt und im Grundriß angedeutet sind. Auf der Verdrängungsseite entsteht direkt am Körper eine Hauptverdrängungswelle B. Diese fließt nach vorn in einige ihr vorgelagerte Resonanzwellen über, in der Hauptsache aber um den Körper herum, in den von diesem verlassenen wasserleeren Nachströmraum, weil das Gefälle zu diesem größer ist, als nach der Vorderseite. Das ist am besten aus dem in der Figur oben dargestellten Vertikalschnitt zu erkennen.

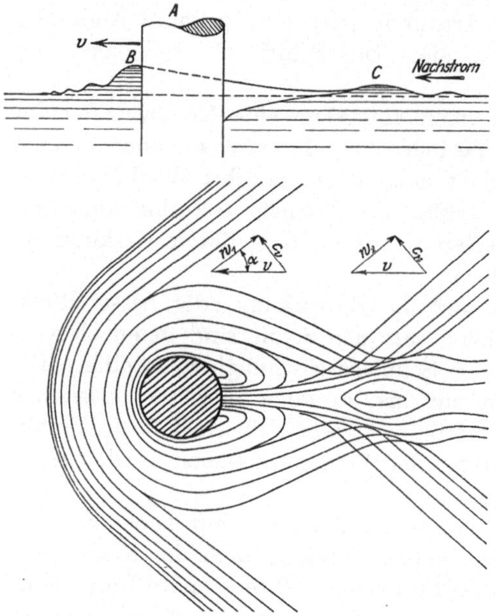

Die Einwirkung der Haupt-Verdrängungswelle auf ihre vorderen Resonanzwellen hört in dem Bogengebiet zwischen 0 und 90°, von der Richtung v ausgehend, auf, so daß die Wellen mit der ihnen endgültig erteilten absoluten Strömungsgeschwindigkeit c_v und der ihre Kammrichtung bestimmenden Relativgeschwindigkeit w_1 ablaufen. c_v ist eine komplizierte Funktion von v, die sich insofern sichtbar äußert, als mit zunehmendem v der Winkel α, den w_1 mit v einschließt, verkleinert.

Fig. 103. Schematische Darstellung der Strömungserscheinungen, die durch einen geradlinig bewegten Stab entstehen.

Der vom Körper verlassene wasserleere Raum wird nicht nur von dem ihm zufließenden Teil der Verdrängungswelle, sondern auch von einem in Richtung v einsetzenden Nachstrom aufgefüllt. Da beide einander zum Teil entgegengesetzte Strömungskomponenten aufweisen, erzeugen sie hinter dem Körper bei C eine Stauwelle, die gleichfalls mit der Geschwindigkeit v fortschreitet und einen Teil des von der vorderen Stabseite fließenden Zustroms in der absoluten Richtung c_n und der relativen w_2 reflektiert. Richtung und Größe von c_n und w_2 sind denen von c_v und w_1 ähnlich.

Nennt man die vorn abfließenden Wellen nach der analogen Bezeichnung der Schiffsprache Bugwellen, die hinten abfließenden Heckwellen, so kann man aussprechen, daß bei diesem in der Fahrtrichtung kurzen Körper die Bugwellen nur als untergeordnete Erscheinung auftreten, während der Hauptteil der erzeugten Verdrängungsarbeit im Nachstrom und in den Heckwellen erscheint.

61. Verdrängungs- und Nachströmwellen von Schiffskörpern.

Gibt man dem Körper eine günstige Verdrängungsform, also im Prinzip die eines Schiffes, so ändert sich das Bild der verursachten Wellenbewegung grundsätzlich nicht, wohl aber in den Nebenerscheinungen. Je länger der Schiffskörper oder je größer das Verhältnis: Schiffslänge zu Fahrtgeschwindigkeit ist, oder je stumpfer Vor- und Hinterschiffsform sind, um so deutlicher tritt eine Scheidung des Bugwellensystems vom Heckwellensystem ein. Beide zeigen die auffallende Erscheinung, daß Bug- und Heckwellen als eine Reihe ziegelartig hintereinander gelagerter Einzelwellen ablaufen, während der Schiffsantrieb bei konstanter Geschwindigkeit einen stets gleichbleibenden Impuls liefert. Die analytische Untersuchung dieser Erscheinung erfordert offenbar den Aufwand der gesamten Wellentheorie. Hier möge versucht werden, sie begrifflich zu erklären.

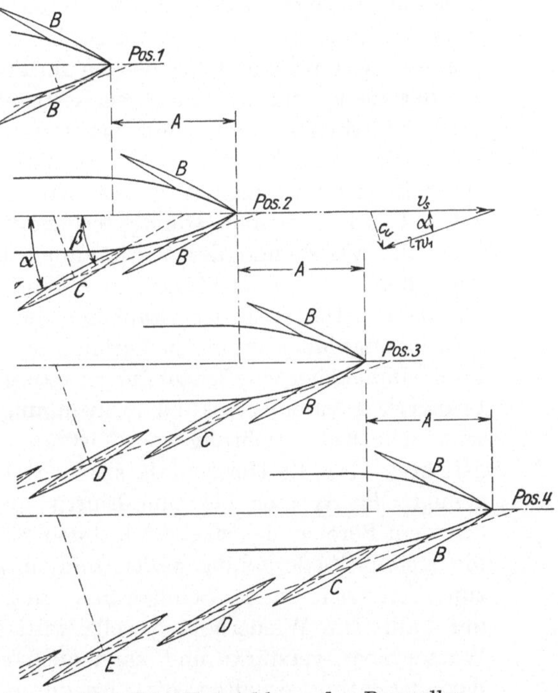

Fig. 104. Entwicklung der Bugwellen.

Die ihrem Energiewert nach die Verdrängungs- und Nachströmarbeit des Schiffes repräsentierenden Bug- und Heckwellen entstehen aus je einem, dem Schiff zunächst erscheinenden Primär-Wellenpaar, während die weiteren Wellen nur die rhythmischen Wiederholungen dieser sind.

Unter der Voraussetzung, daß ein Schiff auf glattem Wasserspiegel mit konstanter Geschwindigkeit fährt, bleibt die relative Lage des Bug- und Heckwellensystems zum Schiff stets die gleiche.

Fig. 104 möge das Vorderteil eines fahrenden Schiffes im Grundriß darstellen. In jeder der Positionen 2 bis 4 sei das Schiff gegen die vorhergehende Position um die gleiche Strecke A weitergefahren. Die zugehörigen, in den Figuren angedeuteten Bugwellenbilder würden sich, ebenso wie in zwischenliegenden Positionen, gegenseitig decken, wenn man die einzelnen Positionsbilder aufeinandergelegt denkt.

Im Bugwellensystem sind, ebenso wie im Heckwellensystem, zwei verschiedene Wirkungen der Verdrängungsarbeit zu erkennen. Erstens eine aus dem Tiefendruck hervorgehende Stauung über den Ruhewasserspiegel. Zweitens eine durch diese und die Seitenverdrängung erzeugte Horizontalströmung. Es entstehen zunächst am Schiffsbug die zwei primären Stauwellen B, (Pos. 1). Ihr Wasserinhalt wird mit der aus v_s und dem mittleren Keilwinkel α resultierenden Absolutgeschwindigkeit c_v vom Schiff verdrängt. Die Stauung der Primärwelle, die lediglich einen vertikalen Arbeitsimpuls enthält, wird mit der Schiffsgeschwindigkeit v_s vorwärts gedrängt und ihr Inhalt mit dieser Geschwindigkeit ständig erneuert. Die Stauung erfährt am Bug eine aus v_s und der Verdrängungsfläche folgende Reflexion, zufolge deren sie in Richtung eines Winkels ausschwingt, der größer ist als α. Die aus der Stauhöhe der Primärwelle hervorgehende Schwingungsdauer ergibt in Verbindung mit der primären Bewegungsgeschwindigkeit v_s eine Schwingungsweite, der zufolge die ausschwingende Primärwelle zu einer Sekundärschwingung C (Pos. 2 bis 4) wieder auftritt. Die Kammrichtung von C ist annähernd parallel zu der von B gerichtet. Da die Horizontalgeschwindigkeit c_v in vielen Fällen nicht genügt, das Wasser bis zum Eintritt der Wiederholungsschwingung aus dem Bereich des nachdrängenden Schiffes zu bringen, erscheinen die ersten Wiederholungswellen und unter Umständen auch weitere, zum Teil noch an der Schiffswand. In Fig. 104 wäre dies nur bei C der Fall. Die Wiederholungswelle wird dann durch nachdrängendes Wasser noch verstärkt und kann auch eine von B abweichende Reflexionsrichtung erhalten, die hier durch den Winkel β markiert ist. Die zweite Wiederholungsschwingung D und die folgende stehen in Fig. 104 nicht mehr unter dem Verdrängungseinfluß des Schiffes. Sie folgen im weiteren Verlauf lediglich den Schwingungsgesetzen, zufolge denen sich ihre Stauhöhe nach und nach vermindert, ihre Schwingungsweite und Kammlänge vergrößert. Das Wellensystem pflegt daher nicht in der ursprünglichen Relativrichtung w_1 zu verlaufen, sondern der Winkel β nimmt mit zunehmender Entfernung der Wellen vom Schiff gleichfalls zu.

Das Heckwellensystem bildet sich in ähnlicher Weise, wie schon in Abschnitt 60 erläutert. In vielen Fällen zeigt sich dabei die Erscheinung, daß die primären Heckwellen nicht erst hinter dem

Schiffskörper, sondern vor dessen Ende auftreten, sobald dieses nicht schlank, sondern verhältnismäßig stumpf ausläuft. Die Ursache hierfür dürfte darin zu suchen sein, daß bei stumpf auslaufenden Schiffen der Nachstrom besonders groß ist, und daß infolgedessen die von vorn und hinten einsetzende Nachströmung ihre, die Heckwellen erzeugende Stauung weiter nach vorn schiebt, als bei schlanken Schiffen.

Es ist hiernach offenbar, daß je nach der Form vom Vor- und Hinterschiff die beiden Wellensysteme verschieden beeinflußt werden können, d. h. daß je nach der Schärfe der beiden Enden entweder das eine oder das andere System mächtiger auftreten, also größere Arbeitswerte repräsentieren kann.

Deutlich voneinander getrennte Bug- und Heckwellen treten im allgemeinen nur bei kleinen Schiffsgeschwindigkeiten und bei langen Schiffskörpern auf. Es kommt auch vor, daß beide Wellensysteme mehr oder weniger ineinander verlaufen.

Beispiele für den Übergang des Bug- und Heckwellensystems in ein gemeinschaftliches Wellensystem bieten kleinere, verhältnis-

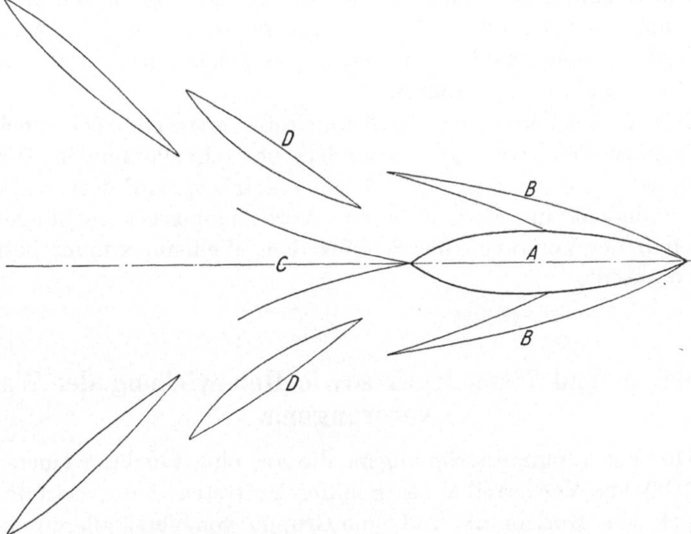

Fig. 105. Vereinigung des Bug- und Heckwellen-Systems.

mäßig schnellaufende Boote. Die in diesem Fall auftretende Wellenformation ist in Fig. 105 skizziert. A ist der Schiffskörper, B die Bugwelle und C die Nachströmwelle. Sowohl B wie C liefern ihre Stauenergie an Wiederholungswellen, die unter Umständen, wie in Fig. 105 gezeichnet, in einer gemeinschaftlichen Wiederholungswelle D vereinigt, auftreten können. Es folgt aus dieser Wellenkombination, daß das Schiffsheck im gemeinschaftlichen Tal der Verdrängungs- und Nachströmwellen läuft, wodurch die große Fahrttrimmänderung solcher Boote entsteht. Diese Erscheinung, die durch den Slipstrom der Propeller noch unterstützt wird, hat ihre Ursache in dem für kleine Schiffe ungünstigen Verhältnis zwischen Schiffslänge und Eigenschwingungslänge der erzeugten Wellen. Daraus ist zu schließen, daß das Bestreben, die seitlichen Verdrängungskomponenten auf Kosten des Tiefendruckes zu vermindern, für kleine Fahrzeuge zu günstigen Resultaten führt. Die entsprechende Bootsform ist unter dem Namen Gleitboot bekannt. Sie wird in den folgenden Abschnitten weiter erörtert.

Ändert ein gegebenes Schiff seine Geschwindigkeit, so wächst oder fällt damit der Verdrängungsimpuls, d. h. Stauhöhe und Wellenlänge der Primärwelle resp. ihr Energiewert. Daraus folgt, daß auch die Wellenwiederholungen sich in gleichem Sinne ändern. Bei steigender Geschwindigkeit werden sich alle Wiederholungen in gleicher Proportion weiter nach achtern verschieben. Damit muß sich auch ihr Reflexionswinkel β ändern, und ebenso wird, hauptsächlich durch den Einfluß der Änderung der v_s-Komponente von c_v, eine Änderung des Verdrängungswinkels α eintreten, dahingehend, daß α mit wachsender Geschwindigkeit abnimmt.

Die Verschiebung der Wellenmaxima erstreckt sich auch auf die Primärwellen, was man besonders bei schnellaufenden Torpedobooten beobachten kann. Wie leicht erklärlich, wird dort die Schiffsgeschwindigkeit im Verhältnis zur Verdrängungsgeschwindigkeit so groß, daß der Vorsteven des Schiffes dem Wellenmaximum beträchtlich vorauseilt.

62. Seiten- und Tiefendruck sowie Hebewirkung der Wasserverdrängung.

Die Verdrängungsströmungen, die am eingetauchten Querschnitt (Fig. 106) am Vorderteil eines Schiffes auftreten, kann man in zwei Gruppen von Horizontal- und eine Gruppe von Vertikalkomponenten zerlegen, welch letztere nach unten gerichtet sind. Die eine Horizontalkomponentengruppe läuft in Richtung v_s, und kann hier unberücksichtigt bleiben. Die normal zur Schiffsfahrlinie gerichteten Strömungs- resp. Druckkomponenten c_n können, über die Querschnitte verteilt, verschiedene Größe haben, die abhängig ist von dem Winkel, den die Schiffsaußenhaut an irgendeiner Stelle mit der Fahrtrichtung einschließt. In Fig. 106 ist angenommen, daß diese Winkel in Proportion zum eingezeichneten Hauptspant stehen, so daß die Größe der einzelnen Verdrängungsimpulse proportional der Normalentfernung zwischen Verdrängungsspant und Hauptspant gesetzt werden kann.

Die Horizontalkomponenten c_h rufen in der Hauptsache eine seitliche Abströmung hervor; da sich aber im Raum außerhalb gleichfalls Wasser befindet, treffen sie einen Widerstand, durch den sich bereits eine teilweise Stauung (Welle) bildet, die aber nicht die durch den Antriebsimpuls erhaltene Geschwindigkeit c_h behält, sondern

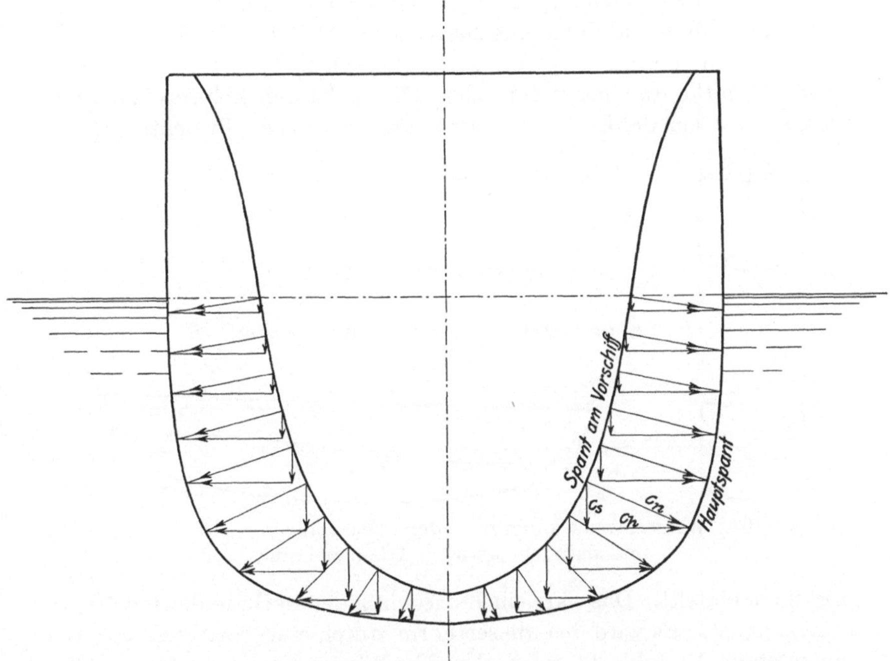

Fig. 106. Verdrängungswirkung am Vorschiff.

durch den äußeren Wasserwiderstand der Stauung entsprechend verzögert wird.

Die Vertikalkomponenten c_s können, wie schon bei den untergetauchten Schwimmkörpern erwähnt, ihre Verdrängungsarbeit nur durch Umlenkung nach oben auf das umgebende Wasser ausüben und bewirken dadurch zunächst eine Vergrößerung der Stauwelle. Durch c_s wird die Abströmgeschwindigkeit der Welle nur wenig, mehr dagegen deren Schwingungsenergie vergrößert.

63. Trimmänderung.

Stellt man sich die Projektion des eingetauchten Schiffes vor, so erfährt diese mit zunehmender Trimmänderung eine Vergrößerung. Für ein Schiff mit ebenem Boden (Fig. 107) ergibt sich sowohl eine Vergrößerung des Verdrängungsareals nach unten durch Tiefertauchen des Hinterschiffes, als auch eine solche nach oben durch die Stauwelle. Indem nun diese Vergrößerung den wirklichen Querschnitt der zu verdrängenden Wassermenge repräsentiert, folgt durch die Trimmänderung eine zusätzliche Erhöhung der Widerstandsarbeit. Man könnte folgern, daß eine solche Wirkung wenigstens an der Unterkante eines auf rundem Kiel gebauten Schiffes nicht eintritt, wenn wegen der Krümmung eine Vergrößerung der Projektionsfläche

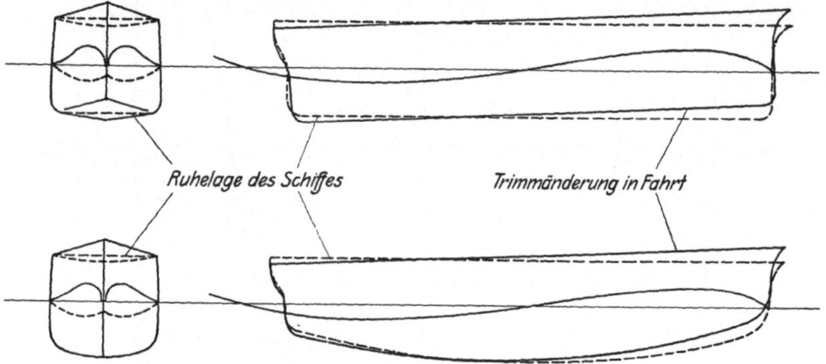

Fig. 107/108. Wasserniveau-Änderung infolge Verdrängung und Nachströmung und dadurch bewirkte Trimmänderung.

dort nicht eintritt. Das wäre ein Trugschluß, der an Hand der Fig. 108 zu erkennen ist. Es wird bei dieser Form durch eine relativ zu Fig. 107 eintretende Verschlechterung der Verdrängungswinkel des Schiffes ein Ausgleich für den erwähnten Vorteil eintreten. Dabei ist zu berücksichtigen, daß Fig. 108 für gleiche Wasserverdrängung von vornherein einen größeren Tiefgang am Hauptspant erhalten müßte.

Eine in dieser Hinsicht günstige Schiffsform ist die des Tetraeders, bei der mit zunehmender Schiffsgeschwindigkeit sogar eine Reduktion von F_w denkbar ist, die allerdings aus den gleichen Gründen wie bei Fig. 108 vorwiegend dadurch entsteht, daß der Anfangswert F_w relativ groß ist.

Nur die Gleitboote, bei denen die nach oben gerichtete Komponente des Verdrängungsdruckes mit steigender Geschwindigkeit einen ständig zunehmenden Teil des Deplacements aufhebt, haben die Eigenschaft, durch eine weitgehende Reduktion des Verdrängungsquerschnitts eine günstige Widerstandskurve aufzuweisen.

64. Einfluß der Trimmlage bei wachsender Schiffsgeschwindigkeit.

Wie bereits in Abschnitt 60 erörtert, wächst mit zunehmender Schiffsgeschwindigkeit die Höhe resp. Menge und Energie der primären Stauwelle und damit ihre Schwingungsdauer. Die Welle verschiebt sich nach achtern, und ebenso treffen ihre Wiederholungswellen den Schiffskörper immer weiter achtern. Die Wiederholungswellen können, sofern sie in das Nachströmgebiet des Schiffes gelangen, eine nützliche Wirkung haben, indem sie den Niveauausgleich zwischen Bug- und Heckwasser unterstützen. Diese Ausgleichwirkung kann so weit gehen, daß der Widerstandsexponent des Schiffes eine abnehmende Tendenz zeigt, bis die Wiederholungswelle mit dem Minimum der Nachströmniveausenkung zusammentrifft.

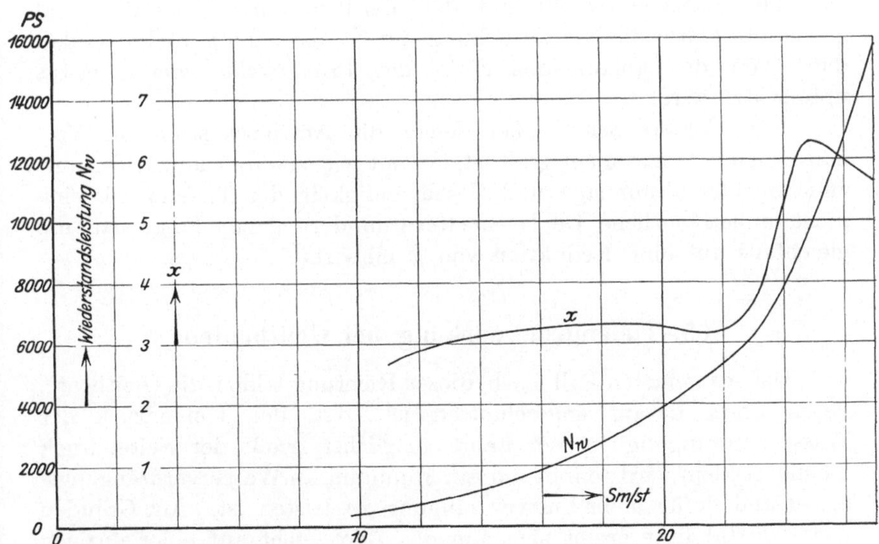

Fig. 109. Schleppkurve eines kleinen Kreuzers und Kurve ihres Leistungsexponenten.

Ein derartiges Verhalten ist an der in Fig. 109 reproduzierten Schleppkurve eines kleinen Kreuzers (der einzigen, die untersucht wurde) zu bemerken. Es ist dort außer der N_w-Kurve (in PS) noch die Kurve ihres Krümmungsexponenten x dargestellt, der sich aus der Wiederstandsleistung

$$N_w = C v_s^x$$

mit

$$x = \frac{\lg N_{w2} - \lg N_{w1}}{\lg v_{s2} - \lg v_{s1}}$$

für kleine Intervalle $v_{s2} - v_{s1}$ annähernd ergibt. Die x-Kurve zeigt, daß der Exponent, nachdem er sich bei 19 Sm/st. auf ein Maximum von ca. 3,35 erhöht, bis ca. 21,5 Sm. wieder etwas abnimmt.

Hier ergibt sich der kritische Punkt, in dem offenbar die Wiederholungswelle hinter dem Heck verschwindet. Ihre die Nachströmung unterstützende Wirkung hört auf, das Schiff legt sich plötzlich ins Gatt und ruft durch die mit der vermehrten Trimmlage verbundene Vergrößerung des Verdrängungsquerschnitts eine verstärkte Zunahme des Widerstandes hervor. Diese äußert sich in Fig. 109 dadurch, daß der Exponent x steigt, bis er bei ca. 25 Sm. ein Maximum von ca. 6,3 erreicht. Danach zeigt er wieder eine abnehmende Tendenz, eine Erscheinung, die besonders bei Torpedobooten auftritt. Man kann sich dabei vorstellen, daß das Maximum dann eintritt, wenn das Wellental der Resonanzwelle mit der Niveausenkung der Nachströmmung zusammenfällt und daß darüber hinaus das Wellental gleichfalls hinter die Niveausenkung der Nachströmung rückt, so daß diese von der ablaufenden Seite der Primärwelle wieder etwas unterstützt wird.

Für kleinere Schiffe, bei denen die Antriebsleistung im Verhältnis zum Deplacement groß ist, kommt wie erwähnt hinzu, daß mit zunehmender Trimmlage und Geschwindigkeit der Tiefendruck eine nicht unbeträchtliche Deplacementsverminderung zur Folge hat, die gleichfalls auf eine Reduktion von x einwirkt.

65. Tiefendruckwirkung bei Gleitbooten.

Den extremsten Fall nach dieser Richtung bilden die Gleitboote, deren Form darauf zugeschnitten ist, daß der Tiefendruck der Wasserverdrängung in der Fahrt möglichst groß, der Seitendruck möglichst klein wird, damit nur ein Minimum an Wasserverdrängungsarbeit und dafür mehr Luftverdrängung zu leisten ist. Aus Gründen der Fahrstabilität ergibt sich, um das Boot nicht auf einer einzigen kleinen Fläche pendeln zu lassen, die Zweckmäßigkeit der Anwendung zweier hintereinander liegender Gleitflächen, wie sie von Thornycroft eingeführt wurden. Durch diese findet das Boot auch während der Fahrt vorn und hinten je einen Stützpunkt, so daß es sich etwas besser für Fahrten in bewegtem Wasser eignet. Hauptsächlich aber dürfte ihre günstige Wirkung darin liegen, daß bereits nach der ersten Stufe ein Nachstrom eintritt, der die Senkung des Hinterschiffs, d. h. die Trimmlagenänderung vermindert.

Der Nachteil, daß sich der Systemschwerpunkt der Gleitboote im allgemeinen bei hohen Geschwindigkeiten über den Verdrängungsschwerpunkt schieben kann, macht sie stets unstabil und zu Fahrten im Seegang ungeeignet. Es ist allerdings nicht zu erkennen, welchen Vorteil die Stufen der Thornycroft-Gleitboote dadurch bieten, daß sie hinten scharf abgesetzt sind. Hinter den Absätzen müssen sich durch die plötzliche Druckentlastung des Wassers Wirbel bilden, die widerstandsvermehrend wirken. Es ist nach den allgemeinen Strömungserscheinungen anzunehmen, daß ein Gleitboot mit allmählichem Übergang der beiden Gleitflächen wegen günstigerer Nachströmbedingungen bessere Resultate ergibt.

66. Einfluß der Wassertiefe.

Es existieren, besonders über Torpedoboote, bei denen man zuerst auf die Erscheinung aufmerksam wurde, Messungen der Leistungskurven über verschiedenen Wassertiefen (bis unter 10 m). Aus diesen ergibt sich mit abnehmender Wassertiefe ein früheres Einsetzen des kritischen Gebietes der Leistungs- und Trimmkurve. Über 20 m Tiefe verschwindet der Tiefeneinfluß mehr und mehr, und es zeigt sich, daß auf tiefem Wasser bei den üblichen Formen schneller Schiffe das kritische Gebiet meistens in der Nähe von 22 Sm/st liegt.

Der somit experimentell gefundene Einfluß der Wassertiefe läßt sich auf Grund der dargelegten Anschauungen damit erklären, daß in seichtem Wasser durch die, den Strömungswiderstand des Wassers erhöhende Nähe des Meeresbodens die Abströmgeschwindigkeit der Verdrängungswellen am Vorschiff relativ verzögert, ihre Stauhöhe also vermehrt wird. Aus dem gleichen Grund verzögert sich die Nachströmgeschwindigkeit am Hinterschiff, die Niveaudifferenz und damit die Trimmlage und der Schiffswiderstand wachsen.

67. Schlußfolgerung über Schiffsformen.

Abgesehen von dem Verhältnis $\frac{F_w}{L}$ des eingetauchten Schiffskörpers, welches im wesentlichen für den Koeffizienten des Schiffswiderstandes bestimmend ist, muß das Streben nach günstiger Schiffsform darauf hinzielen, die kritische Geschwindigkeit über die beabsichtigte Fahrgeschwindigkeit hinaufzudrücken, oder sie überhaupt zu vermeiden. Die ideale Leistungskurve würde dann über den ganzen Verlauf in der Nähe der dritten Potenz über v_s bleiben.

Auf rein spekulativem Wege eine solche Form abzuleiten, scheint zu gewagt. Immerhin mag erwähnt sein, daß die untere Hälfte der in Fig. 101 für Torpedogeschosse angegebenen Form auch für Schiffsformen günstig sein sollte. Ihre Kennzeichen in bezug auf die

Widerstandserzeugung sind möglichst schlank verlaufendes Hinterschiff, um der durch die geringe verfügbare Druckhöhe bedingten kleinen Nachströmgeschwindigkeit Rechnung zu tragen, möglichste Unterdrückung des Tiefendruckes und dafür Verstärkung der Seitenverdrängung. Mit solchen Schiffsformen wird allerdings die Steuerfähigkeit beeinträchtigt, es müßte daher auf eine gute Ruderwirkung erhöhter Wert gelegt werden.

68. Horizontalruder zur Dämpfung der Stampf- und Schlingerbewegung von Schiffen.

An Stelle der gebräuchlichen Schlinger-Kiele und Tanks, mit denen man nur die Schlingerbewegung dämpfen kann, läßt sich in wirksamer Weise, weil eine größere Strömungsgeschwindigkeit zur Kraftentfaltung herangezogen werden kann, beim fahrenden Schiff eine Dämpfung durch Höhensteuer erreichen. Solche finden bereits,

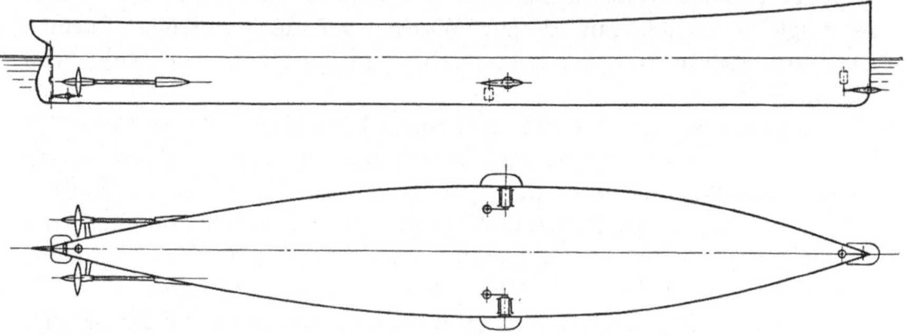

Fig. 110. Schiff mit Horizontalrudern.

wenn auch in der Hauptsache zu anderen Zwecken, Anwendung bei Unterseebooten, Torpedogeschossen, Luftschiffen und Flugzeugen. Da ihr Lenkdruck eine Funktion der Schiffsgeschwindigkeit und ihres nach Willen einzustellenden Drehwinkels ist, folgt ohne weiteres, daß bei viel geringerem Gewichtsaufwand und gegenüber Schlingerkielen wahrscheinlich auch geringerer Widerstandsarbeit der Zweck besser erüllt werden kann.

Man denke sich, wie in Fig. 110 angedeutet, zum Dämpfen der Stampfbewegung in der Nähe von Bug und Heck paarweise resp. zur Schiffsmitte symmetrische Horizontalruder, die um horizontale, querschiffs liegende Achsen drehbar angebracht sind. Richtet man die Steuerung der Ruder so ein, daß diese sich bei senkendem Schiffsende schräg nach vorn und oben, bei steigendem Schiffsende schräg nach vorn und unten stellen, so entwickeln sie durch ihre Stromablenkung eine Gegenkraft gegen die Stampfbewegung, die infolge ihres Angriffspunktes in der Nähe der Schiffsenden bei verhältnismäßig kleinen Flächen schon ein wirksames Gegenmoment auszuüben vermag.

In gleicher Weise lassen sich in der Nähe des Hauptspantes Ruder zum Dämpfen der Schlingerbewegung anbringen, von denen das Ruder einer Bordseite stets im umgekehrten Sinn gedreht werden muß als das der anderen Bordseite. Wenn diese Ruder beim Anlegen an Kais usw. stören, kann man sie so einrichten, daß sie sich einziehen lassen.

Für die Steuereinrichtung dieser Ruder sind diverse Lösungen möglich. Man kann hierfür entweder den Tiefendruck oder das Beharrungsvermögen von Horizontalpendeln, die durch Federn ausbalanziert sind, nutzbar machen und die Ruderbewegung entweder durch direkte Steuerung elektrischer oder hydraulischer Drehvorrichtungen oder unter Zwischenschaltung von Relais bewirken.

Die Ausströmung trockener Luft aus Mündungen.

69. Beziehungen zwischen Bewegungsgröße der Strömung und Gefäßrückdruck.

Die Ausströmung von Luft aus einer idealen Mündung zeigt dieselben charakteristischen Merkmale, wie die des Wasserdampfes[1]). Ebenso wie bei Wasser- und Dampfausströmung muß eine Mündung, die einen guten Wirkungsgrad der Energiewandlung aufweisen soll, eine verjüngte Form haben. Das gilt, wie bei Dampf, bis zum kritischen Gefälle. Darüber hinaus verlangt die Erfüllung der Kontinuitätsbedingung auch bei Luft eine sich erweiternde Mündungsfortsetzung. Der Rückdruck der Strömung äußert sich auch hier größtenteils durch den, auf die Flächenprojektion F_k der Gefäß- oder Mündungsrückwand, wirkenden Überdruck. (F_k ist der engste Mündungsquerschnitt.) Der Unterdruck auf der konvergenten Mündungswand ist wesentlich kleiner und beeinflußt die Strömungsmenge. Die ideale Antriebsgröße der Luft ist stets $P_r = \frac{G}{g} c$. Über dem Wärmegefälle h aufgetragen erscheint P_r als Parabel (Fig. 111 und Tabelle S. 166). Da für die Kurvenberechnung die Zahlenwerte G und g gleich gesetzt wurden, decken sich in Fig. 111 die P_r- und c-Kurve. Setzt man eine außerhalb von F_k erweiterte Mündung voraus, dann wird ein Teil der Antriebsgröße von der Projektion der äußeren Mündungserweiterung, z. B. $F_{a1} - F_k$ oder $F_{a2} - F_k$ übernommen. Dieser Betrag ergiebt sich wie folgt:

Auf die Mündungsprojektion entfällt der durch die P-Kurve dargestellte Anteil $P = F_k(p_1 - p_2)$, auf die innere Mündungsprojektion bis F_k die Differenz $P_r - P$. Diese erreicht bei F_k den Wert $P_{rk} - P_k$, der sich bei weiterer Gefällesteigerung, d. h. Reduktion von p_2 nicht ändert, sondern mit der Strömungsmenge konstant bleibt. Innerhalb F_k übernehmen Gefäß und Mündung daher einen Gesamtbetrag des

[1]) Siehe die Arbeit des Verfassers über den „Wirkungsgrad von Dampfturbinenbeschauflungen", Abschn. 9. Dort wurde der $Pr(F_k:F)$-Kurve eine unzutreffende Bedeutung zugeschrieben. D. Verf.

Strömungsrückdruckes, der durch die mit $P + (P_{rk} - P_k)$ bezeichnete Kurve zum Ausdruck kommt. Es verbleibt somit die Differenz zwischen dieser und der P_r-Kurve als der Betrag, der von der Projektion der äußeren Mündungserweiterung zu übernehmen ist. Das Verhältnis beider $\frac{P + (P_{rk} - P_k)}{P_r}$, dessen Kurve gleichfalls in Fig. 111 eingetragen ist, gibt also den idealen Betrag des Strömungsdruckes an,

$p_1 = 1$ kg/cm² abs.; $t_1 = 50^0$ C; $T_1 = 323^0$ C; $v_1 = 0{,}95$ m³/kg.

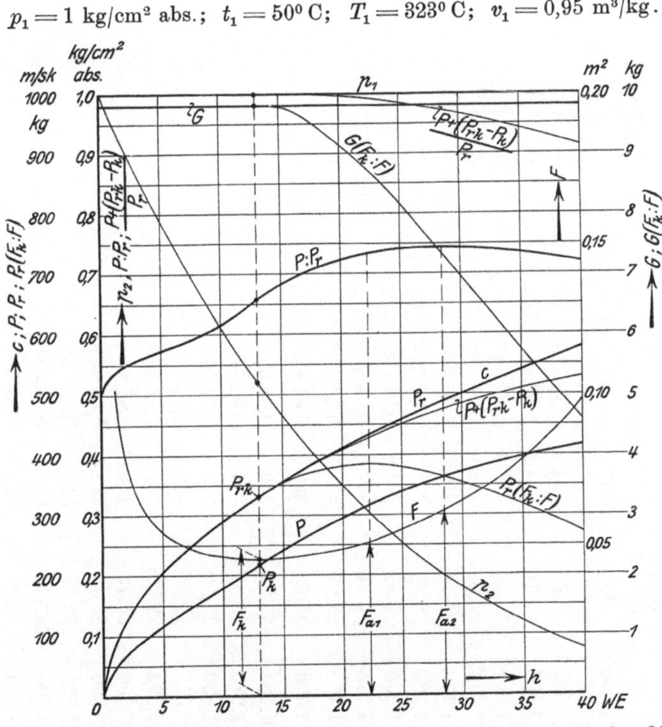

Fig. 111. Strömungswirkungen bei Ausfluß von Luft aus einer idealen Mündung.

der nutzbar gemacht werden kann, wenn eine Mündung ohne erweiterte Fortsetzung hinter F_k zur Anwendung kommt. Aus dem Verhalten der Kurve folgt, daß der Fortfall der äußeren Erweiterung anfangs und selbst noch bei dem doppelten kritischen Gefälle nur geringen Einfluß auf den Nutzeffekt haben kann.

Das Fortlassen der Erweiterung hat außerdem noch einige Nebenwirkungen, die auf eine Erklärung der eigenartigen Strukturänderungen hindeuten, welche in Dampf- und Luftströmen mit überkritischem Gefälle auftreten. Diese Strukturänderungen sind bei Sattdampf

Tabelle zu Fig. 111.

p_2 kg/cm² abs.	$p_1 - p_2$ kg/m²	T_2 ° C abs.	$T_1 - T_2$ ° C abs.	v_2 m³/kg	$h = 0{,}2385 \times (T_1 - T_2)$ WE	$c = 91{,}5\sqrt{h}$ m/sk	$F = \frac{G \cdot v_2}{c}$ m²	$\frac{G}{F}$ kg/m²/sk	$P = F \cdot (p_1 - p_2)$ kg	$P = F_k \cdot (p_1 - p_2)$ kg	$P_r = \frac{G \cdot c}{g}$ kg	$P_r \cdot \frac{F_k}{F}$ kg	$P : P_r$
0,95	500	318,50	4,50	0,982	1,07	94,6	0,10 170	96,5	50,8	—	94,6	—	0,5375
0,90	1000	313,94	9,06	1,020	2,16	134,5	0,07 440	131,2	74,4	—	134,5	—	0,5530
0,85	1500	309,00	14,00	1,065	3,34	167,2	0,06 250	156,9	93,8	—	167,2	—	0,5600
0,80	2000	303,80	19,20	1,115	4,58	196,0	0,05 580	175,9	111,6	—	196,0	—	0,5695
0,75	2500	298,10	24,90	1,172	5,94	223,0	0,05 160	190,0	129,0	—	223,0	—	0,5790
0,70	3000	292,22	30,78	1,235	7,34	248,0	0,04 885	201,0	146,5	—	248,0	—	0,5890
0,65	3500	286,02	36,98	1,300	8,82	271,8	0,04 690	209,0	164,0	—	271,8	—	0,6040
0,60	4000	279,43	43,57	1,375	10,39	294,9	0,04 570	214,3	182,8	—	294,9	—	0,6200
0,55	4500	272,60	50,40	1,465	12,02	317,3	0,04 530	216,6	203,5	—	317,3	—	0,6410
0,52	**4800**	**268,50**	**54,50**	**1,520**	**13,00**	**330,0**	**0,04 520**	**217,0**	**217,0**		**330,0**		**0,6580**[1]
0,50	5000	265,30	57,70	1,564	13,72	339,0	0,04 525	—	—	226,0	339,0	338,8	0,6665
0,45	5500	257,80	65,20	1,675	15,61	361,8	0,04 542	—	—	248,5	361,8	360,0	0,6870
0,40	6000	249,30	73,70	1,830	17,66	384,6	0,04 668	—	—	271,2	384,6	372,4	0,7050
0,35	6500	239,70	83,30	2,015	19,85	407,6	0,04 850	—	—	293,8	407,6	379,8	0,7208
0,30	7000	229,80	93,20	2,230	22,22	431,7	0,05 070	—	—	317,3	431,7	385,0	0,7350
0,25	7500	217,20	105,80	2,550	25,15	458,8	0,05 452	—	—	339,0	458,8	380,4	0,7390
0,20	8000	204,00	119,00	3,000	28,40	487,0	0,06 040	—	—	361,6	487,0	364,3	0,7420
0,15	8500	188,00	135,00	3,680	32,20	519,2	0,06 955	—	—	384,2	519,2	337,3	0,7400
0,10	9000	166,50	156,50	4,900	37,35	559,2	0,08 600	—	—	406,7	559,2	293,8	0,7272
0,08	9200	156,20	166,80	56,50	39,80	577,3	0,09 600	—	—	415,7	577,3	271,8	0,7200

[1]) Kritischer Zustand.

Tabelle zu Fig. 112.

p_2	$p_1 - p_2$	T_2	$T_1 - T_2$	v_2	$h = 0{,}2385 \times (T_1 - T_2)$	$c = 91{,}5\sqrt{h}$	$F = \frac{G \cdot v_2}{c}$	$\frac{G}{F}$	$P = F \cdot (p_1 - p_2)$	$P = F_k(p_1 - p_2)$	$P_r = \frac{G \cdot c}{g}$	$P_r \cdot \frac{F_k}{F}$	$P : P_r$
kg/cm² abs.	kg/m²	°C abs.	°C abs.	m³/kg	WE	m/sk	m²	kg/m²/sk	kg	kg	kg	kg	
9,5	5 000	318,47	4,53	0,0980	1,08	95,0	0,010 100	971	50,50	—	95,0	—	0,5315
9,0	10 000	313,69	9,31	0,1016	2,22	136,2	0,007 310	1341	73,10	—	136,2	—	0,5365
8,5	15 000	308,67	14,33	0,1060	3,42	169,1	0,006 150	1595	92,20	—	169,1	—	0,5455
8,0	20 000	303,30	19,70	0,1105	4,70	198,3	0,005 465	1793	109,30	—	198,3	—	0,5510
7,5	25 000	297,85	25,15	0,1158	6,00	224,0	0,005 070	1935	126,80	—	224,0	—	0,5665
7,0	30 000	291,98	31,02	0,1220	7,40	249,0	0,004 805	2040	144,15	—	249,0	—	0,5795
6,5	35 000	285,90	37,10	0,1290	8,85	272,3	0,004 640	2115	162,20	—	272,3	—	0,5955
6,0	40 000	279,30	43,70	0,1365	10,42	295,5	0,004 535	2160	181,40	—	295,5	—	0,6140
5,5	45 000	272,40	50,60	0,1450	12,07	317,8	0,004 477	2192	201,50	—	318,0	—	0,6340
5,3	**47 000**	**269,75**	**53,25**	**0,1487**	**12,70**	**326,0**	**0,004 475**	**2192**	**210,30**	—	**326,0**	—	**0,6455** [1]
5,0	50 000	265,20	57,80	0,1550	13,78	339,6	0,004 477	—	—	223,8	339,6	339,4	0,6590
4,5	55 000	257,50	65,50	0,1675	15,62	361,8	0,004 542	—	—	246,0	361,8	356,3	0,6800
4,0	60 000	248,80	74,20	0,1825	17,70	385,0	0,004 649	—	—	268,5	385,0	370,6	0,6972
3,5	65 000	239,40	83,60	0,2000	19,95	408,7	0,004 800	—	—	291,0	408,7	381,0	0,7120
3,0	70 000	229,30	93,70	0,2240	22,35	432,5	0,005 040	—	—	313,2	432,5	384,0	0,7240
2,5	75 000	217,20	105,80	0,2550	25,23	459,8	0,005 440	—	—	335,6	459,8	378,3	0,7295
2,0	80 000	203,40	119,60	0,3000	28,53	488,7	0,006 020	—	—	358,0	488,7	363,3	0,7325
1,4	86 000	183,60	139,40	0,3800	33,25	528,0	0,007 060	—	—	385,0	528,0	334,7	0,7290
1,0	90 000	167,00	156,00	0,4700	37,20	558,0	0,008 260	—	—	402,7	558,0	302,3	0,7220

[1]) Kritischer Zustand.

ohne weiteres sichtbar. Gute photographische Abbildungen derselben haben u. a. P. Emden[1]) und zuletzt Stodola[2]) geliefert.

Es sei vorausgesetzt, daß die Luft nach Verlassen der Mündungsöffnung F_k adiabatisch weiter expandiert, daß ihr Querschnitt demnach der F-Kurve folgt. Dann tritt ein Teil der Strömungsmenge aus der Zylinderprojektion F_k, d. h. aus dem Wirkungsbereich des Antriebs, aus und innerhalb F_k bleibt nur der Betrag $G(F_k:F)$; (siehe Kurve Fig. 111). Der Anteil der Antriebsgröße, den diese abnehmende Menge aufnimmt, wenn sie auf die Geschwindigkeit c beschleunigt wird, ist durch die Kurve $P_r\ (F_k:F)$ gegeben. Im Gefäß entsteht daher ein Überschuß des nutzbaren Beschleunigungsdruckes aus $P+(P_{rk}-P_k)-P_r(F_k:F)$, der bewirkt, dass die Menge $G(F_k:F)$ auf eine höhere als die Momentangeschwindigkeit c beschleunigt wird. Infolgedessen wird der Strömungsquerschnitt der Menge $G(F_k:F)$ wieder kleiner als F_k, und von der umgebenden Strömungsmenge tritt wieder ein Teil in den Bereich von F_k ein, um an der Weiterbeschleunigung teilzunehmen. Dieser Vorgang dauert so lange, bis Gleichgewicht zwischen dem Beschleunigungsdruck und der Antriebsgröße der in der Projektion von F_k strömenden Menge hergestellt ist, welcher Zustand vermutlich in dem Knotenpunkt der aus den erwähnten Photographien erkennbaren ersten Strömungswelle der Fall ist. Dort findet eine durch die Elastizität der Strömungsmenge bedingte Reflexion statt, derzufolge der weiterfließende Strahl wieder divergiert. Auf einigen der Emdenschen Photographien sind hinter der primären Strömungswelle eine Anzahl Wiederholungswellen zu erkennen.

Als Abweichung gegen die erwähnten, für Wasserdampf ermittelten Parallelkurven ist noch der nach oben durchgebogene Anfang der $P:P_r$-Kurve zu erwähnen. Es wurde nicht näher untersucht, ob diese Erscheinung ihren Grund im Wesen der Luftströmung hat, oder in Ungenauigkeiten der benutzten Entropietafel begründet ist.

Da die $P:P_r$-Kurve ihren Anfang bei dem für Wasserausströmung geltenden Wert 0,5 nimmt, ist es berechtigt, für sehr kleine Geschwindigkeiten, wie sie z. B. bei der Windturbine, dem Luftpropeller, dem Segel und Flügel in Betracht kommen, mit konstantem γ zu rechnen.

Zur Kontrolle wurde die gleiche Untersuchung für den Anfangszustand $p_1 = 10$ kg/cm², $t = 50^0$ vorgenommen, deren Rechnungsresultate in Fig. 112 graphisch dargestellt sind und ein identisches

[1]) Paul Emden, „Die Ausströmungserscheinungen des Wasserdampfes". München 1903.

[2]) Prof. Dr. A. Stodola, „Die Unterkühlung beim Ausfluß gesättigten Dampfes". Schweiz. Bauzeitung, Band LXI.

Verhalten der Kurven auch in bezug auf den erwähnten Buckel im Anfang der $P:P_r$-Kurve zeigen. Es ist daraus zu schließen, daß diese Erscheinung einen charakteristischen Unterschied der Ausströmung von Luft und Dampf bedeutet.

Die für Fig. 112 berechnete Tabelle siehe S. 167.

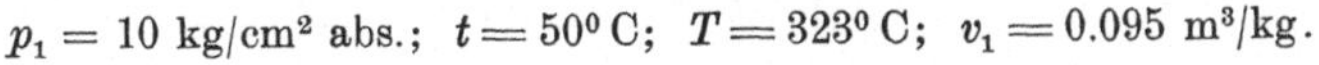

$p_1 = 10$ kg/cm² abs.; $t = 50^0$ C; $T = 323^0$ C; $v_1 = 0.095$ m³/kg.

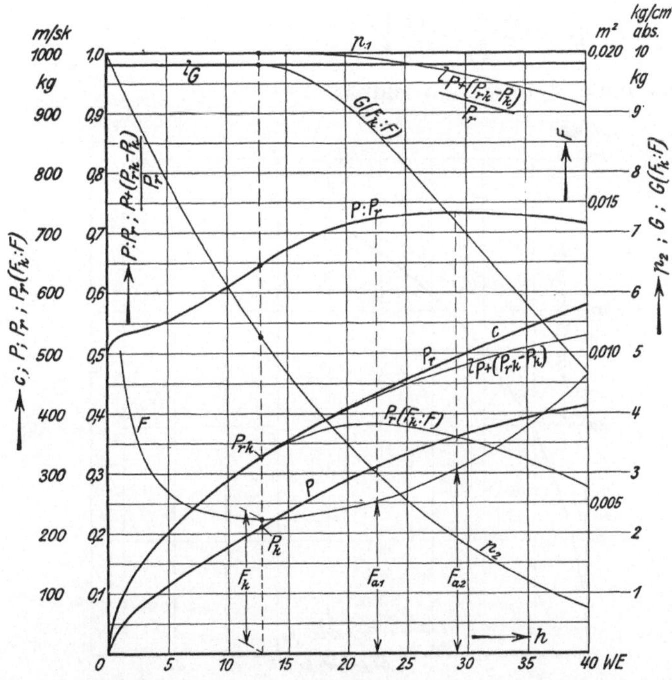

Fig. 112. Strömungswirkungen bei Ausfluß von Luft aus einer idealen Mündung.

70. Kurve der spezifischen Durchflußmenge.

Trägt man die spezifischen Durchflußmengen $\frac{G}{F}$ über p_2 auf, dann ergibt sich ebenso wie bei Wasserdampf, daß die Kurvenpunkte, und zwar mit noch größerer Annäherung, auf einer Ellipse mit den beiden Halbaxen $p_1 - p_2$ und $\frac{G}{F_k}$ liegen (s. Fig. 113). Da sich ein Kreis leichter genau darstellen läßt, als eine Ellipse, ist in Fig. 113 der Maßstab so gewählt, daß beide Halbaxen gleiche Strecken bilden. Die in Tabelle S. 166 für $\frac{G}{F}$ bis zum kritischen Punkt gerechneten Werte sind in der Kurve markiert.

Die für Dampf abgeleiteten Formeln:

$$p_1 - p_2 = p_1 - p_k - \frac{F}{G_m}(p_1 - p_k)\sqrt{\left(\frac{G_m}{F}\right)^2 - \left(\frac{G}{F}\right)^2}$$

$$= (p_1 - p_k)\left[1 - \sqrt{1 - \left(\frac{G}{F}\right)^2\left(\frac{F}{G_m}\right)^2}\right]$$

und

$$\frac{G}{F} = \frac{G_m}{F}\frac{p_1 - p_2}{p_1 - p_k}\sqrt{2\frac{p_1 - p_k}{p_1 - p_2} - 1}$$

sind hier ohne weiteres anwendbar.

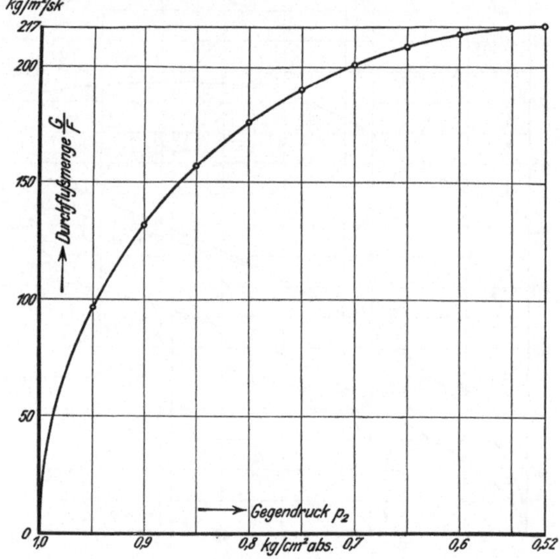

Fig. 113. Spezifische Durchflußmenge für $p_1 = 1$ kg/cm² abs.; $t_1 = 50^0$.

71. Näherungsformeln für die Beziehung zwischen Strömgeschwindigkeit und Druckabfall, sowie Vergleich mit der Hydraulik.

Es ist außerdem erwünscht, eine einfache Beziehung zwischen p_2 und c zu finden. Hierfür ergibt sich eine angenäherte Lösung, wenn man

$$c = (p_1 - p_2)^x$$

setzt und nach den Werten der Tabelle S. 166 die Potenz:

$$x = \frac{\lg c}{\lg (p_1 - p_2)}$$

berechnet. Damit erhält man die in Fig. 114 dargestellte Kurve. Diese beginnt für $c = 0$ und $p_1 - p_2 = 0$ mit dem Wert 1, und fällt bereits bei $p_2 = 0{,}90$ auf den Näherungswert 0,71, von dem sie sich bis zum Nullpunkt $p_2 = 0$ nicht wesentlich entfernt. Der Minimalwert liegt bei p_k und beträgt 0,684. Für grobe Rechnungen kann man sich daher mit einem einzigen Mittelwert begnügen; für genauere Rechnungen kann man innerhalb des in Betracht kommenden Gebietes aus der Kurve interpolieren.

Ist an Stelle von $p_1 - p_2$ die Geschwindigkeit c gegeben, dann wird der Druckabfall gefunden aus:

$$p_1 - p_2 = c^{\frac{1}{x}} = \frac{\lg c}{x}.$$

Auch die Kurve für $\frac{1}{x}$ ist in Fig. 114 eingetragen.

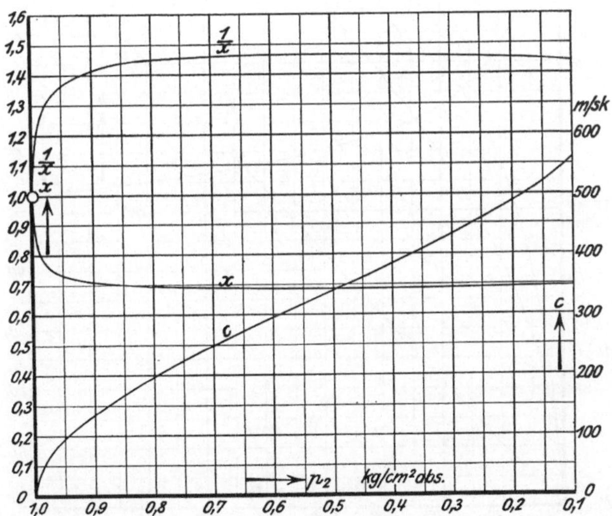

Fig. 114. Kurven der Exponentialbeziehungen zwischen Druckgefälle und Strömgeschwindigkeit. $p_1 = 1$ kg/cm² abs.; $t_1 = 50^0$ C.

Um insbesondere zu zeigen, wie die Zustandsänderungen verlaufen, die bei der Ausnutzung oder Erzeugung von Windströmungen eintreten, sind die zum Druckgebiet 1 bis 0,91 kg/cm² gehörigen Kurven der Fig. 114 in Fig. 115 nochmals in stark vergrößertem Maßstab dargestellt.

Die Exponenten x und $\frac{1}{x}$ wurden außerdem noch für den Anfangsdruck $p_1 = 10$ kg/cm² berechnet und in Fig. 116 dargestellt.

Vergleicht man hiermit das Verhalten hydraulischer Strömungen, so ist zu setzen:

$$c = \sqrt{\frac{2\,g}{\gamma}(p_1 - p_2)} = K(p_1 - p_2)^{\frac{1}{2}}$$

resp.

$$p_1 - p_2 = \frac{1}{K}\,c^2.$$

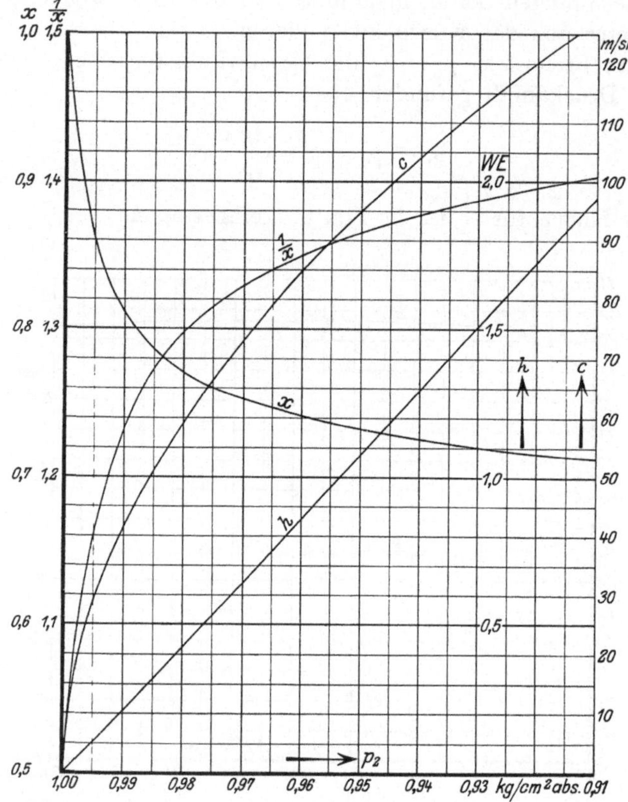

Fig. 115. Kurven Fig. 114 für das Druckgebiet 1 bis 0,91 kg/cm² abs. in vergrößertem Maßstab.

Während also nach Abschn. 68 die Gasströmung, soweit die Beziehungen zwischen Bewegungsgröße und Gefäßrückdruck in Betracht kommen, sich bei kleinen Druckgefällen dem hydraulischen Vorgang nähert, zeigt die Beziehung zwischen dem Druckgefälle und der Strömgeschwindigkeit das umgekehrte Verhalten:

Die Exponenten x und $\frac{1}{x}$ der Luftströmung nähern sich mit zunehmendem Druckgefälle den konstanten Werten 0,5 und 2 der hydraulischen Strömung und zwar, wie der Vergleich der Fig. 114 und 116 ergibt, um so mehr, je höher der Anfangsdruck p_1 ist. Sowohl x wie $\frac{1}{x}$ streben hingegen für Luft bei sehr kleinen Druck-

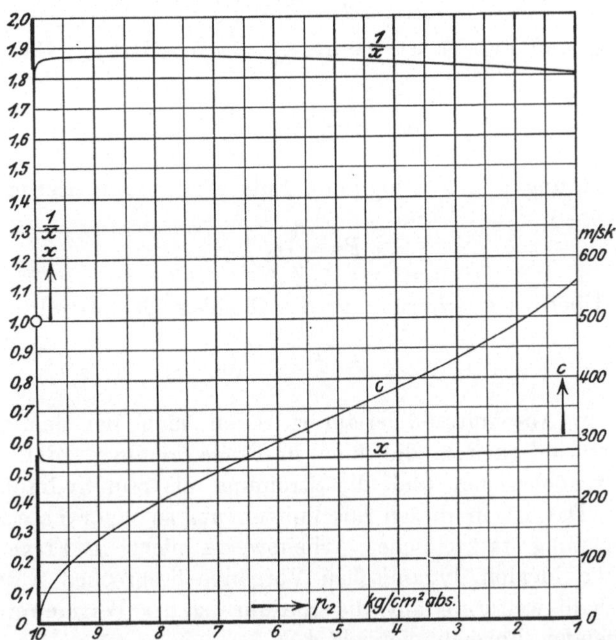

Fig. 116. Kurven der Exponentialbeziehungen zwischen Druckgefälle und Strömgeschwindigkeit. $p_1 = 10$ kg/cm² abs.; $t_2 = 50^0$ C.

differenzen resp. Strömgeschwindigkeiten dem Wert 1 zu. Für die bei Segeln, Windturbinen uud Flügeln in Frage kommenden kleinen Windgeschwindigkeiten besteht daher annähernde Proportionalität zwischen Strömgeschwindigkeit und Druckgefälle.

Schiffssegel.

72. Grundlagen der Arbeitsübertragung auf das Segel.

Das Schema der Überdruckturbine Fig. 37 kann man ohne weiteres auf Dampf oder Luft anwenden. Es ist nur erforderlich, die Endquerschnitte der Leitvorrichtung und der Laufschaufeln den zu den Geschwindigkeiten c_e resp. w_2 gehörigen Volumenänderungen anzupassen. Auf Luft oder Dampf bezogen ist das verfügbare Gefälle gegeben durch:

$$N = \frac{A}{2g} w_2{}^2 = \frac{A}{2g} c^2,$$

das nutzbare durch:

$$N_n = \frac{A}{g} u c_{2u}.$$

Mit Bezug auf Fig. 37 ist hierin $c_{2u} = w_2 \cos\beta - u$. Das Nutzverhältnis ist:

$$\eta_n = \frac{2 u c_{2u}}{c^2},$$

die in Richtung u pro Kilogramm Luft wirkende Antriebskraft:

$$P = \frac{1}{g} c_{2u}$$

und das Überdruckverhältnis, in der Gefällsgröße ausgedrückt,

$$\varrho = \frac{w_2{}^2 - w_1{}^2}{c^2}.$$

Wie in Abschnitt 68 erläutert, kann man bei den niedrigen Strömgeschwindigkeiten, die hier in Frage kommen, die Änderung von γ vernachlässigen und die Strömung als rein hydraulische behandeln. Das ist in diesen Abschnitten um so mehr berechtigt, als die Berechnung tatsächlicher Arbeitswerte nicht in Frage kommt, da nur die idealen dynamischen Vorgänge besprochen werden. Es wird deshalb weiterhin auf die Einführung der Wärmewerte in die vorkommenden Formeln verzichtet.

Läßt man in einer nach Fig. 37 für Luftbetrieb gedachten Turbine das Gefälle der Leitvorrichtung, d. h. die Geschwindigkeit c_e, die hier mit c_0 bezeichnet sei, unter Beibehaltung von dessen Richtung wachsen, wie das in Fig. 117 in verschiedenen Stufen angedeutet ist, dann ändert sich, konstantes u vorausgesetzt, nichts an w_2 und c_2. Ebenso wie N bleiben P, η_n und $\frac{u}{c}$ konstant. Von den für die Turbine charakteristischen Merkmalen ändern sich nur die Verhältnisse $\frac{u}{c_0}$ und ϱ, und zwar beide in gleichem Sinn. Wenn $\frac{u}{c_0}$ seinen Grenzwert $= \frac{u}{c}$ erreicht, wird $\varrho = 0$. D. i. im vorliegenden Beispiel, mit $\beta = 26^0\, 34'$; ($\operatorname{tg}\beta = 0{,}5$) bei $\frac{u}{c} = \frac{u}{c_0} = 0{,}447$. Die Turbine hat dann das Kennzeichen der reinen Druckturbine. Die Änderung der beiden Verhältnisse ist in Fig. 117a über ϱ, in Fig. 117b über $\frac{u}{c_0}$ dargestellt. In

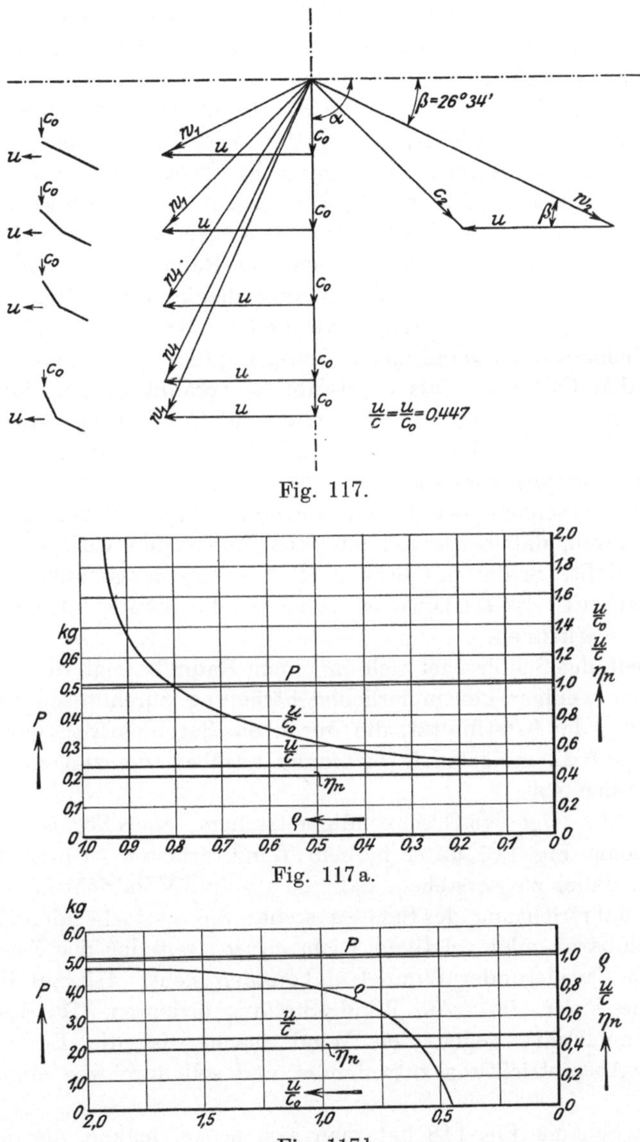

Fig. 117.

Fig. 117 a.

Fig. 117 b.

Übergang vom Geschwindigkeitsschema der reinen Überdruckturbine in das des Schiffssegels.

Übereinstimmung damit, daß der Überdruck sich allmählich in einen Umlenkungsdruck verwandelt, geht die Laufschaufel aus der geradlinigen Form in eine mehr und mehr gekrümmte über. In Fig. 117

sind links die Schaufelformen durch die Ein- und Austrittstangenten, d. h. durch die Richtungen von w_1 und w_2 für vier verschiedene Geschwindigkeitsgrößen von c_0 angedeutet.

Obgleich die Turbine nach Fig. 37 nur ein Nutzverhältnis $\eta_n = 0,4$ hat, das günstigstenfalls (bei $\beta = 0$) den Wert 0,5 erreichen kann, darf man ihr eine praktische Bedeutung nicht absprechen. Für den vorstehend abgeleiteten Fall mit $c_0 = c$ resp. $\varrho = 0$ liefert sie die Einführung in die Theorie des Windmühlenflügels und des Schiffssegels.

Sobald man sich c_0 durch eine im Raum herrschende Windströmung gegeben denkt, kann offenbar die in der Turbine zu ihrer Erzeugung notwendige Leitvorrichtung fortfallen. Es ist gleichzeitig die Möglichkeit einer geradlinigen Bewegung der Laufschaufel gegeben, die für den Fall $\varrho = 1$ als unausführbar erkannt wurde. Diese Art der Arbeitsübertragung findet praktische Anwendung durch das Schiffssegel, welches demnach als Turbinenlaufschaufel zu betrachten ist. Der Strömungsvorgang, der sich bei der Turbine mit begrenzter Menge im geschlossenen Kanal vollzieht, unterscheidet sich beim Segel dadurch, daß sozusagen nur eine Kanalwand wirksam ist und der beeinflußte Strömungsquerschnitt, d. h. die Menge unbegrenzt im Raum verläuft. Es sei zunächst versucht, die daraus folgenden Wirkungen zu erkennen.

Indem das Schiffssegel sich in einem Raum bewegt, der von einer mehr oder weniger kontinuierlichen Strömung durchflossen ist, muß die Störung der Kontinuität, die durch das Segel eintritt, eine Rückwirkung auf die umgebende Strömung ausüben, die zunächst untersucht werden soll.

Fig. 118 zeigt das Geschwindigkeitsschema eines Segels, das nach dem Schema Fig. 117 unter halbem Wind arbeitet. Unter halbem Wind ist dabei zu verstehen, daß die absolute Windrichtung c_0 unter 90^0 zur Fahrtrichtung des Schiffes steht. Sie ist nicht identisch mit der scheinbaren oder relativen Richtung w_1, mit der der Segler den Wind am Stander oder Wimpel einkommen sieht. Hierauf bezogen würde die Figur eine „Am Wind“-Stellung bedeuten. Da das Schiff aber keine Fahrt gegen den Wind macht, ist die Bezeichnung nach der Absolutrichtung zutreffender und soll durchweg angewandt werden.

Das Schema Fig. 118 hat man sich so zu denken, als ob man den Windstrom innerhalb der Segelbreite B vom Schiff aus beobachtet. Der einkommende Wind, der durch einen Wimpel in Luv angezeigt wird, hat die scheinbare Richtung w_1, die sich aus der absoluten c_0 und der Schiffsgeschwindigkeit u ergibt. An der Achterkante des Segels bezeichnet w_2, d. h. die Endrichtung des Segels, die scheinbare und c_2 die wirkliche Richtung des ablaufenden Windes.

Denkt man sich die Menge des vom Segel beeinflußten Windes von der unbeeinflußten scharf abgegrenzt, dann erkennt man, daß durch die Ablenkung des Segels vor diesem Luft verschwindet, daß die abgelenkte Luft dagegen beim Austritt aus dem Segel in einen Raum strömen muß, der bereits mit Luft vom Bewegungszustand c_0 angefüllt ist. Daraus folgt, daß vor dem Segel ein Unterdruck unter den Luftdruck p_0 entsteht, der die Treibkraft unterstützt, da hinter dem Segel der Luftdruck neben dem Ablenkungsdruck weiterbesteht. Andererseits geht von der wirksamen Strömung ein Teil für die Nutzarbeit verloren, da hiervon die Verdrängungsarbeit der hinter

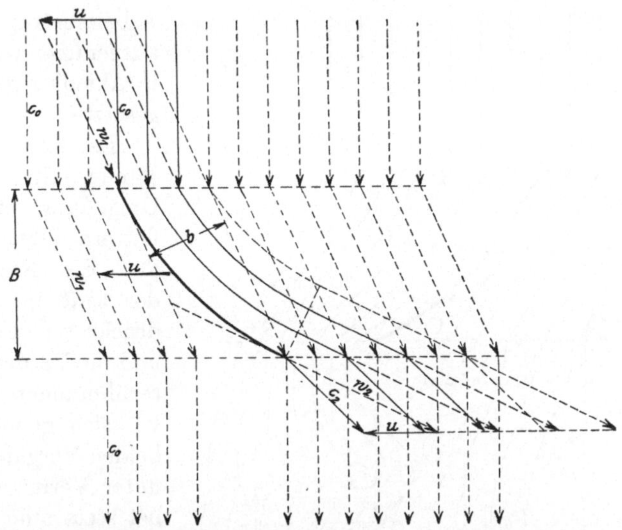

Fig. 118. Strömungsschema eines Schiffssegels unter halbem Wind.

dem Segel befindlichen Luft zu bestreiten ist. Eine mathematische Ermittlung dieser Arbeitsgrößen erscheint wegen der Unbestimmbarkeit der im Raum verlaufenden wirksamen Luftmenge nicht möglich. Es erscheint aber berechtigt, anzunehmen, daß die Verdrängungsarbeit durch die Arbeitsleistung des Unterdruckes gerade aufgehoben wird, wenn der relative Ein- und Austritt ohne Stoß erfolgt und die gesamte Strömung ohne Wirbel verläuft. Tritt Stoßwirkung ein, d. h. wird u kleiner, als nach dem idealen Geschwindigkeitsschema, dann wird die Druckdifferenz zwischen Hinter- und Vorderfläche des Segels wachsen. Das wird stets der Fall sein während der Beschleunigungsperiode des Schiffes und im allgemeinen, um so mehr, je kleiner die Segelfläche im Verhältnis zum Schiffswiderstand ist.

Aus diesen Gründen kann das Segel nur im Idealfall als reine Freistrahl-Turbinenschaufel gelten; praktisch wird sich die Treibkraft stets aus Ablenkungs- und Überdruck zusammensetzen, d. h. ein Teil der einkommenden Strömungsgeschwindigkeit wird in Druck verwandelt.

Die Absolutwerte des entstehenden maximal möglichen Über- resp. Unterdrucks lassen sich nach Abschnitt 69 angenähert berechnen. Sie ergeben in Anbetracht der kleinen in Frage kommenden Geschwindigkeiten kaum meßbare Werte. Trotzdem werden dadurch unerwünschte Strömungsablenkungen hervorgerufen, denen zufolge der in Überdruck umgesetzte Arbeitsbetrag schlechter ausgenutzt wird als der in Ablenkungsdruck umgesetzte.

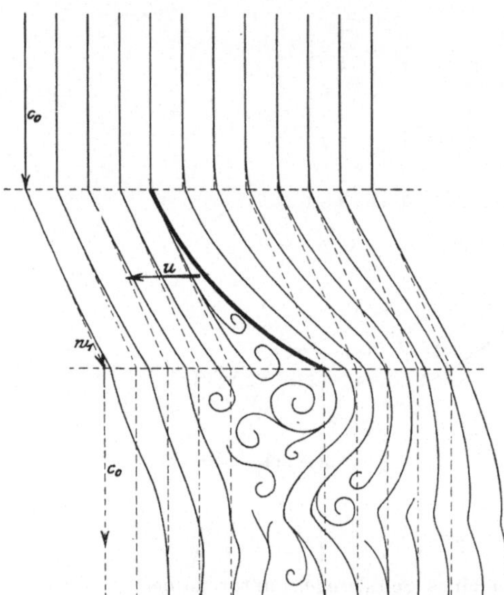

Fig. 119. Mutmaßlicher Verlauf der Luftströmung, entsprechend Fig. 118.

Es läßt sich durch Bänder, die man in der Umgebung eines Segels flattern läßt, feststellen, daß die Nachströmung der Luft in den Unterdruckraum vor dem Segel und die Verdrängung hinter ihm nicht ohne Wirbel vor sich gehen, d. h. die beiden Vorgänge erfolgen unter Verlusten, da Wirbel stets eine Ablenkung von der nutzbaren Strömungsrichtung in eine zum Teil entgegengesetzte enthalten.

Das schätzungsweise tatsächlich eintretende Bild des Stromverlaufs ist in Fig. 119 unter Anlehnung an Fig. 118 entworfen. Zu beachten ist, daß auch hier wieder im Bereich der Segelbreite die relative Strömung, außerhalb dagegen die absolute eingezeichnet ist, da sich sonst ein Momentbild nicht darstellen läßt. Dadurch zeigen sowohl die eintretenden als auch die austretenden Stromlinien Knicke, die aber in Wirklichkeit nicht vorhanden sind. Bemerkenswent ist, daß die Bahn des Leewindes gegenüber der ungestörten, durch die punktierten Linien angedeuteten Strömung, eine Versetzung entgegen der Fahrtrichtung aufweist. Diese ist bedingt durch den Verdrängungsstoß der Austrittströmung und durch die Saugwirkung des

Unterdruckes vor dem Segel. Die abströmende Luft hat also außer der Richtung c_0 eine solche im Sinne von c_2, die sich noch über das gezeichnete Gebiet hinaus fortpflanzt und allmählich im Raume verliert.

Nach Vorstehendem ist eine exakte Berechnung der Antriebsgröße eines Schiffssegels nicht möglich. Als erschwerendes Moment kommt hinzu die Unkenntnis des sich je nach der Seitenneigung ständig ändernden Schiffswiderstandes und wirksamen Segelareals. Außerdem haben die Segel wegen der Anforderungen, die infolge Aufhängung und Hantierung an sie gestellt werden müssen, stets eine von der idealen abweichende Krümmung. Aus alledem folgt, daß der effektive Wirkungsgrad, mit dem Segel die Energie der Luftströmung ausnutzen, ein niedriger sein muß. Es folgt aber aus dem Eindringen in die Natur des Arbeitsvorganges auch weiter, daß Verbesserungen möglich sind, und daß die Kenntnis der abstrakten Strömungsvorgänge dazu beitragen kann, die Kunst des Segelns zu fördern.

Daher erscheint es nicht überflüssig, aus der unendlichen Reihe der möglichen Strömungsschemata eine Anzahl charakteristischer, das ganze Gebiet berührender in ihrer idealen Form darzustellen.

73. Halber Wind.

Fig. 120 zeigt das Geschwindigkeitsschema für den Fall, daß die durch den Winkel β gekennzeichnete Austrittrichtung w_2 von der günstigsten Stellung (parallel zur Fahrtrichtung) aus, in Abstufungen von 10 zu 10^0 durch Fieren des Segels bis auf 90^0, d. h. in die „In Wind“-Stellung vergrößert wird. Es sind also für die gleichbleibende Wind- und Fahrtrichtung zehn verschiedene Stellungen gezeichnet.

Die gekrümmten Kurven außerhalb des Schemas zeigen die ideale Segelform im Grundriß für die einzelnen Werte von β. Die an die beiden Kurvenenden gelegten Tangenten geben die relative Ein- bzw. Austrittrichtung an, die c_0- und c_2-Pfeile die absoluten Strömungsrichtungen. Die Diagramme sind sämtlich für den Fall der maximalen, mit dem zugehörigen β möglichen nutzbaren Arbeit L_n gezeichnet. Dem entspricht auch das maximal erreichbare Nutzverhältnis η_n. Der Verlauf dieser Größe, sowie der gleichfalls interessierenden P und $\frac{u}{c_0}$, d. h. die Größe der Fahrgeschwindigkeit im Verhältnis zur absoluten Zuströmgeschwindigkeit ist durch die Kurven Fig. 120a, über dem Winkel β aufgetragen, veranschaulicht. Selbstverständlich kann das Verhältnis $\frac{u}{c_0}$, je nachdem ein Schiff relativ große oder kleine Segelfläche hat, bei jedem β größere oder kleinere Werte annehmen als hier gezeigt. Die Diagramme enthalten jedoch die

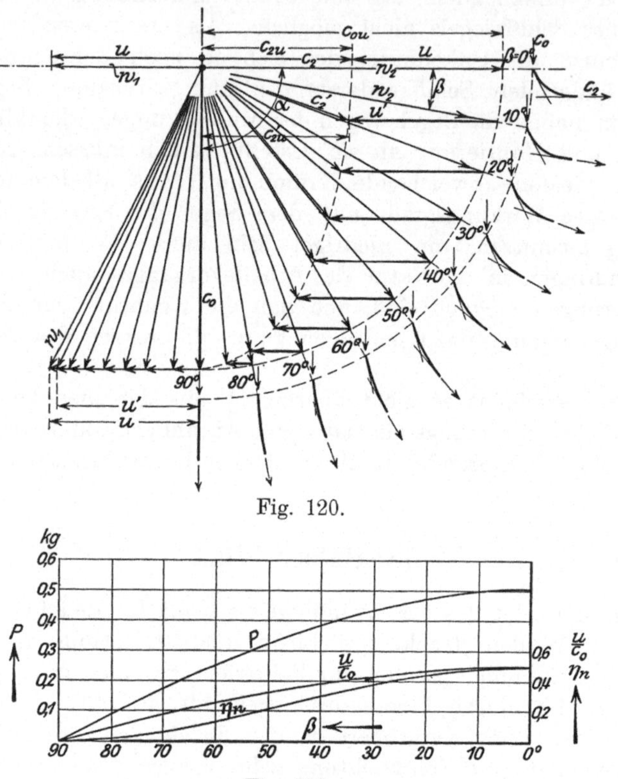

Fig. 120.

Fig. 120a.

Konstante Fahrtrichtung mit halbem Absolutwind und Fieren des Segels in die Im-Wind-Lage.

Werte, bei denen das Verhältnis Segelfläche zu Schiffswiderstand ein Minimum wird. Es ist dem Verfasser nicht bekannt, ob Segelschiffe im allgemeinen oberhalb oder unterhalb des günstigsten Verhältnisses arbeiten. Darüber ließe sich durch einige einfache Messungen Klarheit schaffen.

74. Am Wind.

Fig. 121 zeigt den Übergang von der günstigsten Halb-Windstellung in die „Am-Wind"-Stellung unter der Voraussetzung, daß Winkel β immer gleich Null bleibt und nur der Einfallwinkel α sich ändert, d. h. α wächst von 90^0 beginnend bis auf 180^0. Die Abstufungen von α sind zu 15^0 angenommen, so daß hier sechs verschiedene Positionen erscheinen. Diese Annahmen bedeuten für jede der gezeichneten Segelpositionen den Maximalwert der nutzbaren Arbeit. Letztere ist dadurch gekennzeichnet, daß die Fahrgeschwindigkeit den Wert $u = \frac{c_0 \sin \alpha}{2}$ annimmt, wobei $c_0 \sin \alpha = c_0 \cos (\alpha - 90^0)$,

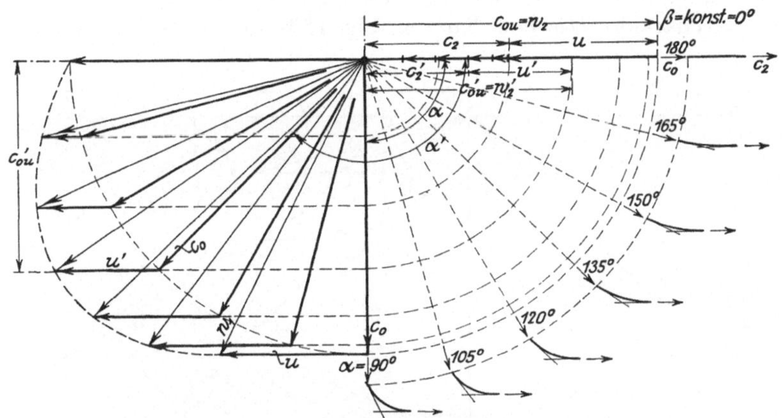

Fig. 121.

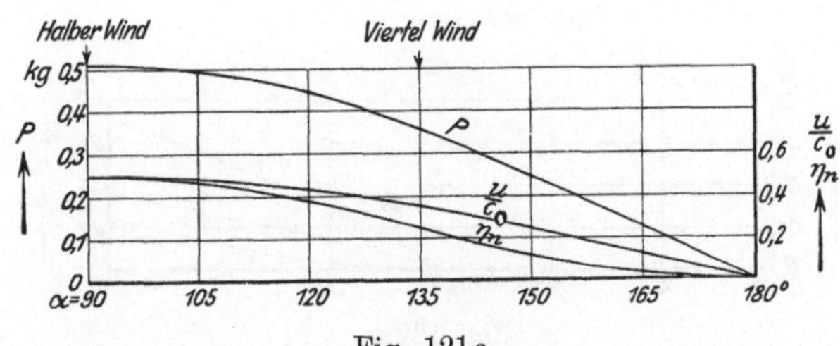

Fig. 121 a.
Das Schiff wird von der Fahrt mit halbem Absolutwind ausgehend, in den Wind gesteuert.

die nutzbare Komponente der einkommenden Geschwindigkeit ist. Die Darstellung stimmt ebenso wie die der zugehörigen Kurven (Fig. 121a) mit dem vorigen Beispiel überein. Bemerkenswert ist, daß sich diese Kurven für die Grenzen $\alpha = 90^0$ bis 180^0 mit den vorigen für die Grenzen $\beta = 0^0$ bis 90^0 decken. Die Im-Wind-Lage des Segels wird nach Fig. 120 bei $\beta = 90^0$ und nach Fig. 121 bei $\alpha = 180^0$, d. h entgegengesetzt zur Fahrtrichtung, erreicht.

75. Viertel-Wind.

Diese Position ist ein Spezialfall der vorhergenden. Sie setzt voraus, daß der Einfallwinkel α konstant 135^0 bleibt. Der Fall $\beta = 0^0$ gibt wieder die günstigste Segelform, in Übereinstimmung mit Fig. 121. Läßt man β durch Fieren des Segels wachsen, wie in Fig. 122 durch drei Positionen von 15 zu 15^0 steigend angedeutet, so kommt bei $\beta = 45^0$ das Segel in die „Im-Wind"-Lage und die charakteristischen Kurven Fig. 122a gehen in Null über.

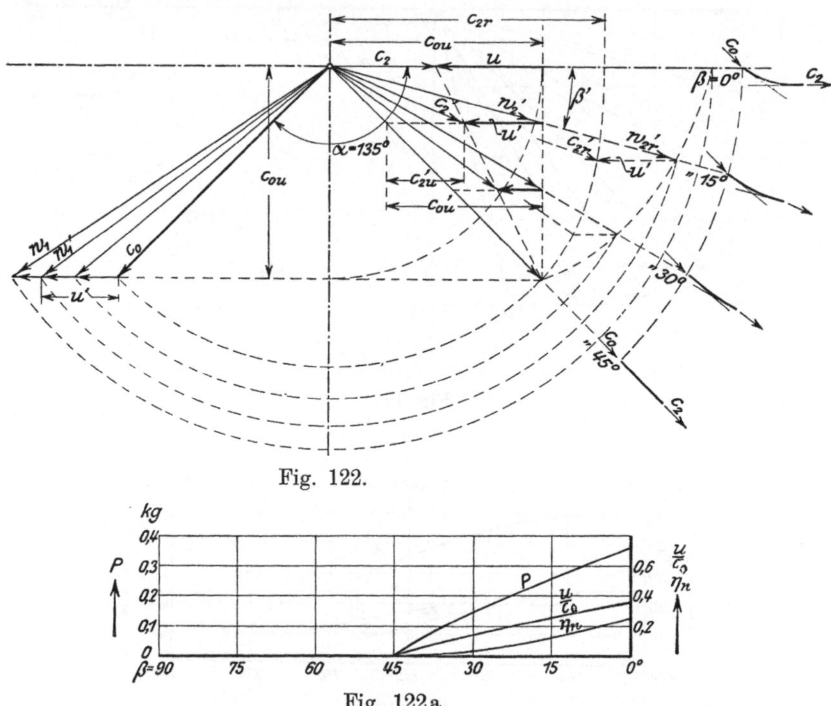

Fig. 122.

Fig. 122a.

Konstante Fahrtrichtung mit Einviertel-Absolutwind und Fieren des Segels in den Wind.

Bei diesem Diagramm, wie bei allen anderen, ist zu beachten, daß ein Segel gewöhnlich nicht die Eigenschaft hat, seine Krümmung so zu ändern, daß es sich den theoretisch geforderten Krümmungen unter allen Umständen anpassen kann.

Nach Fig. 121 wäre das Schiff in den Wind zu steuern, um das Segel in den Wind zu bringen (α wird 180^0), nach Fig. 122 behält es seine Fahrtrichtung und das Segel wird in den Wind gefiert; α bleibt konstant, $\alpha + \beta$ wird 180^0.

76. Mit-Wind.

Als „Mit-Wind“-Positionen seien alle diejenigen bezeichnet, bei denen die einkommende Absolutströmung eine Komponente in der Fahrtrichtung besitzt.

Durch Fig. 123 ist der Übergang von der „Halb-Wind“-Position bis in die Fahrt „Vor dem Wind“ dargestellt. Das Geschwindigkeitsschema ist wieder für die Bedingung aufgestellt, daß in jeder Position das maximale Nutzverhältnis eintritt. Hierfür muß der Einfallwinkel α geändert werden, der Austrittwinkel β aber konstant gleich Null bleiben. Die ideale Charakteristik ist gegeben durch die Formeln:

$$P = \frac{1}{g}(c_{0u} + c_{2u})$$

und

$$\eta_n = 2\frac{u}{c_0^2}(c_{0u} + c_{2u}).$$

Diese Formeln genügen auch den Werten für die „Am-Wind“-Positionen, wenn man beachtet, daß von c_0 die Projektion c_{0u} senkrecht zur Fahrtrichtung einzusetzen ist, und daß deren u-Komponente auf den Segeleintritt bezogen für alle Positionen zwischen „Halben-Wind“ und „Am-Wind“ Null ist, so daß sich ergibt:

$$P = \frac{1}{g}c_{2u} = \frac{1}{g}(c_{0u} - u) = \frac{1}{g}[c_0 \sin(\alpha - 90^0) - u]$$

und

$$\eta_n = 2\frac{u}{c_0^2}(c_{0u} - u).$$

Das Verhältnis $\frac{u}{c_0}$ behält nach Fig. 123 den konstanten Wert 0,5 (Fig. 123a). Das Nutzverhältnis wächst von 0,5 auf 1,0 in der „Vor-Wind“-Lage. Im gleichen Verhältnis nimmt P zu.

Wie das Gefühl bereits jedem Segler sagen wird, nimmt der mögliche Wirkungsgrad von der äußersten „Am-Wind“-Lage nach der „Vor-Wind“-Lage hin zu. Während das mögliche Maximum bei halbem Wind 0,5 beträgt, steigt es in der 60^0-Stellung der Fig. 123, d. h. wenn der scheinbare Wind als halber einkommt, bereits auf 0,85. Weiterhin, bis $\alpha = 0$ nähert es sich dem Wert 1.

Die nach dem Schema Fig. 123 vorausgesetzte Strömung erleidet eine Störung insofern, als in dem Bereich von $\alpha = 0$ bis 45^0, d. h. in den Fällen, in denen der von der Eintritt- und Austrittneigung des Segels eingeschlossene Winkel kleiner als 90^0 wird, der zuströmende Wind auch auf der Austrittseite eine Einströmkomponente erhält. In der „Vor-Wind“-Stellung wird diese gleich der auf der Eintrittseite, mit anderen Worten: der Wind strömt von beiden Seiten des Segels nach der Mitte hin. Jeder Stromzweig kann also nur um 90^0 umgelenkt werden. Die restliche Strömungsenergie geht

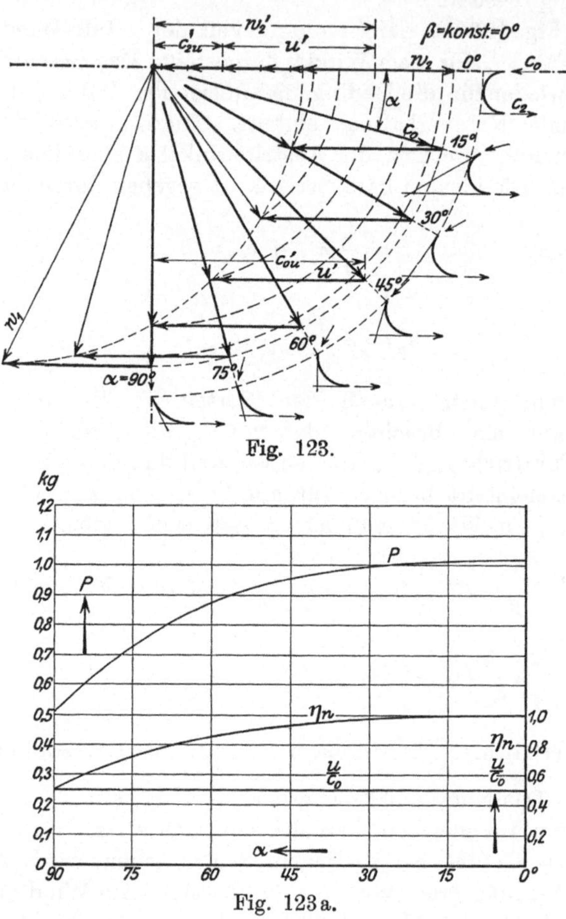

Fig. 123.

Fig. 123 a.

Übergang von der Fahrt mit halbem Wind in die Fahrt vor dem Wind, unter der Voraussetzung, daß η_n ein Maximum bleibt.

zum Teil in einen Druckstau über und gibt durch den entstehenden Überdruck noch eine zusätzliche Antriebsgröße an das Segel ab. Ein weiterer Betrag geht in Wirbeln und seitlicher Abströmung (Überfließen) verloren.

Wahrscheinlich ist die symmetrische Segelform vor dem Wind wegen dieser Verluste nicht die günstigste; es sind vielmehr die unsymmetrischen, die einen größeren Ablenkungs- und geringeren Überdruck erzeugen, vorzuziehen.

Die Zahl der nutzbaren Variationen der Segelstellung ist mit Wind erheblich größer, als am Wind. Vorausgesetzt, daß die Luftströmung eine „Mit-Wind"-Komponente hat, braucht das Segel nur

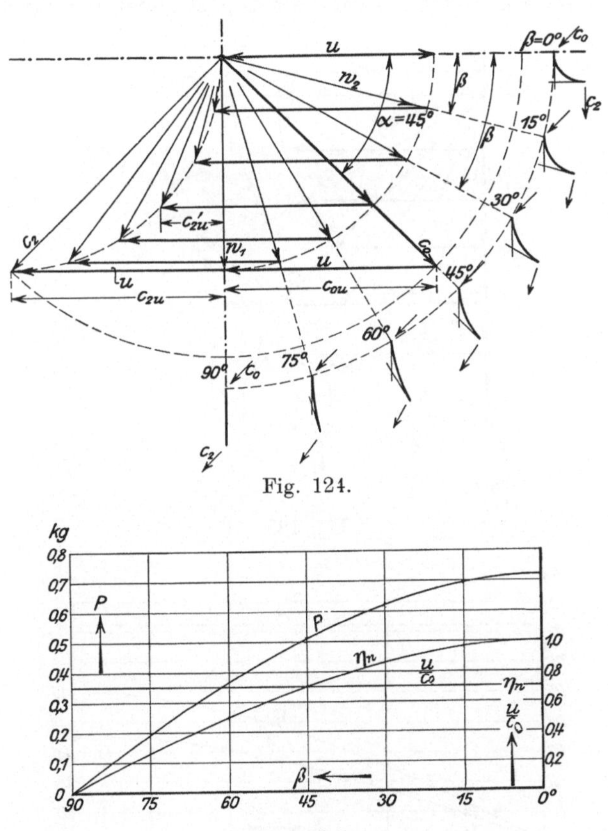

Fig. 124.

Fig. 124a.

Dreiviertel-Wind, konstante Schiffsgeschwindigkeit. Fieren des Achterlieks bis $\beta = 90^0$. Endfall unerreichbar weil $P = 0$ wird.

aus der „Im-Wind"-Stellung gedreht zu werden, um eine Treibkraft zu liefern, die wegen der durchweg günstigeren Ausnutzung einen besseren Effekt hat, als eine relativ ähnliche „Am-Wind"-Lage. Gerade deswegen erscheint es aber in diesem Gebiet am schwierigsten, diejenige Segelstellung zu finden, die die größte Schiffsgeschwindigkeit liefert. Zur Illustration dessen seien noch einige Beispiele graphisch dargestellt für den Spezialfall:

77. Dreiviertel-Wind.

Die Absolutrichtung des einkommenden Windes ist in allen Fällen 45° zur Fahrtrichtung geneigt.

In den Fig. 124/126 sind zunächst übereinstimmend die Segelstellungen für das günstigste Nutzverhältnis gezeichnet, das für $\beta = 0$ den

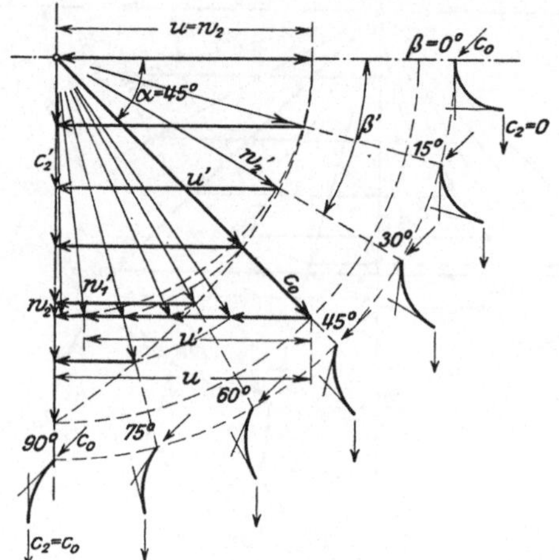

Fig. 125.

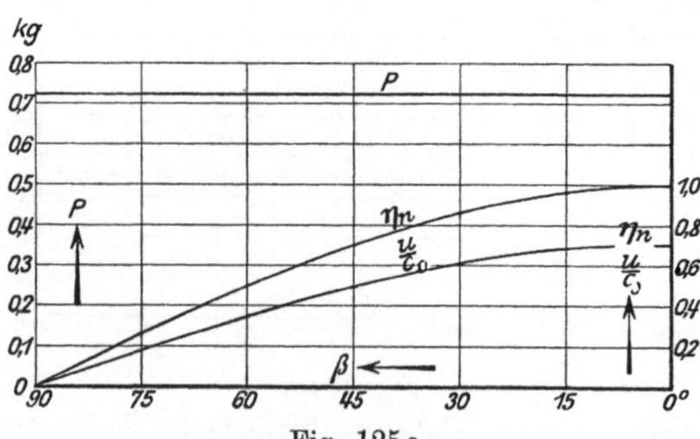

Fig. 125a.

Dreiviertel-Wind, konstantes P, Fieren des Segels bis $\beta = 90^0$. Hierbei $u = 0$.

Wert 1 erreicht. Von dieser Stellung aus ist in beiden Figuren der Winkel β stufenweise vergrößert und zwar in Fig. 124 unter der Annahme, daß die Geschwindigkeit u resp. das Verhältnis $\frac{u}{c_0}$ und in Fig. 125 unter der Annahme, daß die Triebkraft P konstant bleibt. Im ersteren Fall verschwinden bei $\beta = 90^0$, P und η_n, (Fig. 124a) der

Bewegungszustand entsprechend $\frac{u}{c_0}$ = konstant ist also nicht erreichbar. Im zweiten Fall, s. Fig. 125a, verschwinden bei $\beta = 90^0$, η_n und $\frac{u}{c_0}$, d. h. die Schiffsgeschwindigkeit; der konstant bleibende Wert P ist

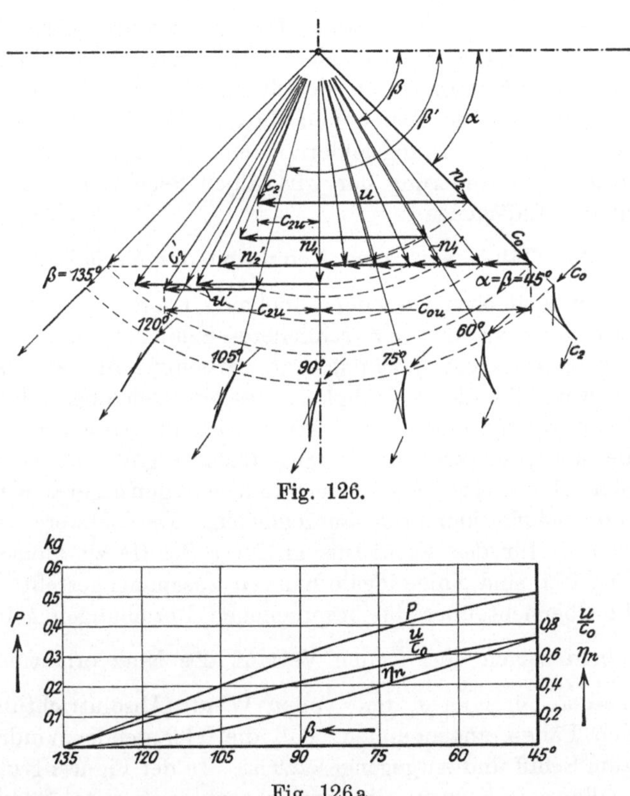

Fig. 126.

Fig. 126a.

Dreiviertel-Wind. Ablaufende Segelkante bei Anfangsstellung in Richtung c_0. Fieren des Segels bis Im-Wind-Stellung. Endlage bei Großsegeln nicht erreichbar.

jedoch imstande, eine Schiffsbewegung einzuleiten. Eine weitere Variation ist durch Fig. 126 und 126a dargestellt, bei denen angenommen wurde, daß das Segel, von der Stellung $\beta = 45^0$ ausgehend, gefiert wird, bis es bei $\beta = 135^0$ in die „Im-Wind"-Stellung übergeht. Hierbei gehen alle drei Größen: P, η_n und $\frac{u}{c_0}$ in Null über.

78. Beziehungen zwischen Schiffsgeschwindigkeit, Antriebsgröße und Nutzverhältnis.

Es wurde erwähnt, das im Segel ebensowohl unterhalb wie oberhalb des Verhältnisses $\frac{u}{c_0}$, welches den günstigsten aerodynamischen Wirkungsgrad ergibt, arbeiten kann. Der Geschwindigkeitsunterschied zweier auf gleichem Kurs liegender Schiffe gleicher Segelgröße und gleichen Schiffswiderstandes ist nur durch eine solche Verschiebung gekennzeichnet. Durch Reffen und durch die „Lage“ des Schiffes tritt gleichfalls eine Wirkungsänderung ein. Diese wird aber hervorgerufen durch die Änderung der wirksamen Segelfläche, resp. durch Änderung der Luftmenge.

In beiden Fällen wird eine Reduktion des Verhältnisses $\frac{u}{c_0}$ eintreten, wobei u an sich zu- oder abnehmen kann.

Es ist denkbar, daß ein schnelleres Schiff mit einem schlechteren aerodynamischen Wirkungsgrad arbeitet, als ein langsamfahrendes, wenn die Geschwindigkeit des ersteren oberhalb der des maximalen Wirkungsgrades liegt. Dann wird die geringere Antriebsgröße, die sich pro Quadratmeter Segelfläche ergibt, entweder durch eine größere Totalsegelfläche oder durch ein günstigeres Verhältnis dieser zum Schiffswiderstand ausgeglichen. Das letztere trifft im allgemeinen zu für das Verhältnis größerer Schiffe zu kleineren.

In Fig. 127 sind einige ideale Kurven zusammengestellt, die eine graphische Übersicht über die besprochenen Beziehungen geben. Die vier Parabeln zeigen über $\frac{u}{c_0}$ den Verlauf des Nutzverhältnisses für viertel, halben, dreiviertel und vollen Wind (Absolutrichtung). Es ist in allen Fällen angenommen, daß die ablaufende Windrichtung parallel zum Schiff und entgegengesetzt ist. In der Figurengruppe 128 sind für alle vier Kurven die drei charakteristischen Segelformen entsprechend $\frac{u}{c_0} = 0$, $\frac{u}{c_0}$ für $\eta_{n\,max}$ und $\left(\frac{u}{c_0}\right)_{max}$ skizziert.

Die Kurven der Antriebsgrößen P, die in Fig. 127 eingetragen sind, wurden für $c_0 = 10$ und $G = 1$ kg/sk gerechnet. Wichtig für die Beurteilung ist lediglich ihr Verhältnis zueinander.

Die Formeln, denen die Kurven folgen, sind
für Viertel-Wind:

$$P = \frac{1}{g} c_0 \left(\cos\alpha - \frac{u}{c_0}\right),$$

$$\eta_n = 2 \frac{u}{c_0} \left(\cos\alpha - \frac{u}{c_0}\right),$$

für Halben-Wind:

$$P = \frac{1}{g} c_0 \left(1 - \frac{u}{c_0}\right),$$

$$\eta_n = 2 \frac{u}{c_0} \left(1 - \frac{u}{c_0}\right),$$

für Dreiviertel-Wind:

$$P = \frac{1}{g} c_0 \left(\cos\alpha + \sqrt{1 + \left(\frac{u}{c_0}\right)^2 - 2 \frac{u}{c_0} \cos\alpha} - \frac{u}{c_0}\right),$$

$$\eta_n = 2 \frac{u}{c_0} \left(\cos\alpha + \sqrt{1 + \left(\frac{u}{c_0}\right)^2 - 2 \frac{u}{c_0} \cos\alpha} - \frac{u}{c_0}\right).$$

Diesen beiden letzteren Formeln folgen die Kurven nur bis zu dem bei $\frac{u}{c_0} = 0{,}707$ liegenden Maximum. Darüber hinaus ist w_1 nicht mehr gleich w_2, sondern es behält den konstanten Betrag $w_2 = c_0 \cos\alpha$, so daß $c_2 = c \cos\alpha - u$. Daraus folgt:

$$P = \frac{1}{g} c_0 \left(2 \cos\alpha - \frac{u}{c_0}\right),$$

$$\eta_n = 2 \frac{u}{c_0} \left(2 \cos\alpha - \frac{u}{c_0}\right).$$

Vor dem Wind:

$$P = \frac{2}{g} c_0 \left(1 - \frac{u}{c_0}\right),$$

$$\eta_n = 4 \frac{u}{c_0} \left(1 - \frac{u}{c_0}\right).$$

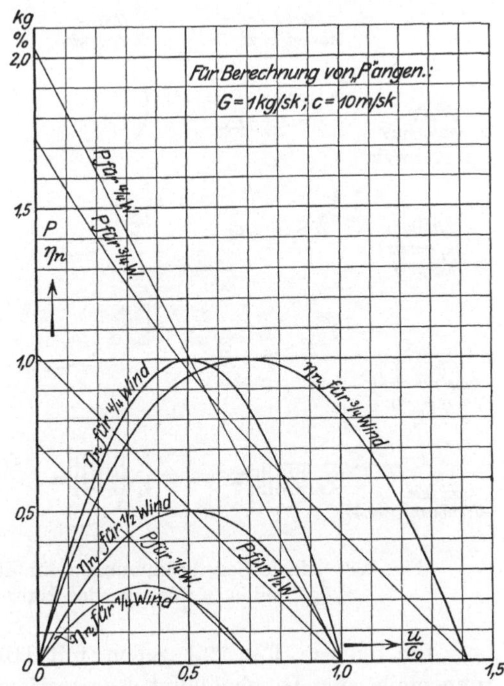

Fig. 127. Treibkraft und ideales Nutzverhältnis der Windströmung für die absoluten Haupt-Windrichtungen.

Die Kurven ermöglichen einen ziemlich einwandfreien Vergleich des Arbeitswertes der einzelnen Segelstellungen zueinander. Sie zeigen, daß in den „Am-Wind-Lagen" die nutzbare Arbeit im Vergleich zu den „Mit-Wind-Lagen" sehr gering ist. Sie zeigen ferner, daß die Dreiviertel-Windrichtung die günstigste ist, denn ihr maximales Nutzverhältnis liegt im Vergleich zur „Vor-Wind-Stellung", bezogen auf $\frac{u}{c_0}$, mit 0,707 : 0,5 höher. Sie ist auch die einzige, die ein Verhältnis $\frac{u}{c_0} > 1$, d. h. eine Schiffsgeschwindigkeit, größer als die absolute Windgeschwindigkeit, bewirken kann. Die ideale Antriebsgröße der „Vor-Wind-Stellung" ist zwar bis zu dem bei $\frac{u}{c_0} = 0{,}58$ liegenden Schnittpunkt der beiden P-Kurven überlegen, jedoch ist zu bedenken, daß vor dem Wind die Antriebsgröße nach dem Prinzip des Stoßes erzeugt wird, und die Arbeitsübertragung daher möglicherweise einen schlechteren Nutzeffekt hat, als bei Dreiviertel-Wind.

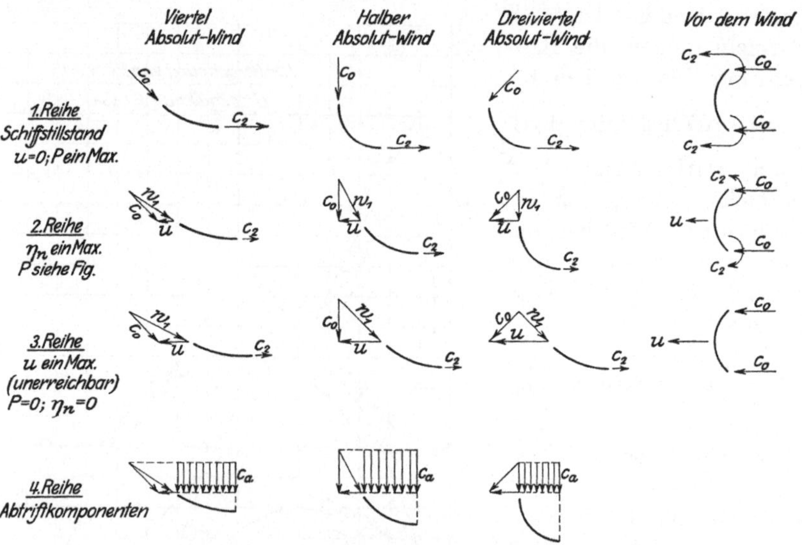

Fig. 128. Ideale Segelkrümmungen für die drei Grenzfälle $u = 0$, $\eta_{n\,max}$ und u_{max} für die vier Haupt-Windrichtungen.

Die Skizzen Fig. 128 geben mit Hilfe der beistehenden Richtungspfeile der Geschwindigkeiten Aufschluß über die Beziehungen zwischen wirklicher und scheinbarer Windrichtung.

In der ersten Reihe, wo $u = 0$ ist, fällt die scheinbare Windrichtung mit der wirklichen zusammen. Es wird nur Antriebskraft auf das Segel übertragen. Die dritte Reihe ist problematisch, denn sie stellt den unerreichbaren Endfall dar, in dem nur Geschwindigkeit, aber keine Antriebskraft auf das Segel übertragen würde. Die zweite Reihe dürfte den Betriebsverhältnissen in vielen Fällen entsprechen. Viertel-Wind bedeutet danach ungefähr die äußerst erreichbare „Hart-am-

Wind-Lage“. Halber Wind kommt etwas voller als scheinbarer Viertel-Wind ein, Dreiviertel-Wind als scheinbarer Halber Wind. Vor dem Wind macht sich nur der Unterschied der scheinbaren und wirklichen Geschwindigkeit $w_1 = c_0 - u$, aber kein Richtungsunterschied bemerkbar. Vergleicht man die senkrecht untereinanderstehenden Bildreihen, so kann man an der Richtung von w_1 erkennen, daß die übliche Bezeichnung nach der Richtung des einkommenden Windes ein unsicheres Kennzeichen der tatsächlichen Arbeitsübertragung bildet. Das gilt um so mehr, je weiter ein Schiff in die „Im-Wind-Lage“ dreht, und je mehr sich das Verhältnis $\frac{u}{c_0}$ seinem Maximalwert nähert.

79. Abtrift.

Aus Fig. 128 kann man sich auch ein Bild über die Größe der senkrecht zur Fahrtrichtung wirkenden Komponente des Winddrucks machen, die die seitliche Abtrift des Schiffes hervorruft. Zu dem Zweck sind in der vierten Reihe die drei ersten Positionen der zweiten Reihe mit konstanter Segelbreite wiederholt, was annähernd dem Verhalten eines Großsegels entspricht. Für jede Position entspricht die Pfeilgruppe c_a im Größenverhältnis zu c_0 der auf Abtrift wirkenden Strömung. Berücksichtigt man, daß die Kraft $P_a = F_a \frac{\gamma}{g} c_a^2$ dem quadratischen Verhältnis von c_a folgt, dann ergibt sich, wenn man für die zweite Position $P_a = 1$ setzt, für die erste 0,56, für die dritte 0,41, für die vierte 0.

Für die tatsächliche Größe der Abtriftkraft sind diese Werte nicht maßgebend, sondern ihre relative Größe in bezug auf die Nutzarbeit. Dividiert man daher die genannten Zahlen durch das Nutzverhältnis des Antriebs und setzt den Wert für Position 2 wieder gleich 1, dann erhält man

für Position	1	2	3
	1,12	1	0,21

d. h. von der „Hart-am-Wind-Lage“ bis ca. halben Wind bleibt das Verhältnis der Abtrift zur Vorwärtsfahrt annähernd konstant; darüber hinaus nimmt es schnell ab. Bei Dreiviertel-Wind ist es nur noch ca. $^1/_5$. Die letztere Position erweist sich auch in dieser Hinsicht als günstig. Die angegebenen Zahlen besitzen selbstverständlich keine allgemeine Gültigkeit, sondern sie variieren mit der Segelstellung, die man bei den einzelnen Windrichtungen wählt und der Segelkrümmung mehr oder weniger.

80. Kritik der praktischen Segelformen.

a) Einteilung der Segel.

Vom theoretischen Standpunkt betrachtet, kann man die bei Segelschiffen verwendeten verschiedenen Segelformen in drei Gruppen einteilen:

Die erste Gruppe wird gebildet durch die dreieckigen Vorsegel,

die zweite Gruppe durch die mit Ober- und Unterliek an Spieren oder Rahen befestigten viereckigen Segel der Vollmasttakelage und

die dritte Gruppe durch die mit Ober- und Unterliek an Spieren und mit dem Vorliek am Mast befestigten Segel, die hauptsächlich als Großsegel der Kutter-, Sloop- und Schonertakelagen vorkommen. Letztere bilden unregelmäßige Vierecke, die sich als Houarisegel der dreieckigen Form nähern.

b) Luveigenschaften der Segel.

Bei allen Takelagen, mit Ausnahme der Vollmasttakelage, sind die Segel um ihr Vorliek drehbar. Daraus folgt, daß die Antriebskraft nicht in der Mittellängsebene des Schiffes, sondern in Lee von dieser wirkt. Das Schiff erhält daher ein von der Am-Wind-Lage bis zur Vor-Wind-Lage ständig zunehmendes Luvmoment. In den Am-Wind-Lagen kann das Luvmoment ohne Steuer ausgeglichen werden, wenn die Resultierende der Abtriftdrücke vor dem Lateralschwerpunkt angreift. Dann bildet sie ein Gegendrehmoment, welches das Luvmoment gerade aufheben kann. Mit dem Übergang in vollere Windlagen wird aber das Luvmoment stets überwiegen, da das Gegendrehmoment der Abtrift dann abnimmt und in der Vor-Wind-Lage, wenn das Luvmoment am größten ist, Null wird. Das Gleichgewicht der Drehmomente muß dann durch das Steuerruder hergestellt werden.

c) Vorsegel.

Diese haben insofern eine günstige Eigenschaft, als es bei ihnen, wenigstens im unteren Teil, leicht möglich ist, ihre Krümmung den theoretischen Bedingungen anzupassen, d. h. ihre Krümmung so einzustellen, daß die Vorderkante in der scheinbaren Windrichtung, ihre Hinterkante parallel zur Fahrtrichtung liegt. Nach obenhin verliert sich allerdings diese Anpassungsfähigkeit mehr und mehr, damit nimmt auch der Wirkungsgrad, mit dem die Windströmung ausgenutzt wird, ab.

d) Rahsegel.

Diese haben, wenn sie an den Rahen aufgereiht sind, im wesentlichen eine Krümmung um eine horizontale Erzeugende und nur eine geringe Krümmung um eine vertikale Erzeugende. Sie erzielen daher, gegenüber den anderen Segelformen, in allen Windlagen eine ungünstigere Arbeitsleistung, mit Ausnahme der Lage vor dem Wind. Hier sind sie jedoch den anderen Segeln mindestens gleichwertig, weil es bei der Stoßwirkung, durch die der Winddruck hierbei auf das Segel übertragen wird, nicht wesentlich darauf ankommt, wie das Segel gekrümmt ist, sondern mehr darauf, welche Flächengröße es dem Wind bietet. Die Rahsegel haben aber gegenüber den um das Vorderliek drehbaren Segeln den Vorteil, daß sie vor dem Wind kein Luvmoment erzeugen. Dadurch bekommen sie gegenüber diesen einen ausgesprochenen Vorzug als Vor-Wind-Segel. Wenn man die Rahsegel, wie es in der Regel geschieht, nur an den vier Ecken befestigt, die Vertikallieks steif setzt, die Rahlieks je nach der Windlage mehr oder weniger steif, so kann man sie auch für die Am-Wind-Lagen vorteilhaft einstellen.

e) Großsegel.

Obgleich diese Segelform bei den meisten Takelagen die Hauptsegelfläche bildet, fehlt ihnen sowohl die gute Eigenschaft der Vorsegel, ihre Krümmung um eine vertikale Erzeugende den Strömungsbedingungen anzupassen, als auch die der Rahsegel, vor dem Wind kein Luvmoment zu erzeugen. Letzteres kann allerdings durch Setzen des Spinnakers aufgehoben werden, so daß dann dieser Nachteil verschwindet. Eine Ausnahme machen nur die bei großen Lastkähnen und Fischerbooten meistens üblichen Segel, die unten und am Hals und am Schothorn gehalten werden. Sie können dadurch für vollen Wind eine günstige Wölbung annehmen, sind aber nicht für hohe Am-Wind-Lagen zu gebrauchen.

Die Großsegel haben noch einen markanten Nachteil. Dieser ergibt sich aus der windschiefen Form, welche die Segel dadurch annehmen, daß sich die Gaffel weiter nach Lee auslegt, als der Großbaum. Dies um so mehr, je länger die Gaffel im Verhältnis zu letzterem ist, und je mehr sich ihre Neigung der Horizontalen nähert. Eine solche Verwindung hat offenbar vor dem Wind nicht viel Einfluß, sie macht jedoch den oberen Teil des Segels um so unwirksamer, je mehr es in die Am-Wind-Lage übergeht. Daraus ist zu folgern, daß ein Großsegel, das sich der Houariform nähert, bessere Am-Wind-Eigenschaften hat, als ein in der Fläche gleichgroßes mit weit ausladender Gaffel.

81. Verbesserungsmöglichkeiten der Segelformen.

Es dürfte möglich sein, auch die Krümmungsverhältnisse des Großsegels zu verbessern, wenn man es am Großbaum mit einem bogenförmigen, nach vorn und hinten verlaufenden Einsatz herstellt, und so konstruiert, daß die entstehende Krümmung nach der Gaffelnock hin ausläuft, wie in Fig. 129 im Aufriß und in Fig. 129a im Grundriß angedeutet.

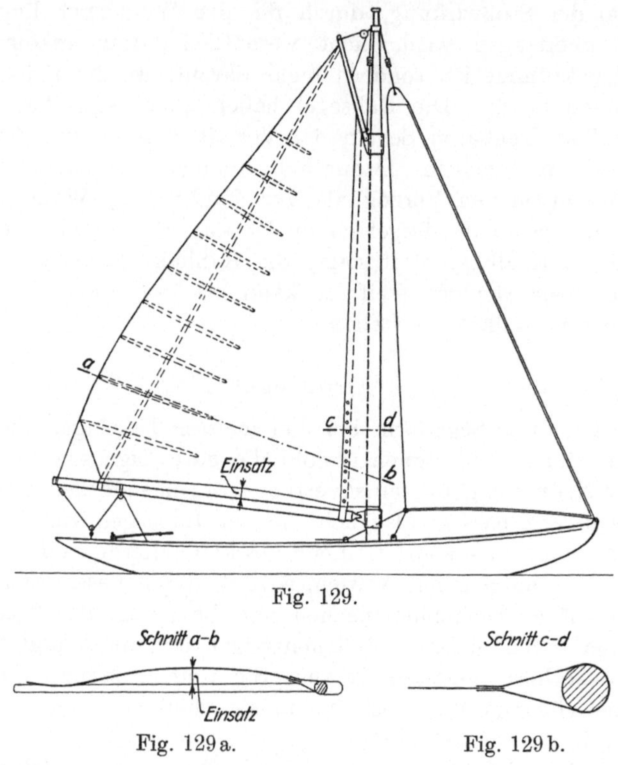

Fig. 129.

Fig. 129a. Fig. 129b.

Dadurch würde sich das Segel zwar schlechter zum Reffen eignen, doch dürfte dieser Umstand öfter hinter dem anderen zurückzusetzen sein.

Weitere Verbesserungen der Segeleigenschaften sind am Vorliek resp. an der Verbindung des Segels mit dem Mast möglich.

Hinter dem Mast bildet sich, je dicker er ist, ein um so größerer Wirbelraum, der von einer geringen Luftverdünnung verursacht wird und daher die Vorder- und Rückseite des Segels in der Nähe des Mastes für den Antrieb mehr oder weniger unwirksam macht. Der Strömungsverlauf und damit seine Ausnutzung wird wesentlich günstiger, wenn man das Segel nach dem Mast zu teilt und um diesen herumlegt, wie Fig. 129b zeigt. Diese Befestigungsart ist schon als Ersatz der Reileine für das Unterliek verwendet worden, wo sie allerdings für die Windausnutzung weniger Wert hat, aber die Hantierung des Segels nicht, wie es am Mast der Fall ist, hindert. Trotz dieses Nachteils dürfte sie aber auch hier anwendbar sein.

Das in Fig. 129 mit dieser Befestigungsart gezeichnete Großsegel zeigt außerdem eine von der üblichen Form abweichende Konstruktion der ablaufənden Kante. Das Achterliek ist nicht an die Hinterkante des Segels verlegt, sondern läuft von der Nock der Gaffel nach einem etwas vor dem Schothorn des Segels liegenden Punkt des Großbaums, also durch die Segelfläche. Das Liek ist als Flachliek gedacht, damit es eine möglichst geringe Verdickung des Segels erzeugt, und quer darüber liegen nach beiden Enden hin federnde Latten, deren äußeres Ende mit der Begrenzung des Segels zusammenfällt. Dadurch erhält das Segel eine im Sinne der Fig. 129a federnde Austrittskante, durch die eine günstigere Windausnutzung und geringere Wirbelbildung erzielt wird, analog den Wirkungen, die im gleichen Sinne bei den Flügeln (s. Abschnitt 88) dadurch eintreten, daß der sonst nutzlos am Achterliek abfließende Druckstau auf der nach außen federnden Krümmung unter Abgabe von nutzbarem Segeldruck verläuft.

Windturbinen.

82. Geringer Wirkungsgrad der Windmühlen- und Windradflügel.

Die Arbeitsübertragung auf den Windmühlenflügel ist in dem Beispiel des Schiffssegels für halben Wind (Fig. 117) enthalten. Sein maximales Nutzverhältnis wird 0,5 bei $u = \frac{c_0}{2}$ und $\beta = 0^0$. Infolge der primitiven Form und Ausführung der üblichen Flügel muß der dynamische Wirkungsgrad viel tiefer liegen, als dieser Idealwert. Berücksichtigt man außerdem, daß das nutzbare Mengenverhältnis, gegeben durch den Quotienten Flügelfläche zur gesamten Kreisfläche, sehr klein ist, so folgt, daß der Gesamtwirkungsgrad der historischen Windmühle in der Nähe von Null zu finden ist.

Das Windrad, dessen Kreisfläche annähernd voll mit Flügeln oder Laufschaufeln besetzt ist, verbessert dadurch das Mengenverhältnis, verbessert aber nichts an den dynamischen Verhältnissen. Es ist im Gegenteil wahrscheinlich, daß sein dynamischer Wirkungsgrad schlechter ist. Angenommen, die Windradflügel bedecken die ganze Kreisfläche, dann wird die gesamte, dieser zuströmende Luftmenge zur Arbeitsübergabe herangezogen. Ihre Arbeitsübertragung äußert sich in einer Verminderung der Zuströmgeschwindigkeit c_0 auf die axiale Abströmkomponente c_{2a}. Da das spezifische Luftvolumen als unveränderlich angesehen werden kann, wäre demnach ein Radaustrittquerschnitt erforderlich, der wesentlich größer ist, als der Eintrittquerschnitt. Da dieser nicht vorhanden ist, wird notwendigerweise ein Teil der Arbeitsluft nach außen gedrängt, wo er nutzlos abströmt.

Beim Segel ist infolge seiner fortschreitenden Bewegung die Anwendung einer Leitvorrichtung ausgeschlossen. Bei der Windmühle kann diese nach dem Vorbild der Turbine angewandt und damit das Nutzverhältnis von $\eta_n = 0{,}5$ in die Nähe von 1 gebracht werden. Da das Mengenverhältnis in der Windturbine ähnlich gesteigert werden kann, läßt sich ein Gesamtwirkungsgrad von über 50%, auf die zuströmende Energie bezogen sicher erreichen.

83. Arbeitsvermögen von Windströmungen.

Um einen Einblick in die verfügbaren Arbeitswerte zu bieten, sei als Beispiel angenommen, daß ein Windstrom von $D = 24$ m Durchmesser auszunutzen ist.

Das spezifische Gewicht der Luft sei $\gamma = 1{,}19$ kg/m³. Dann ist die verfügbare Arbeit in PS gegeben durch:

$$N_t = \frac{1}{75}\,\frac{D^2\pi}{4}\,\frac{\gamma}{g}\,\frac{c_0^{\,3}}{2} = \frac{D^2 c_0^{\,3}}{1575} \text{ in PS.}$$

Nach dieser Formel sind die in Fig. 130 dargestellten Leistungskurven berechnet. Die N_t-Kurven enthalten die verfügbaren Arbeitswerte bis ca. 37 m/sk Windgeschwindigkeit, d. h. annähernd bis zu den höchsten Werten, die bei Orkanen gemessen wurden. Um die Leistungswerte bei kleinen Geschwindigkeiten mehr hervorzuheben, ist die Kurve bis $c_0 = 19$ m/sk nochmals mit 10fach vergrößertem Ordinatenmaßstab eingezeichnet. Die Annahme eines konstanten spezifischen Luftgewichtes γ bedeutet eine Vernachlässigung des Einflusses von Temperatur, Feuchtigkeit und Druck. Die Abweichungen, die dadurch gegenüber den Kurvenwerten entstehen können, betragen nur in Ausnahmefällen mehr als 5%. Die punktierten N_e-Kurven geben die zu den darüberliegenden N_t-Kurven gehörigen effektiven Leistungen unter Annahme eines Gesamtwirkungsgrades von 50% an.

Wenn nun auch die Charakteristik der Kurven infolge der mit der dritten Potenz von c_0 sich ändernden Leistungen eine für die Ausnutzung sehr ungünstige ist, so zeigen sie doch, daß aus der Windströmung ansehnliche Arbeitsmengen gewonnen werden können, und

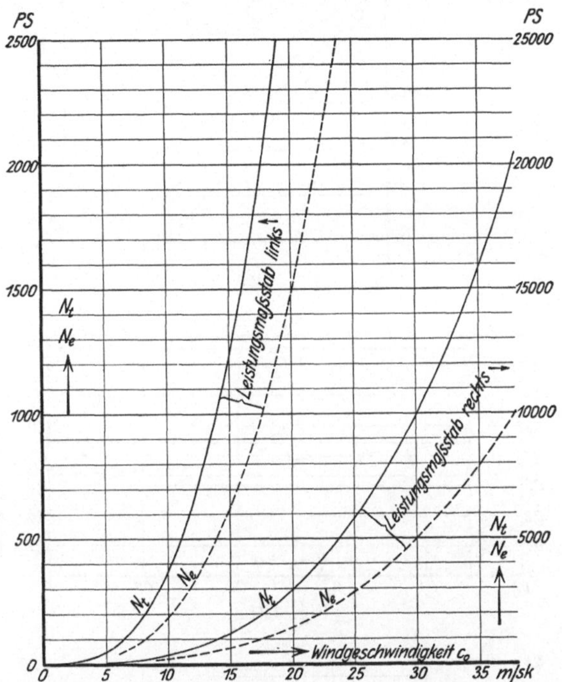

Fig. 130. Verfügbare Sekundenarbeit N_t einer Windsäule von 24 m ∅ und mit Windturbine mutmaßlich erreichbare Nutzarbeit N_e.

daß die Windturbine berechtigt ist, ein wirtschaftlicher Faktor zu werden. Das gilt besonders für solche Gegenden, die arm an Holz, Kohlen und Wasserkräften, dagegen reich an regelmäßigen Winden sind.

Der Wert $c_0 = 10$ m/sk ist als eine mittlere Windgeschwindigkeit zu bezeichnen. Hierbei können mit einer Turbine bei der angenommenen Windquerschnittfläche schätzungsweise ca. 180 PS_e nutzbar gemacht werden.

84. Windturbine mit Leitvorrichtung.

Um das Geschwindigkeitsdiagramm der Windturbine zu finden, sei von der Überdruckturbine mit kongruenten Ein- und Austrittsdreiecken ausgegangen (Fig. 131). Läßt man hierin w_1 axial wachsen, bis c_0 den Wert c, d. h. die Größe der einkommenden Windgeschwindigkeit erreicht, wie Fig. 131 zeigt, dann nimmt ϱ, ausgedrückt durch $\varrho = 1 - \frac{c_0^2}{c^2} = \frac{w_2^2 - w_1^2}{c^2}$ den Wert Null an, und das

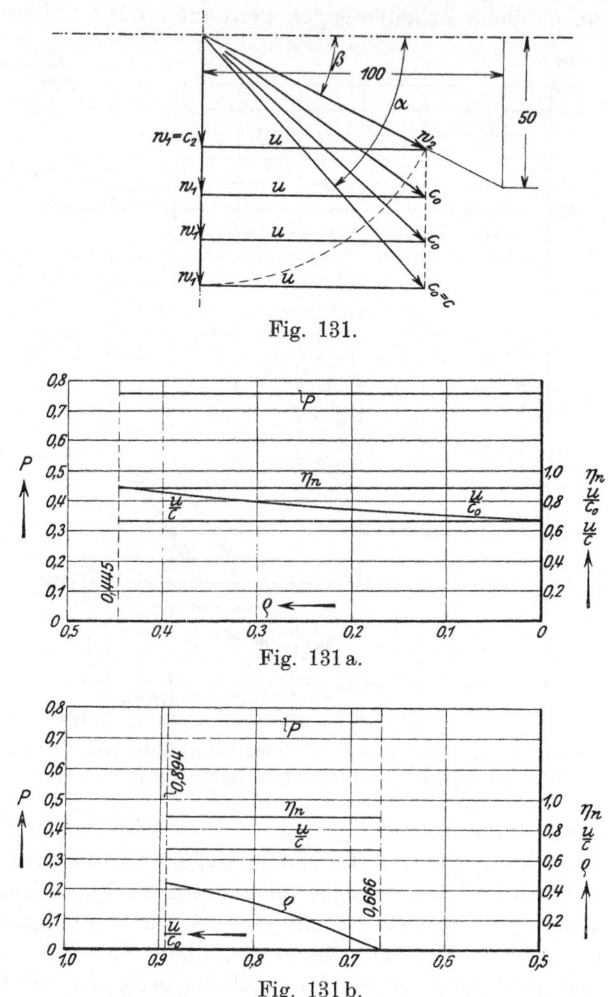

Fig. 131.

Fig. 131a.

Fig. 131b.

Übergang vom Geschwindigkeitsschema der Überdruckturbine mit $\varrho = 0{,}5$ zu dem der Windturbine mit Leitvorrichtung und $\varrho = 0$.

gewünschte Schema liegt vor. Die charakteristischen Kurven sind in Fig. 131a über ϱ und in Fig. 131b über $\frac{u}{c_0}$ dargestellt. ϱ erreicht für den angenommenen Winkel $\operatorname{tg} \beta = 0{,}5$, bei $\frac{u}{c_0} = \frac{u}{c} = 0{,}666$ den Wert

Null. Hierbei, d. h. als Druckturbine, wird der Wirkungsgrad am günstigsten sein, denn jede Überdruckwirkung würde eine, wenn auch teilweise Umwandlung der verfügbaren Strömungsgeschwindigkeit in Druckhöhe und deren Rückverwandlung in Geschwindigkeit bedingen. Daraus folgt eine doppelte Verlustquelle, die bei $\varrho = 0$ ihren kleinsten Wert hat.

Unter der Voraussetzung eines bestimmten, angenommenen Winkels β und axialer Absolutausströmung ist der Austrittwinkel α der Leitvorrichtung eindeutig festgelegt, denn es ist im Idealfall:

$$w_1 = w_2 = \frac{u}{\cos\beta} = c_0 \sin\alpha,$$

folglich:

$$\sin\alpha = \frac{u}{c_0}\frac{1}{\cos\beta} = \frac{\cos\alpha}{\cos\beta}$$

und

$$\operatorname{tg}\alpha = \frac{1}{\cos\beta};$$

hiernach für das Beispiel Fig. 131:

$$\operatorname{tg}\beta = 0{,}5; \quad \beta = 26^0\,30'; \quad \sin\beta = 0{,}446; \quad \cos\beta = 0{,}895$$

$$\operatorname{tg}\alpha = 1{,}117; \quad \alpha = 48^0\,10'; \quad \sin\alpha = 0{,}667; \quad \cos\alpha = 0{,}745.$$

Die nutzbare Arbeit ist:

$$L_n = \frac{G}{g}\,u\,(c_{0u} + c_{2u}),$$

folglich das Nutzverhältnis:

$$\eta_n = \frac{2u}{c_0^2}(c_{0u} + c_{2u}).$$

Unter Berücksichtigung der Veränderlichkeit von u ist

$$c_{0u} = c_0 \cos\alpha$$

und

$$c_{2u} = w_2 \cos\beta - u = c_0 \sin\alpha \cos\beta - u,$$

folglich

$$\eta_n = 2\frac{u}{c_0}\left(\cos\alpha + \sin\alpha\cos\beta - \frac{u}{c_0}\right).$$

Diese Formel liefert die punktierten Kurvenwerte (Fig. 132), mit dem Maximum $\eta_n = 0{,}89$ bei $\frac{u}{c} = \cos\alpha = 0{,}667$, also einen relativ hohen Wert.

Untersucht man hierfür unter Vernachlässigung der Änderung vom γ der Luft sowie der Schaufeldicken die Strömungsquerschnitte, dann ergibt sich, wenn man mit l_{e1} die radiale Leitschaufeleintrittlänge, mit l_{e2} ihre Austrittlänge und mit l_{a1} und l_{a2} die bezüglichen Laufschaufellängen bezeichnet:

$$\frac{l_{e1}}{l_{e2}} = \frac{w_1}{c_0} = \sin\alpha$$

und

$$l_{e2} = l_{a1}$$

$$\frac{l_{a1}}{l_{a2}} = \frac{c_2}{w_1} = \frac{w_1}{c_0}\,\frac{\sin\beta}{\sin\alpha} = \sin\beta,$$

folglich für das Beispiel Fig. 131:

$$\frac{l_{e1}}{l_{a2}} = \sin\alpha\sin\beta = 0{,}2975.$$

Dieses Verhältnis ist für den beabsichtigten Zweck ungünstig und wird unter Berücksichtigung der in den Schaufeln eintretenden Geschwindigkeitsverluste noch ungünstiger, d. h. kleiner.

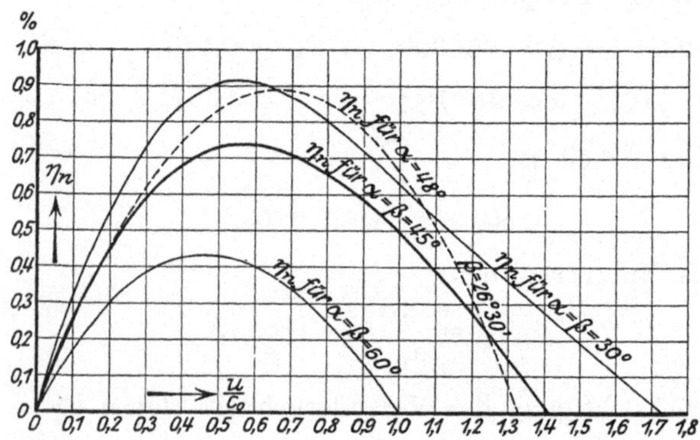

Fig. 132. Nutzverhältnis für verschiedene Austrittwinkel.

Es ergibt sich daraus die Notwendigkeit, auf Kosten der nutzbaren Arbeit einen größeren Austrittverlust zuzulassen.

Zu dem Zweck sei $\measuredangle\,\alpha = \beta = 45^0$ angenommen. S. Fig. 133.

Hierfür ergibt sich, wieder unter der Voraussetzung $w_2 = w_1$:

$$c_{0u} = c_0\cos\alpha$$

$$c_{2u} = w_2\cos\alpha - u$$

$$w_1 = w_2 = \sqrt{c_0^2 + u^2 - 2\,c_0 u\cos\alpha}\,.$$

Die nutzbare Arbeit ist:

$$L_n = \frac{G}{g} u (c_{0u} + c_{2u})$$

$$= \frac{G}{g} u \left(c_0 \cos\alpha + \cos\alpha \sqrt{c_0^2 + u^2 - 2 c_0 u \cos\alpha} - u\right)$$

$$= \frac{G}{g} u c_0 \left[\cos\alpha\left(1 + \sqrt{1 + \frac{u^2}{c_0^2} - 2\frac{u}{c_0}\cos\alpha}\right) - \frac{u}{c_0}\right]$$

und das Nutzverhältnis:

$$\eta_n = 2\frac{u}{c_0}\left[\cos\alpha\left(1 + \sqrt{1 + \frac{u^2}{c_0^2} - 2\frac{u}{c_0}\cos\alpha}\right) - \frac{u}{c_0}\right].$$

Diese Formel liefert die dick gezeichneten Kurvenwerte in Fig. 132 mit dem Maximum

$$\eta_{n\,max} = 0{,}736$$

bei $\qquad \frac{u}{c_0} = 0{,}57.$

Beim maximalen Wirkungsgrad verlangt diese Turbine ein ideales Verhältnis der Schaufellängen:

$$\frac{l_{e1}}{l_{a2}} = \sin^2\alpha = 0{,}5.$$

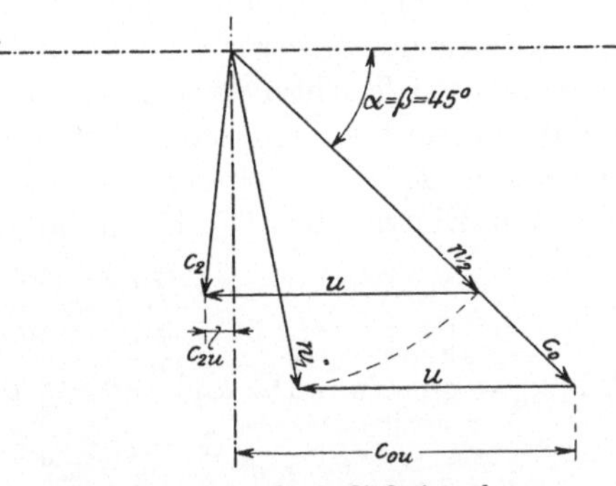

Fig. 133. Geschwindigkeitsschema für $\alpha = \beta = 45^0$.

Dies ist also bereits wesentlich günstiger als im vorhergehenden Falle.

In Fig. 132 sind außerdem noch die Kurven für $\alpha = \beta = 30^0$ und 60^0 eingezeichnet. Für die erstere ergibt sich ein maximales Nutzverhältnis von über $90\,^0/_0$. Das Verhältnis $\frac{l_{e1}}{l_{a2}}$ geht aber auf 0,25 herunter, so daß die Turbine mit diesem Winkel noch weniger Aussicht auf eine brauchbare Ausführung hat als die mit $\alpha = 48^0$ und $\beta = 26^0\,30'$.

Man könnte auch den Winkel α kleiner machen als β, z. B. w_1 und w_2 zusammenfallen lassen. Dann würde das Laufrad, da seine axiale Ein- und Austrittgeschwindigkeit gleich wird, parallel begrenzte Laufkanäle erhalten. Es müßte aber die ganze Erweiterung in die Leitschaufelkanäle verlegt werden, so daß sich dadurch keine günstigeren Verhältnisse zu ergeben scheinen.

85. Künstliche Steigerung der Arbeitsgeschwindigkeiten.

Nach dem Geschwindigkeitsschema Fig. 133 würde sich, auf Mitte der Laufkanäle und auf maximales Nutzverhältnis bezogen, für 10 m Windgeschwindigkeit eine Umfangsgeschwindigkeit des Laufrades von ca. 6 m/sk ergeben. Aus diesem Grunde, und auch um die Dimensionen herabzudrücken, ist es erwünscht, die Luftgeschwindigkeit in der Turbine künstlich zu steigern. Das ist einerseits dadurch möglich, daß man durch Zufügung einer konvergenten Verjüngung zur Leitvorrichtung in dieser unter Verlust eines Teiles der verfügbaren Arbeit eine Druck- und in der Folge Geschwindigkeitserhöhung erzeugt, andererseits dadurch, daß man nach dem Prinzip der doppelt erweiterten Mündung eine energielose Geschwindigkeitserhöhung eintreten läßt.

Wenn ein Windstrom vom Querschnitt F_0 und der Geschwindigkeit c_0 ausgenutzt werden soll, dann kann man ihn zunächst in einen konvergenten Trichter leiten. Sieht man von den eintretenden Umlenkungsverlusten ab, dann hat die Luft am kleineren Austrittquerschnitt F_1 des Trichters offenbar noch das Arbeitsvermögen, das sie beim Eintritt besaß. Es müßte also

$$\frac{G}{g}\frac{c_0^2}{2}=\frac{G}{g}\frac{c_1^2}{2},$$

d. h. $c_0=c_1$ sein. Da andererseits die Bedingung

$$G=F_0 c_0 \gamma_0=F_1 c_1 \gamma_1$$

besteht, so folgt, daß ein Druckstau entsprechend

$$\gamma_1=\gamma_0\frac{F_0}{F_1}\frac{c_0}{c_1}$$

eintreten müßte. Untersucht man nach Abschnitt 71 die mögliche Druckerhöhung, die von der Geschwindigkeit geliefert werden kann, dann ergibt sich, wenn p_{00} den ideellen Anfangsdruck, aus dem die Windgeschwindigkeit erzeugt werden kann, bedeutet, für $c=10$ m/sk

$$p_{00}-p_0=\mathrm{Num}\left(\frac{\lg 10}{0{,}96}\right),$$

eine Druckdifferenz von 11,0 kg/m².

Die aus der adiabatischen Zustandsänderung mögliche Druckerhöhung ist also praktisch Null. Daraus folgt, daß sich bei diesem Vorgang auch γ nicht merklich ändern wird, und daß die Energiewandlung nicht wie vorstehend erfolgen kann.

Geht man andererseits davon aus, daß dem Querschnitt F_1 ein Luftstrom G_1 mit der Geschwindigkeit c_0 zufließt, und setzt man den gleichen Trichter wie vorher mit dem Eintrittquerschnitt F_0 an, so strömt diesem eine im Verhältnis $\frac{F_0}{F_1}$ größere Luftmenge G mit gleicher Geschwindigkeit c_0 zu. Danach müßte sich, wenn die zugeführte Energie bei F_1 die gleiche sein soll wie bei F_0, die Strömungsgeschwindigkeit bei F_1 steigern. Indem γ als konstanter Wert eingesetzt werden kann, muß mit dieser Geschwindigkeitssteigerung auch eine Zunahme der Strömungsmenge verbunden sein. Man kann also die Energieform:

$$L_1 = \frac{G_1}{g} \frac{c_1^2}{2}$$

überführen in:

$$L_{10} = \frac{G_{10}}{g} \frac{c_{10}^2}{2} = L_0 .$$

Setzt man:

$$G_{10} = F_1 c_{10} \gamma \quad \text{und} \quad G_0 = F_0 c_0 \gamma ,$$

dann ergibt sich die Ungleichung:

$$L_{10} = \frac{F_1 c_{10}^3}{2} \frac{\gamma}{g} < \frac{F_0 c_0^3}{2} \frac{\gamma}{g} .$$

Betrachtet man diese zunächst in bezug auf die Energie als Gleichung, dann kann man schreiben:

$$c_{10} = c_0 \sqrt[3]{\frac{F_0}{F_1}} .$$

Die Geschwindigkeit c_{10} würde sich demnach zu c_0 über dem Querschnittsverhältnis $\frac{F_0}{F_1}$ nach Kurve $\frac{c_{10}}{c_0}$ (Fig. 134) verhalten.

Setzt man vorstehenden Wert für c_{10} ein, dann wird:

$$L_{10} = \frac{G_{10}}{g} \frac{c_0^2 \sqrt[3]{\left(\frac{F_0}{F_1}\right)^2}}{2} < \frac{G_0}{g} \frac{c_0^2}{2} ,$$

d. h. unter der Voraussetzung, daß die ganze Arbeit L_0 auf die Strömung in F_1 übertragen wird, bleibt von G_0 noch ein Betrag übrig, der nicht durch F_1 zu strömen vermag.

Das ideale Verhältnis von $\frac{G_0}{G_{10}}$ ist:

$$\frac{G_0}{G_{10}} = \sqrt[3]{\left(\frac{F_0}{F_1}\right)^2} .$$

Es ist gleichfalls in Fig. 134 dargestellt, ebenso seine reziproken Werte Um eine bildliche Darstellung des Verhältnisses $\frac{F_0}{F_1}$ zu geben, ist dieses in Fig. 134 noch besonders durch zwei divergierende Linien dargestellt.

Aus der Tatsache, daß nicht die ganze Menge G_0 durch F_1 strömen kann, folgt, daß der Rest, nachdem er einen Teil seiner Energie auf G_{10} übertragen hat, durch einen Druckstau vor F_0 seitlich abfließt. Dazu muß der Überschuß einen Teil seiner Strömungs-

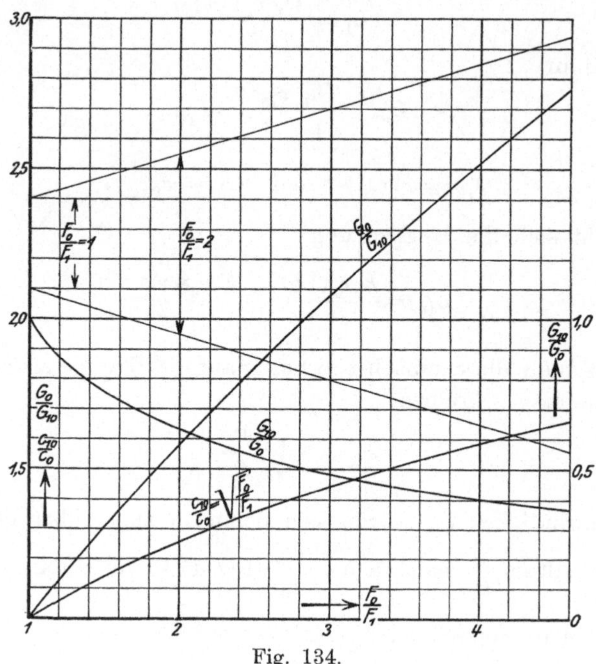

Fig. 134.

energie behalten, so daß in Wirklichkeit weder die idealen Werte für $\frac{G_{10}}{G_0}$, noch die für $\frac{c_{10}}{c_0}$ erreicht werden.

Der überfließende Luftstrom muß die außerhalb der Projektion des Umfanges von F_0 strömende Luft verdrängen, so daß dadurch die Möglichkeit eines Druckstaues vor F_0 gegeben ist.

Das tatsächliche Nutzverhältnis von $\frac{L_{10}}{L_0}$ hängt nun offenbar, wie bei jeder Strömungsmündung, von deren Form ab. Es dürfte möglich sein, den Vorgang für bestimmte Mündungen mathematisch zu verfolgen. Hier wird darauf verzichtet, denn eine entsprechende Ergänzung der Theorie läßt sich ohne experimentelle Kontrolle nicht mit genügender Präzision aufstellen, weil nur durch den Versuch einigermaßen sicherer Aufschluß über die Größe der auftretenden Verluste gewonnen werden kann.

86. Beispiel einer Windturbine.

Um zu zeigen, daß die erwähnte Steigerung des Wirkungsgrades mit der Turbine unter Annahme von schätzungsweise der Wirklichkeit entsprechenden Verlusten erreicht wird, soll ein bezügliches Beispiel durchgerechnet werden.

Es soll der eingangs erwähnte Fall angenommen und untersucht werden, welche Dimensionen eine Windturbine zur Ausnutzung einer Luftsäule von 24 m Durchmesser, $F_0 = 552\ \mathrm{m}^2$, ungefähr erhalten würde, wenn der Berechnung eine Windgeschwindigkeit $c_0 = 10$ m/sk zugrunde gelegt wird.

Die Turbine soll einen Beschleunigungstrichter mit $\frac{F_0}{F_1} = 2$ erhalten. Um die Strömung möglichst gleichmäßig zu beschleunigen und Raum für die Unterbringung der Turbinenwelle und Lager zu gewinnen, wird der Trichter ringförmig gebaut, wie in den Fig. 135 angedeutet. Die beiden Innendurchmesser ergeben mit $F_1 = 226\ \mathrm{m}^2$ z. B. 7200 und 17 000 mm ∅. (Diese Dimensionen treten in Fig. 135 nicht in Erscheinung.) Nach Fig. 134 ist das ideale Verhältnis $\frac{G_{10}}{G_0} = 0{,}635$. Angenommen, der Mengenkoeffizient, der die Nebenverluste der Einströmung deckt, ist $\mu = 0{,}85$, dann wird die tatsächlich nutzbare Menge:

$$G_n = \mu\left(\frac{G_{10}}{G_0}\right) G_0 = 0{,}85 \cdot 0{,}635\, G_0 = 0{,}54\, G_0 .$$

Es würde folglich die Menge $G_{0v} = 0{,}46\, G_0$ überfließen. Nimmt man ferner an, daß deren Abströmgeschwindigkeit $0{,}5\, c_0$ beträgt, dann verbleibt die nutzbare Arbeit:

$$\begin{aligned} L_n = L_0 - L_v &= \frac{G_0}{g}\frac{c_0^2}{2} - \frac{0{,}46\, G_0\, 0{,}25\, c_0^2}{g \qquad 2} \\ &= \frac{G_0}{g}\frac{c_0^2}{2}(1 - 0{,}115) \\ &= 0{,}885\, L_0 . \end{aligned}$$

Hieraus folgt mit Hilfe des Idealwertes $\frac{c_{10}}{c_0}$ (Fig. 134):

$$c_{1u} = 0{,}885\left(\frac{c_{10}}{c_0}\right) c_0 = 0{,}885 \cdot 1{,}25 \cdot c_0 = 11{,}05\ \mathrm{m/sk} .$$

Die künstliche Steigerung der Windgeschwindigkeit beträgt in diesem Falle rund 1 m. Sie wird erreicht unter Aufwand von 11,5 % Energieverlust und unter Reduktion des Strömungsquerschnittes auf 50 %.

An den Querschnitt F_1 hätte sich der gleichgroße Querschnitt F_{e1} des eigentlichen, zur Umlenkung dienenden Leitapparates anzuschließen, der wieder eine radial divergierende Form bedingt. Es lassen sich

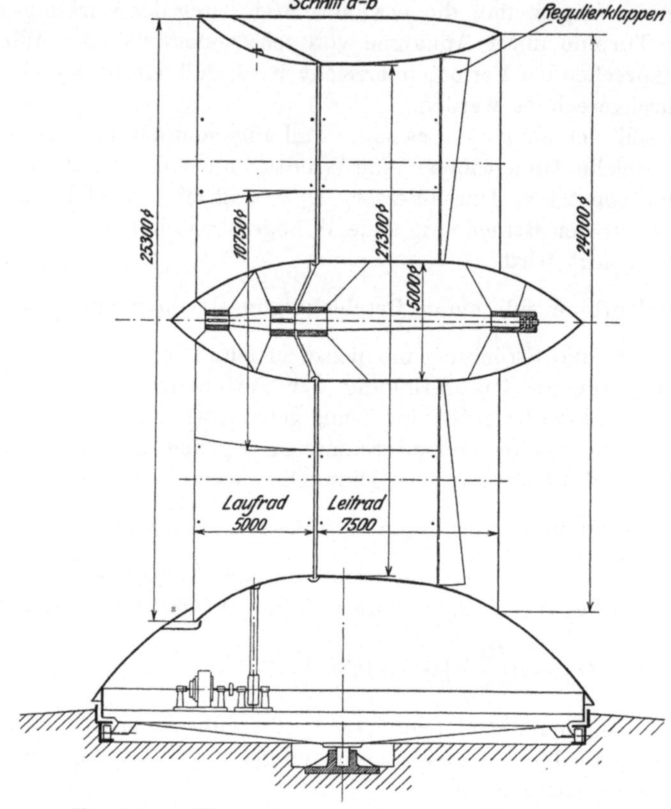

Fig. 135a. Windturbine von 24 m ∅. Längsschnitt.

nun offenbar Trichter und Leitapparat vereinigen mit dem Erfolg, daß die Konvergenz des ersteren durch die Divergenz des letzteren ganz oder zum Teil aufgehoben wird.

Angenommen, der Austrittwinkel α des Leitapparates betrage im Mittel 45^0; dann ist das Verhältnis der effektiven Kanalaustrittbreite zur Kanalteilung unter Vernachlässigung der mit ca. 1 % der Kanalbreite ausführbaren Schaufeldicke und unter Annahme eines Leitschaufel-Geschwindigkeitsverlustes von 5 %, d. h. $\varphi = 0{,}95$:

$$\frac{b_{e2}}{t_{e2}} = \varphi \sin \alpha$$
$$= 0{,}95 \cdot 0{,}707 = 0{,}672.$$

Der Kreisringquerschnitt am Austritt des Leitapparates wird demnach

$$F_{e2} = \frac{t_1}{b_1} F_1 = \frac{226}{0{,}672} = 337 \text{ m}^2.$$

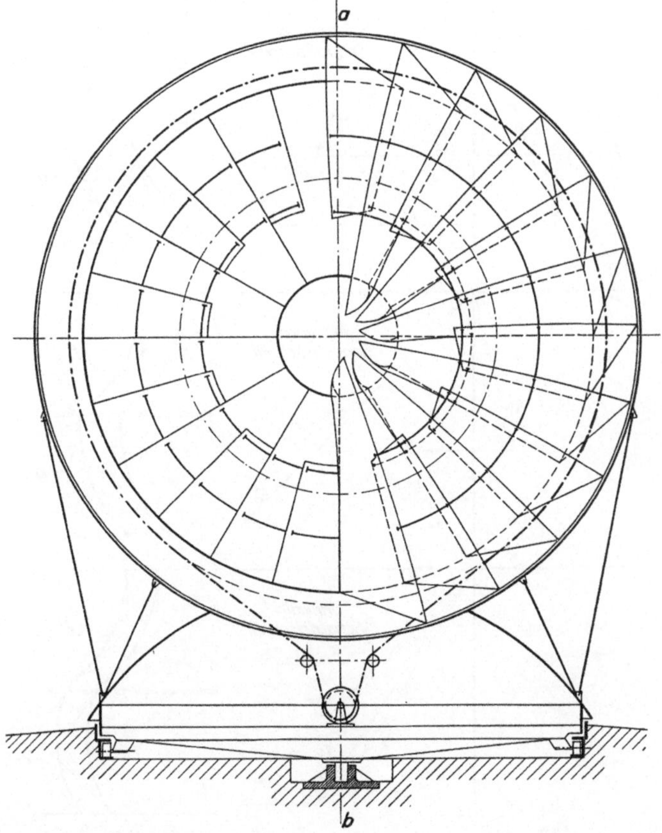

Fig. 135 b. Windturbine von 24 m ⌀. Querschnitt.

Bei einem angenommenen inneren Durchmesser von 5000 mm wird daher der äußere 21 300 mm (Fig. 135).

Da im Laufrad der mittlere Eintrittwinkel annähernd 90^0 und $\frac{b_{a1}}{t_{a1}} \sim 1$ wird, kann für den Laufschaufelaustritt, weil mit ungefähr gleichen Verlusten zu rechnen ist, das Verhältnis $\frac{b_{a2}}{t_{a2}}$ dem des Leitrades gleichgesetzt werden. Der axiale Laufradaustrittquerschnitt wird dann:

$$F_{a2} = \frac{t_{a2}}{b_{a2}} F_{e2} = \frac{337}{0,672} = 502 \text{ m}^2,$$

woraus, wenn die gesamte Fläche nutzbar, ein Durchmesser von 25 300 mm folgt (Fig. 135).

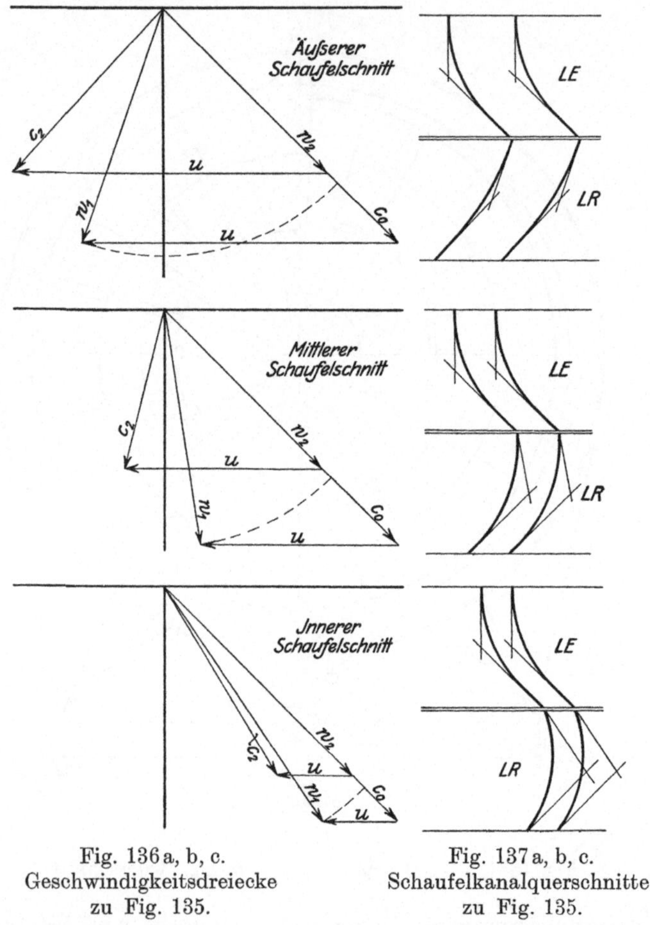

Fig. 136 a, b, c. Geschwindigkeitsdreiecke zu Fig. 135.

Fig. 137 a, b, c. Schaufelkanalquerschnitte zu Fig. 135.

Infolge der großen Differenz des inneren und äußeren Strömungsdurchmessers ist es hier nicht, wie bei Dampfturbinen, zulässig, das Geschwindigkeitsdreieck des mittleren Schaufelkreisdurchmessers für die Bestimmung der Schaufelwinkel und des Wirkungsgrades anzunehmen. Es müßte, streng genommen, ein integrierendes Rechnungsverfahren angewandt werden, welches auf die kontinuierliche Änderung von u über r Rücksicht nimmt. Nachdem es sich hier aber nur um einen überschläglichen Nachweis handelt, wird eine Schätzung des Wirkungsgrades auf Grund der Wirkungsgrade genügen, die sich, auf den inneren, mittleren und äußeren Laufschaufeleintrittskreis bezogen, ergeben.

In diesen drei Zonen arbeitet die Strömung, unter Annahme von $5\,^0/_0$ Geschwindigkeitsverlust in den Laufschaufeln und bei Vernachlässigung der radialen Strömungskomponenten mit den Wirkungsgraden η_i', die sich aus den Geschwindigkeitsdreiecken Fig. 136 berechnen. Neben den drei Einzelfiguren 136 sind in Fig. 137a/c die zugehörigen Schaufelkanal-Querschnitte konstruiert. Um den schädlichen Einfluß zu beseitigen, der durch die große Divergenz zwischen innerem und äußerem Kanaldurchmesser entsteht, ist außen die doppelte Schaufelzahl vorgesehen wie innen, und zwar so, daß jede zweite Leit- und Laufschaufel mit einem mittleren Innenradius von 5,375 m (Fig. 135) endigt.

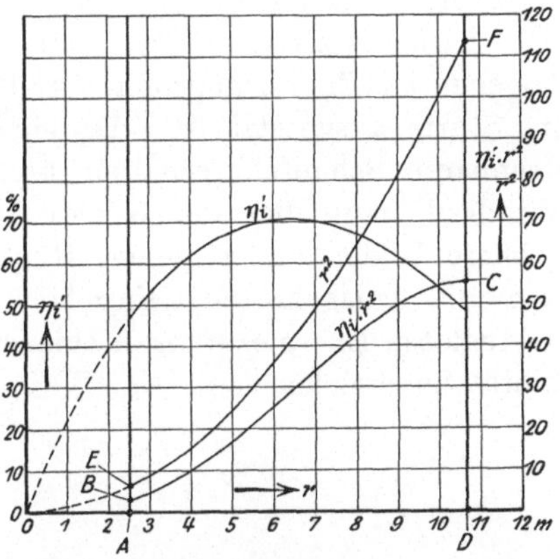

Fig. 138. Wirkungsgrad der Windturbine Fig. 135.

Die η_i'-Kurve würde, über dem Schaufelradius aufgetragen, ungefähr die Form Fig. 138 haben. Die Luftmenge G nimmt über dem Radius quadratisch nach der in der gleichen Figur eingetragenen r^2-Kurve zu. Die Ordinaten dieser Kurve sind proportional dem verfügbaren Arbeitswert, der über den zugehörigen $\pi\Phi\Delta r$ strömt. Das Produkt $\eta_i' r^2$ gibt daher den zugehörigen Verlauf des Arbeitswertes und das Verhältnis der Fläche $ABCD$ zur Fläche $AEFD$ annähernd den mittleren Wirkungsgrad am Radumfang $\eta_i = \frac{N_i}{N_n}$ an. Dieses ergibt im vorliegenden Falle $\eta_i = 0{,}62$. Multipliziert man diesen Wert noch mit dem früher berechneten Verhältnis $\frac{L_n}{L_0} = 0{,}885$ und dem mechanischen Wirkungsgrad der Turbine, der zu $\eta_m = 0{,}91$ angenommen werden soll, dann ergibt sich der effektive Wirkungsgrad der Turbine

$$\eta_e = \eta_i \frac{L_n}{L_0} \eta_m = 0{,}5.$$

Es zeigt sich also, daß die Ausnutzung der Windenergie mit einiger Wahrscheinlichkeit auf $50\,^0/_0$ gebracht werden kann, wie in in Fig. 130 angenommen.

Aus dem Rechnungsgang geht hervor, daß sich die Ausnutzung ohne Schwierigkeit noch weiter steigern läßt.

Wegen der Analogie zwischen Windströmungen und hydraulischen Strömungen (Abschnitt 69) folgt auch für die Windturbine, daß eine weitere Steigerung der Arbeitsgeschwindigkeiten, durch Anfügen eines divergierenden Kanals hinter dem Laufrad möglich ist.

Die Leistungsregulierung ist z. B. durch drehbare Klappen, wie in Fig. 135a vor den Leitschaufeln angedeutet oder durch diverse ähnliche Mittel möglich.

Zurückgreifend auf Fig. 130 sei noch darauf hingewiesen, welchen ungeheuren Energieangriffen ein Bauwerk, wie das hier berechnete, im Sturm ausgesetzt ist. Da eine solche Turbine keine in den Wind drehbaren Schaufeln erhalten kann, wie die Windmühle oder das Windrad, muß bei der Konstruktion auf eine verhältnismäßig viel größere Widerstandsfähigkeit Rücksicht genommen werden. Trotzdem die Anlagekosten daher hoch werden, dürfte in Anbetracht der kostenlosen Energiezufuhr in vielen Fällen eine befriedigende Rentabilität zu erzielen sein.

Trag- und Schlagflügel.

87. Die Grundlagen der Arbeitsleistung beim Flug.

Unter der Bezeichnung „Tragflügel" sei die Gruppe der Aeroplanflügel, unter „Schlagflügel" die aller fliegenden Tiere verstanden.

Beide haben die eine gemeinsame Funktion zu erfüllen, an Stelle des Bodengegendrucks, der die Schwerkraft der Ruhe oder gleichförmiger Bewegung, d. i. das Gewicht eines Körpers gewöhnlich aufnimmt, einen dynamischen Luftdruck zu erzeugen. Mit anderen Worten: *Sein Gewicht ist durch das entgegengesetzt wirkende Relativgewicht einer beschleunigten Luftmenge aufzuheben. Bei beschleunigter oder verzögerter Bewegung tritt an Stelle des Ruhegewichts das relative der Bewegung.* Der Flugkörper liefert zur Erzeugung des Gewichtsgegendrucks mechanische Arbeit und überträgt diese in Luftströmungsarbeit, um deren Bewegungsgröße als Tragkraft resp. Antriebskraft nutzbar zu machen. Windstille vorausgesetzt, verlangt demnach der Flug im allgemeinen zur Erzeugung des Strömungsdrucks eine Absolutbewegung des Körpers. Ist eine Windströmung vorhanden, dann ist es denkbar und bei Vögeln sogar möglich, daß die Tragkraft der Flügel beim Flug gegen den Wind ohne Absolutbewegung des Körpers erzeugt wird.

Bei Aeroplanen ist dies z. Z. wegen des kleinen Verhältnisses von Tragfläche zum Eigengewicht und vermutlich auch wegen geringeren Strömungswirkungsgrades und mangelnder Manövrierfähigkeit noch nicht möglich.

Die vom Antrieb zu erzeugende Tragkraft ist für den erdradialen Gewichts-Ruhezustand, d. h. wenn sich der Körper erdtangential bewegt, gleich dem Gewicht G. Die erdradiale Gewichtswirkung ändert sich auch nicht, wenn der Körper sich in erdradialer Richtung im positiven oder negativen Sinne mit gleichförmiger Geschwindigkeit bewegt. Die dabei eintretende Änderung der Erdbeschleunigung g, die auf 1000 m Höhendifferenz nur ca. 0,003 beträgt, kann praktisch vernachlässigt werden. Wohl aber tritt hierbei eine Veränderung des energetischen Potentials des Körpers ein. Er nimmt Energie auf mit zunehmender Entfernung vom Erdzentrum und liefert umgekehrt solche ab. Wenn sich also ein Flugkörper vom Gewicht G, mit der gleichförmigen Geschwindigkeit v erdtangential bewegt, so ist hierfür die ideale Arbeit

$$L = \frac{G_l}{2g} f(c^2) = \frac{F\gamma v}{2g} f(c^2)$$

aufzubringen, worin G_l die nutzbar beschleunigte Luftmenge, c ihre nutzbare Beschleunigung und F die für die Beschleunigung wirksame Leitfläche (Flügelfläche) bedeuten. F und c sind ebenso wie beim Schiffssegel wegen der Nichtbegrenzung der Strömungsbahn und hier außerdem wegen der Unsicherheit bezüglich Richtung und Größe von c, für die praktische Rechnung schwer zu ermittelnde Werte.

Die vorgenannte Arbeitsgleichung bleibt bestehen, wenn sich der Körper, anstatt horizontal, schräg nach oben oder unten bewegt. Ihr Größenwert aber ändert sich, weil der Antrieb beim Steigen die zusätzliche Hebearbeit $L_r = Gv \sin\alpha$ (Fig. 139) an den Körper zu liefern hat, oder er vermindert sich beim Senken um einen Betrag von der gleichen Größenordnung, weil der Körper selbst diese Differenz L_r an die Luft abliefert. Dabei bezeichnet α den Neigungswinkel, den v zur Horizontalrichtung annimmt.

Mit einiger Annäherung kann man für diesen Bewegungsvorgang die Arbeitsgleichung zerlegen in die beiden Glieder:

$$L = L_t + L_r = \frac{F\gamma v}{2g} f(c^2)(\cos^2\alpha \pm \sin^2\alpha).$$

Hierin bezeichnet L_t die für Erzeugung der Horizontalkomponente v_t (Fig. 139) und L_r die für die Komponente v_r aufzuwendende Arbeit. Der zweite Summand wird, wenn man α nach Fig. 139 einsetzt, für den beschleunigten Aufwärtsflug positiv, für den Abwärtsflug negativ und für den Horizontalflug Null. Bei Verzögerung umgekehrt.

Bei der schrägen Bewegung kommt, gegenüber der horizontalen, in die Größe F und die nutzbare Größe von c eine neue Unsicherheit, weil ihre Werte von der Konstruktion der Tragfläche abhängen, deren wirksame Projektion F und deren Krümmung bei verschiedenen Ausführungen auch ein, z. T. von der Steuerung beeinflußtes verschiedenes Verhalten ergeben.

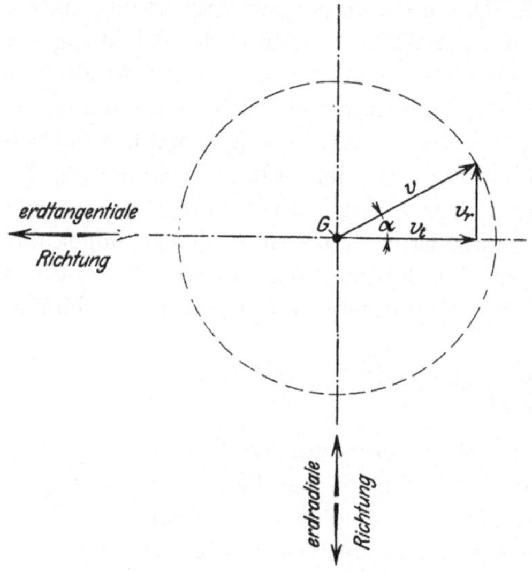

Fig. 139. Gleichförmige Bewegung eines Flugkörpers.

Sind die Bewegungen des Flugkörpers beschleunigt oder verzögert, dann ist das vom Antrieb zu tragende Gewicht resp. die Tragkraft nicht mehr mit dem Ruhegewicht des Körpers identisch, sondern mit dem relativen Gewicht, das in erdtangentialer Richtung, bei Ruhelage oder gleichförmiger Geschwindigkeit und in erdradialer Richtung, bei negativer Beschleunigung (Erdnäherung) von der Größe g den Wert Null hat.

Bezeichnet man die erdradiale Komponente des Relativgewichtes, welches ein Körper bei Bewegung nach irgendeiner Richtung hin annimmt, mit der Kraft P_r, die zur Herstellung des Beschleunigungszustandes erforderlich ist, dann ist diese gegeben durch:

$$P_r = G \pm \frac{G}{g}\, b \sin\alpha = G\left(1 \pm \frac{b}{g} \sin\alpha\right),$$

worin G wieder das Körpergewicht und b die Sekundenbeschleunigung durch den äußeren Antrieb bedeutet (Fig. 140). Wird α wie früher aufgetragen, dann folgt nach der Formel, daß mit $\alpha = 90^0$, wenn der Beschleunigungswert b gleich der Erdbeschleunigung g wird, das Relativgewicht P_r bei erdradialer Entfernung die Größe $P_r = 2\,G$, bei erdradialer Näherung die Größe $P_r = 0$ annimmt und bei erdtangentialer Beschleunigung, d. i. mit $\alpha = 0^0$, die Größe $P_r = G$ behält. Das positive Vorzeichen des zweiten Summanden gilt für beschleunigte Aufwärts- und verzögerte Abwärts-Bewegung, das negative für die umgekehrten Bewegungszustände. Wenn im letzten Fall

$\frac{b}{g}\sin\alpha > 1$, G also negativ wird, so bedeutet das, daß es seinen Richtungssinn ändert. Es wird dann keine abwärtsweisende, sondern eine aufwärtsweisende Richtung annehmen.

Sobald ein Körper außer der erdradialen auch eine erdtangentiale Beschleunigungskomponente erfährt, was nach Fig. 140 für die Absolutbeschleunigung in Richtung und Größe b mit der Komponente $b_t = b\cos\alpha$ der Fall ist, dann äußert der Körper auch eine Gewichts-

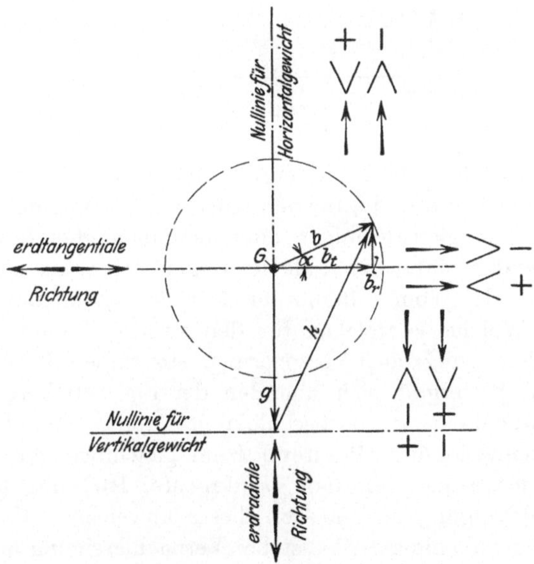

Fig. 140. Beschleunigte oder verzögerte Bewegung eines Flugkörpers.

wirkung in Richtung b_t, der ebenfalls eine gleichgroße Kraftäußerung des Antriebs entgegenwirken muß, wenn der beabsichtigte Beschleunigungszustand aufrecht erhalten werden soll. Das relative erdtangentiale Gewicht P_t steht, ebenso wie das erdradiale, zum Ruhegewicht im Verhältnis der erteilten Beschleunigung (hier in Richtung b_t) zur Erdbeschleunigung, also:

$$P_t = G\frac{b_t}{g} = G\frac{b\cos\alpha}{g}.$$

P_t nimmt den Wert Null an, wenn $b_t = 0$ ist, es nimmt einen negativen Wert an, d. h. der Körper vermag Arbeit abzugeben, wenn b_t negativ ist und es wird positiv, d. h. der Körper nimmt Arbeit auf, wenn b_t positiv ist. Das in Fig. 140 für die tangentiale Verzögerung $\rightarrow\!>\!-$ angegebene negative Vorzeichen hat diesen Sinn nur in bezug auf die Richtungswirkung von P_t. Dessen absoluter Wert ist positiv. Verlegt man das Verzögerungsgebiet auf die linke Seite der Ordinatenaxe, so wird dem Rechnung getragen, indem das Vorzeichen wechselt.

Aus der Zusammensetzung von P_r und P_t folgt eine resultierende relative Gewichtswirkung von G in Richtung und Größe von k aus:

$$P = G\frac{k}{g} = G\sqrt{\left(1 \pm \frac{b}{g}\sin\alpha\right)^2 + \left(\frac{b}{g}\right)^2 \cos^2\alpha}$$

$$= G\sqrt{1 \pm 2\frac{b}{g}\sin\alpha + \left(\frac{b}{g}\right)^2}.$$

In dieser Form der Gleichung ergibt sich das Relativgewicht oder die ideale Antriebskraft, die für den Körper in irgendeiner Bewegungskombination mit gleichförmiger oder beschleunigter Bewegung entsteht. Treffender wäre die „ideale Gegenkraft“ als „das relative Gegengewicht der vom Flugkörper beschleunigten Luftmenge“ zu bezeichnen. Welche Vorzeichen für den zweiten Summanden gelten, wenn Beschleunigung oder Verzögerung, steigende oder sinkende Bewegung vorliegt, ergibt sich aus den der Fig. 140 beigeschriebenen Symbolen, wobei $\rightarrow\!<$ die beschleunigte und $\rightarrow\!>$ die verzögerte Bewegung kennzeichnen. Während k im gleichförmigen Bewegungszustand immer seine erdradiale (senkrechte) Richtung behält, wird es im Beschleunigungszustand von dieser abweichen. Es kann dann jede Richtung annehmen. (Selbst bei Vernachlässigung der durch die Nebenverluste — Eigenverdrängung und Reibung — bedingten zusätzlichen Widerstände ist auch eine nach unten weisende Richtung denkbar). Bei konstantem Flug wird k immer in senkrechter Richtung liegen oder während der vorübergehenden Perioden der Horizontalbeschleunigung oder Verzögerung nur wenig davon abweichen.

In Fig. 141 ist eine Übersicht über sämtliche möglichen Beschleunigungs- und Verzögerungskombinationen gegeben. Sie ist lediglich eine erweiterte Darstellung der Fig. 140. Wenn man die vier Kreisquadranten entsprechend den Indexzahlen der eingetragenen Beschleunigungs- und Verzögerungswerte mit 1 bis 4 bezeichnet, dann folgt nach den trigonometrischen Funktionen der Formel für P die Verteilung der Bewegungszustände wie folgt:

Die Richtung k des resultierenden Relativgewichtes weist vom absoluten Gewichts-Nullzustand, d. h. vom Beschleunigungszustand g ausgehend, nach

Quadrant	1	bei	erdtang.	Beschl.	und	erdrad.	Beschl.	aufwärts,
„	2	„	„	„	„	„	„	abwärts,
„	3	„	„	Verzög.	„	„	Verzög.	aufwärts,
„	4	„	„	„	„	„	„	abwärts.

Außer den in Fig. 141 dargestellten Bewegungskombinationen sind noch weitere möglich, dadurch, daß beschleunigte und verzögerte Bewegungskomponenten zusammengesetzt werden. Die Übersicht über diese ergibt sich, wenn man die erdradialen Komponenten der Beschleunigung rechts der Ordinatenachse mit denen der Verzögerung

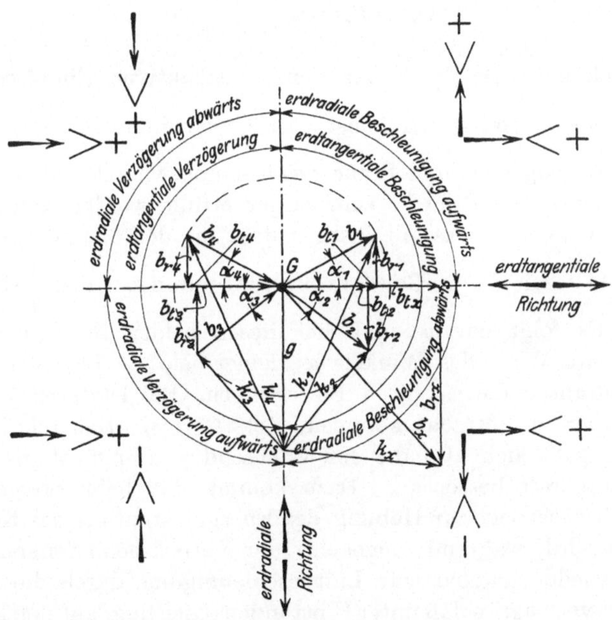

Fig. 141. Darstellung des Gesamtgebietes beschleunigter und verzögerter Bewegungen.

links der Achse vertauscht. Damit sind auch die zugehörigen, die Bewegungsrichtung im Raum angebenden Symbole —→>+ und —→<+ zu vertauschen, d. h. um die Ordinatenachse zu drehen. An den Absolutwerten von k resp. am Relativgewicht des Körpers ändert sich dabei nichts, wenn b_r und b_t ihre Werte behalten. Es ändert sich nur der Richtungssinn von k im Raum.

Der Körper behält eine nach abwärts gerichtete Gewichtskomponente, solange k oberhalb der in Fig. 140 eingezeichneten, durch den Endpunkt von g laufenden Nullinie des Vertikalgewichtes liegt. Fällt

k unterhalb dieser, wie bei den mit dem Index x bezeichneten Dreiecken im zweiten Quadranten Fig. 141, dann hat der Körper eine nach oben wirkende Gewichtskomponente von der Größe $b_{rx} - g$.

In der Hauptsache hat die durch die Tragflügel erzeugte Nutzströmung, die vertikale Tragkraft:

$$P_r = \frac{F}{g}\gamma\left(v \pm \frac{b}{2}\right)\cos\alpha\, f(c),$$

das gleichgroße relative Gegengewicht:

$$G_r = P_r = G\left(1 \pm \frac{b}{g}\sin\alpha\right)$$

aufzunehmen. Da $f(c)$ außer von konstruktiven Einflüssen von der Größe $\left(v \pm \frac{b}{2}\right)\cos\alpha$ (bei konstanter Geschwindigkeit von $v\cos\alpha$) abhängt, G_r dagegen vom Sinus des Neigungswinkels, so folgt, daß die Gleichung $G_r = P_r$ um so schwieriger erfüllt werden kann, je größer der Winkel α ist. Das gilt insbesondere für den 1. und 4. Quadranten (Fig. 141) bei deren Bewegungsvorgängen das Glied $\frac{b}{g}\sin\alpha$ positiv wird. Es folgt daraus, daß bei diesen beiden Bewegungsarten der erreichbare Wert des Winkels α kleiner ist, als bei den im 2. und 3. Quadranten dargestellten Bewegungen. Bei letzteren wird, soweit Flugkörper in Betracht kommen, stets $G_r < G$. Das relative Körpergewicht paßt sich also der mit wachsendem α ungünstiger werdenden Flügeltragkraft besser an. Dazu kommt, daß beim Steigen ein Teil der Antriebsarbeit zur Hebung des Energiepotentials des Körpers verbraucht wird, während umgekehrt der Körper beim Senken die Hebearbeit wieder nutzbar zur Luftbeschleunigung durch die Flügel abzugeben vermag, so daß unter Umständen (Gleitflug) auf den künstlichen Antrieb verzichtet werden kann.

Mit dieser Erörterung der bei den verschiedenen möglichen Bewegungszuständen sich ergebenden idealen Gewichtsänderungen, ist die Anwendbarkeit der rein mathematischen Behandlung des Flugproblems nahezu erschöpft. Wenn man die Arbeitsleistungen in Betracht zieht, die erforderlich sind, um einem Körper beliebige Flugbewegungen zu erteilen, so ergeben sich für ihre Summe so viele variable und durch Rechnung unkontrollierbare Größen, daß dem Resultat eines Rechnungsversuches ohne empirische Hilfsmittel wenig praktischer Wert zukommen würde.

Außer dem Einfluß der mit Zu- oder Abnahme des Relativgewichtes verbundenen Wechsel des Energiepotentials des Körpers selbst, resp. seines Relativgewichtes, kommen als variable Einflüsse in Betracht die mit Richtungsänderungen verknüpften Änderungen des Wirkungsgrades der nutzbaren Tragflächen, einschließlich derjenigen der Höhensteuerung.

Ein weiterer Teil der aufzuwendenden Antriebsenergie ist für die Luftverdrängungs- und Nachströmarbeit des Eigenvolumens des gesamten Flugkörpers zu leisten. Hierfür gelten die für Schwimmkörper und Geschosse entwickelten Richtlinien. Die Berechnung der Größenwerte der hierfür aufzuwendenden Arbeit begegnet wegen der in Betracht kommenden unregelmäßigen Formen noch größeren Schwierigkeiten, als z. B. bei Schiffen. Der Konstrukteur muß sich in der Hauptsache darauf beschränken, die für Körper günstiger Verdrängungsformen maßgebenden Grundsätze nach Möglichkeit zu berücksichtigen.

Das gleiche gilt für die letzte Gruppe der Nebenverluste, die Reibungsarbeit.

Die Summe der sämtlichen Arbeitswerte, minus derjenigen, die der Körper selbst bei Senkung mit konstanter Geschwindigkeit oder bei verzögernden Bewegungen an die Trag- und Verdrängungsströmung zu liefern vermag, sind beim Aeroplan durch den Propellerantrieb, beim Vogel durch diesem entsprechende axiale Antriebsströmungen, die durch die Flügel hervorgebracht werden, zu erzeugen.

Die Antriebswirkung des Aeroplanpropellers ist im Prinzip die gleiche wie die der Schiffsschraube. Es ist also hier eine weitere beträchtliche Verlustquelle zu suchen, welche die von der Antriebsmaschine aufzuwendende Gesamtenergie erhöht.

88. Die Erzeugung der Tragarbeit.

Der Strömungsvorgang am Tragflügel hat Ähnlichkeit mit dem in der „Am-Wind-Stellung" arbeitenden Segel. Die Energieumsetzung hat jedoch wesentlich andere Funktionen zu erfüllen. Es bestehen zwei prinzipielle Unterschiede:

Erstens ist die Arbeitsübertragung grundsätzlich umgekehrt. Dort vom Wind auf das Segel resp. Schiff und Wasser, hier vom Antriebmotor auf den Flugkörper, die Flügel und die Luft.

Zweitens erscheint beim Flügel der am Segel auf Abtrift wirkende Seitendruck als nützliche Tragkraft.

Während das Segel zur Kategorie der Turbinen gehört, sind die Flügel zu den Propellern oder Ventilatoren zu zählen. Das letztere ist, soweit die Erzeugung der Tragkraft in Frage steht, zutreffender.

Bei den verhältnismäßig großen Geschwindigkeiten, mit denen Flügel arbeiten, wirken auf diese nicht nur Umlenkungskräfte, sondern es kommen auch im gleichen Sinn Differenzen des absoluten Luftdrucks zur Geltung, die einen nicht zu vernachlässigenden Anteil an der Tragkraft haben.

Die Erzeugung der Tragkraft läuft darauf hinaus, durch die Flügel eine möglichst senkrecht nach unten gerichtete absolute Luftbeschleunigung hervorzubringen, deren senkrechter Beschleunigungsdruck als Tragkraft nutzbar wird, während die Arbeitsmenge selbst in Luftströmungen verloren geht. Das Bestreben des Konstrukteurs muß darauf gerichtet sein, die Tragkraft mit möglichst geringem Arbeitsaufwand zu erzeugen. Da die Tragarbeit auch bei Körpern günstiger Verdrängungsformen stets den größten Teil der Gesamtarbeit aufbraucht, ist ein günstiger Wirkungsgrad für sie besonders wichtig.

Die Berechnung des absoluten Wertes der Tragarbeit leidet unter derselben Unsicherheit, wie die Berechnung der Treibarbeit der Segel. Es ist wegen der nur einseitigen Begrenzung des Strömungsquerschnittes erstens nicht möglich, die genaue Größe der in Bewegung gesetzten Luftmenge zu bestimmen, zweitens wird dieser, über dem Strömungsquerschnitt betrachtet, eine in Null verlaufende Geschwindigkeit erteilt, so daß in der Arbeitsgleichung zwei unbestimmbare Größen erscheinen.

Aus diesen Gründen muß die Theorie wie beim Segel auf allgemeine Erörterungen beschränkt bleiben.

Der Vogelflügel, durch eine endlose Stufenreihe der Zuchtwahl zu einer Maschine von unnachahmbarer Regulierfähigkeit ausgebildet, ist fraglos das vorzüglichste Vorbild auch für die Konstruktion des Aeroplanflügels.

Das gilt zunächst nur, soweit die Erzeugung der Tragkraft in Frage kommt, da der Aeroplanflügel in seiner jetzigen Form außer teilweiser Seitensteuerung nur diese eine Aufgabe zu erfüllen hat. Der Vogelflügel dagegen übernimmt durch Verlegung des Systemschwerpunktes, durch Änderung seiner Form und Stellung, sowie der Flügelschlagzahl auch einen großen Teil der Höhensteuerung, die beim Aeroplan ganz dem Höhensteuer überlassen wird. Er hat außerdem beim Landen Bremsarbeit zu leisten und vor allen Dingen den Horizontalantrieb zu liefern. Zu alledem muß er noch der Bedingung genügen, zusammenfaltbar zu sein.

Soweit die Erzeugung der Tragkraft in Betracht kommt, haben alle Vogelflügel und in Übereinstimmung damit die der Aeroplane konkav nach unten gekrümmte Segelflächen, deren Hauptaufgabe die ist, den mit der Relativgeschwindigkeit w_1 einkommenden Luftstrom nach unten abzulenken. Gerade Flächen von gleicher Projektionsgröße in Richtung u haben sich durch Versuche gegenüber gekrümmten weniger wirksam erwiesen. Sie erzeugen eine mehr stoßartige Umlenkung, infolgedessen einen größeren atmosphärischen Überdruck und in weiterer Folge eine vermehrte nutzlose Abströmung der Betriebsluft, sowie größere Wirbelbildung hinter der Rückseite. Es ist also auch hier, wie beim Segel, Wert darauf zu legen, daß ein möglichst großer Teil der Tragkraft durch Umlenkung gewonnen wird.

Daraus ergeben sich zwei Folgerungen, deren Richtigkeit durch die meisten Vogelflügel und durch eine Anzahl Aeroplankonstruktionen bestätigt wird:

1. Es erscheint günstig, den Flügeln eine an den seitlichen Enden nach unten geneigte Krümmung zu geben, welche die seitliche Abströmung der Betriebsluft vermindert. Diese Krümmung ist beim Vogelflügel außerdem in bezug auf die Ausnutzung der Schlagarbeit günstig und hat für diesen daher größeren Wert, als für den Tragflügel.

2. Soll sich die Flügelbreite nach den seitlichen Enden hin verjüngen. Diese Forderung wird, ähnlich wie bei freilaufenden Schiffsschrauben und Ventilatoren dadurch bedingt, daß bei einem Flügel, der bis zum Ende konstante oder annähernd solche Breite hat, an den breiten Enden schädliche Luftströmungen auftreten. Es wird durch den stets entstehenden Überdruck unter der Konkavkrümmung ein Teil der Luft seitlich abströmen und wirbelartig, vermehrt um einen angesaugten Teil der umgebenden Luft, in den Unterdruckraum hinter den Flügel eintreten. Hierdurch wird wirksame Tragkraft vernichtet und infolgedessen, sowie dadurch, daß die Luftwirbel durch den Unterdruck in der Fahrtrichtung mitgerissen werden, auch Betriebsarbeit. Daraus ist mit Sicherheit zu folgern, daß Flügel, die verjüngt auslaufen, gegenüber parallel begrenzten, bei gleicher Spannweite, trotz kleinerer Tragfläche, wenn sie auch keine größere Tragkraft liefern, doch eine geringere Antriebsarbeit erfordern.

Um die abstrakten Forderungen der Erzeugung einer Tragkraft zu erfüllen, müßte die Flügelkrümmung nach der Eintrittkante hin in der Flugrichtung mit einer möglichst schmalen Kante und in Flugrichtung endigen. Nun haben alle Vogelflügel an der Lufteintrittkante ihre größte Dicke und außerdem scheinen sie fast durchweg eine in der Flugrichtung nach unten überhängende Krümmungsfortsetzung aufzuweisen. Die erstere Tatsache könnte man in der schwer anders denkbaren Konstruktion des Vogelflügels begründet sehen; sie muß aber nebenbei auch noch die Bedingung eines Körpers mit günstigem Verdrängungswiderstand des Eigenvolumens erfüllen.

Fig. 142 zeigt den angenäherten Querschnitt eines Vogelflügels auf mittlerer Flügellänge. In annähernder Übereinstimmung damit werden auch die meisten Aeroplanflügel konstruiert.

Bei letzteren besteht kein Hindernis, die größte Konstruktionsdicke etwas weiter nach hinten zu verlegen, Fig. 143, und die Eintrittkante scharf zu formen, wodurch gegenüber dem Vogelflügel eine geringe Verbesserung des Eigenwiderstandes erzielbar sein sollte.

Fig. 142. Querschnitt eines Vogelflügels.

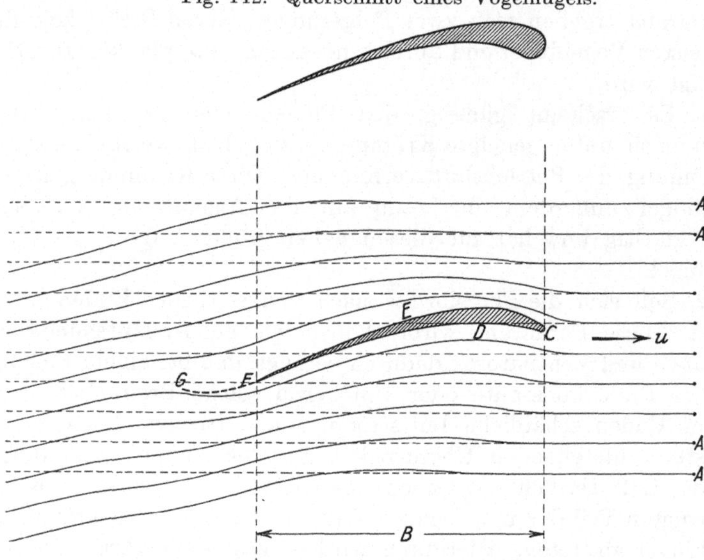

Fig. 143. Querschnitt eines Aeroplanflügels und Verlauf der durch ihn erzeugten relativen Luftströmung.

Viel unsicherer ist der Einfluß der überhängenden Eintrittskrümmung zu erkennen, wenigstens soweit reine Tragflügel in Frage stehen. In Fig. 143 ist zu einem solchen der mutmaßliche relative Strömungsverlauf konstruiert. Denkt sich der Beobachter mit dem Flügel mit der Geschwindigkeit u fortschreitend, so würde eine Anzahl Luftpunkte A, die man sich in der vertikalen Strömungsebene verteilt denkt, ungefähr die gezeichneten Relativbahnen beschreiben. Der Stromlinienverlauf ergibt sich, ähnlich wie beim Segel, aus der einfachen Überlegung, daß eine positive (der Bewegungsrichtung zugekehrte) Verdrängungsfläche Überdruck, eine negative (der Bewegungsrichtung abgekehrte) Fläche Unterdruck erzeugt. Über- und Unterdruck können die Summe kinetischer Drücke plus potentieller Druckdifferenzen sein. Soweit keinerlei Einwirkung auf die Luftpunkte A stattfindet, werden deren Relativbahnen geradlinig und parallel zu u verlaufen; soweit sie eine absolute Beschleunigung oder Verzögerung erfahren, werden sie krummlinig verlaufen; soweit zwischen ihnen ein potentieller Überdruck erzeugt wird, werden sie sich gegenseitig nähern und dort, wo ein potentieller Unterdruck entsteht, werden sie sich voneinander entfernen. Unter Beachtung dieser Grundsätze gehen aus Fig. 143 die mutmaßlichen Wirkungen des angenommenen Tragflügels auf die Luft hervor. Eine Tragkraft, d. h. einen vertikal nach oben gerichteten Druck, können die Luftströmungen auf den Flügel nur ausüben, solange sie sich vertikal über oder unter einem Flügelelement befinden, d. h. innerhalb der Zone B. Die dahinter eintretenden Zustandsänderungen sind sekundärer Natur, d. h. sie entstehen durch den Ausgleich des Druckes und der Bewegungsgrößen innerhalb der benachbarten Luftmengen.

Aus dem angenommenen Strömungsverlauf lassen sich ungefähr die Zonen abschätzen, in denen ein potentieller Über- oder Unterdruck herrscht. Die Druck- und Saugwellen verlaufen in einer, aus ihrer eigenen Fortpflanzungsgeschwindigkeit und der Fluggeschwindigkeit u resultierenden Richtung, wie in der Fig. 143 durch die Änderung der Stromlinienentfernung angedeutet. Sie üben auf die umgebende Luft unter dem Einfluß ihrer Druckdifferenzen ausgleichende Strömungen hervor, die im wesentlichen innerhalb der Zone B auf den Flügel rückwirken können. Dadurch erscheint es möglich, daß die zur Erzeugung des vorderen Unterdruckraumes CD durch Verdrängung zwischen CE vom Flügel abgegebene Arbeit zum Teil wieder im hinteren Flügelteil DF zurückgewonnen wird, was durch die Aufwärtskrümmung der unteren Strömungslinien zwischen CD zum Ausdruck kommt.

Das gleiche ist indirekt denkbar in bezug auf die vordere obere Überdruckzone CE. Die durch deren Verdrängungswirkung erzeugte, nach unten gerichtete Luftwellenreflexion trägt dazu bei, daß sich der Unterdruckraum zwischen EF über dem hinteren Flügelteil schneller mit Luft füllt, als es bei tangential endender Vorderkante der Fall wäre. Dadurch würde zwar der nutzbare Unterdruck auf der Flügeloberfläche EF reduziert. Es kann aber der Fall sein, daß dort bei in Richtung u endigender Vorderflügelform die Neigung zu starken Wirbelbildungen besteht, die unter dem Einfluß der Reflexion der Druckwelle reduziert werden, so daß das Gesamtresultat der vertikalen Tragkräfte trotz des Minuswertes, der durch Erzeugung der oberen Druckwelle entsteht, ein günstigeres ist, als bei tangential endender Vorderkante.

Soweit die reine Luftbeschleunigungsarbeit zwischen CE in Frage kommt, dürfte die Wirkung der vorderen Überdruckzone gerade umgekehrt sein. Durch die Aufwärtsbeschleunigung der Luft zwischen CE wird die Nachströmgeschwindigkeit zwischen EF resp. der Unterdruck in diesem Gebiet vermindert, so daß hieraus ein Rückgewinn zu erwarten ist. Nach diesen Anschauungen muß der überhängenden Vorderkante, da sie die Tragkraft nur indirekt erhöhen kann, gegenüber dem direkt wirkenden hinteren Flügelteil ein niedrigerer Wirkungsgrad zugestanden werden. Sie kann aber dafür andere Vorteile zur Folge haben, die auf dem Gebiete der Flugstabilität liegen.

Außer den hier ausgesprochenen Überlegungen ist zu berücksichtigen, daß sicher auch die Reflexion der durch die Flügelvorderkante erzeugten Verdrängungswelle des Eigenquerschnitts des Flügels, die in den gezeichneten Stromlinien nicht zum Ausdruck kommt, eine Wirkung auf die Entwickelung der Tragkraft ausübt. Leider sind diese Wellenerscheinungen, wie auch die übrigen nicht sichtbar, so daß es Schwierigkeiten bereitet, aus ihrem Verlauf Schlüsse zu ziehen. Es erscheint aber zweifellos, daß ein eingehendes Studium derselben in die Frage nach der günstigsten Flügelform weitere Aufklärung bringen wird.

Es sei noch darauf hingewiesen, daß die hier besprochene Erscheinung eine Analogie zu der in Abschnitt 37b, in bezug auf die Wirkung der Schiffsschraubenflügel, besprochenen bildet, wonach solche Flügel noch einen Schub erzeugen, wenn sie mit Konstruktionssteigungsgeschwindigkeit angetrieben werden. Beim Tragflügel scheint diese Wirkung in noch stärkerem Maße aufzutreten, da offenbar dessen g ü n s t i g s t e Tragkraftentwickelung in einem Neigungsgebiet liegt, in dem der vordere, überhängende Flügelteil der Erzeugung einer Tragkraft s c h e i n b a r entgegenwirkt.

Die Druckwellen verlieren ihre Wirkung auf den Flügel hinter dessen Hinterkante. Mit zunehmendem Vertikalabstand vom Flügel greift das Gebiet ihrer Wirkungslosigkeit, infolge der für ihre Fortpflanzungsgeschwindigkeit nötigen Zeit, mehr und mehr in die Zone B über.

An der Hinterkante tritt ein plötzlicher Übergang vom unteren Überdruck in den oberen Unterdruck ein. Die Folge davon müssen starke Wirbelbildungen im Abstrom sein. Daraus ist zu schließen, daß der aus einer konkaven Krümmung in eine geradlinige zur Bewegungsrichtung u geneigten Endung übergehende Flügel nicht die wirtschaftlich günstigste Form darstellt, sondern der hinten S-förmig endende. Denkt man sich z. B. den Flügel Fig. 143 so, wie die punktierte Fortsetzung FG zeigt, verlängert, so kommt man zu dem Schluß, daß auf seine ganze Länge der sonst nutzlos verlaufende Über- und Unterdruck noch zum großen Teil seine Tragkraft ausüben kann. Die zusätzlich aufzuwendende Arbeit der Luftbeschleunigung, die durch die senkrechte Projektion der punktierten Verlängerung zum Ausdruck kommt, liefert gleichfalls eine Tragkraft, so daß selbst unter Einrechnung der vermehrten Reibung eine Verbesserung des Gesamtwirkungsgrades zu erwarten ist. Macht man das hintere Ende gleichzeitig noch elastisch, wie das bei allen Vogelflügeln der Fall ist, so wird eine automatische Anpassung der Durchbiegung an die Größe der Druckdifferenz eintreten. Damit wird gleichzeitig der Vorteil gewonnen, daß der Flügel eine Verbesserung der Flugeigenschaften erfährt, indem mit kleineren Geschwindigkeiten u die elastische Durchbiegung des Flügelendes kleiner, die Projektion der Fläche in der Flugrichtung, und damit die in Bewegung gesetzte Luftmenge größer wird. Es findet also ein teilweiser Ausgleich zwischen bewegter Luftmenge und deren Beschleunigung statt. Die Folge ist, daß bei Geschwindigkeitsänderungen die Lenkarbeit geringer wird und der mögliche Geschwindigkeitsbereich des Fahrzeuges sich vergrößert. Es liegt nahe, daß auch in der vorn überhängenden Krümmung eine ähnliche, den Ausgleich zwischen Relativgewicht und Tragkraft stabilisierende Wirkung zu finden ist.

89. Flug- und Steuereigenschaften der Aeroplane.

Angesichts der Menschenopfer, die die Aviatik heute noch fordert, dürfte jeder Versuch zur Verbesserung der Flugstabilität der Aeroplane von Nutzen sein, denn auf das Versagen dieser Stabilität oder, was auf dasselbe hinauskommt, der Manövrierfähigkeit, sind die weitaus meisten Unglücksfälle zurückzuführen. Unter Flugstabilität sei verstanden die Möglichkeit, bei allen Betriebszuständen einen Ausgleich zwischen dem Relativgewicht des Körpers und den Trag- und Schubkräften herbeizuführen.

Im Hinblick auf die große Zahl von Kombinationen, die sich aus den stabilisierenden, kippenden und drehenden Momenten, die auf einen fliegenden Aeroplan einwirken, zusammenstellen lassen, ist eine Übersicht außerordentlich schwierig und könnte nur an Hand bestimmter Konstruktionen aufgestellt werden.

Ein Beispiel unübertrefflicher Flugstabilität bietet wiederum der Vogelflug. Es liegt daher nahe, die Mittel, die dem Vogel zum Manövrieren zur Verfügung stehen, mit denen der heutigen Aeroplane zu vergleichen, um zu erkennen, wo deren Hauptmängel liegen.

Die Form der Vogelkörper ergibt zunächst, daß der Systemschwerpunkt des ganzen Vogelkörpers tiefer als die mittlere Flügelebene, d. h. der Angriffspunkt der Tragkraft liegt, wenn die Flügel horizontal ausgebreitet sind, der Vogel also, ohne Schlagarbeit zu verrichten, segelt.

Das Schwerpunktslot liegt in der Regel etwas hinter dem Schultergelenk, d. h. ungefähr in der senkrechten Querebene der resultierenden Tragkraft. Die Vögel besitzen folglich in der Schwebehaltung eine geringe Gewichtsstabilität, da das Zentrum der Tragkraft ungefähr senkrecht über dem Gewichtsschwerpunkt liegt. Der Schwanz wird fast nur zum Steuern und vor allem zum Bremsen benutzt. Würde man die aktiven Aeroplane auf diese Eigenschaft untersuchen, so werden nur Ausnahmefälle eine Übereinstimmung damit ergeben; meistens wird man einen wesentlichen Horizontalabstand zwischen Tragkraftlot und Schwerpunktlot finden. Zu beachten ist, daß das Tragkraftlot nicht mit dem Tragflächenschwerpunkt. zusammenzufallen braucht, da die Tragkraft über die Fläche nicht gleichmäßig verteilt erzeugt wird. Auch kommen zur Flugrichtung geneigte Flächen des Rumpfes mit als Tragflächen in Betracht.

Ist bei einem Aeroplan keine statische Gewichtsstabilität vorhanden, d. h. würde er im Ruhezustand sich neigen oder gar kippen, so kann er noch in weitem Bereich durch ein, dem Kippmoment entgegendrehendes Steuermoment der Höhensteuer in dynamisches Gleichgewicht gebracht und darin erhalten werden. Selbst in dem ungünstigsten Zustand, wenn der Schwerpunkt vor dem Tragpunkt und höher als dieser liegt, ist das möglich. In solchen Fällen tragen die Höhensteuer, je nachdem der Gewichtsschwerpunkt hinter oder vor dem Tragpunkt der Fügel liegen, in positivem oder negativem Sinne zur Erzeugung der Tragkraft bei. Ersterer Zustand ist günstiger, denn er verhindert vertikale Pendelungen in der Längsrichtung, die eintreten, wenn die Flügel die vertikale Gewichtskomponente allein übernehmen und die metazentrische Höhe des Systems klein ist. Die richtende Wirkung des Höhensteuers tritt zwar auch ein, wenn der Gewichtsschwerpunkt vor dem Flügeltragpunkt liegt, doch ist dann die Gefahr vorhanden, daß bei starken Neigungen die Steuerfähigkeit, d. i. die Herrschaft über die Bewegungen durch die Steuerung, verloren geht, und der Apparat so weit kippt, daß die Flugstabilität nicht wieder hergestellt werden kann.

Das gilt in erhöhtem Maße für Flugzeuge, deren Gewichtsschwerpunkt über dem Tragpunkt liegt. Auch mit solchen kann man fliegen, selbst wenn dabei der Gewichtsschwerpunkt vor dem Tragpunkt der Flügel liegt, aber die Kunst des Steuerns nähert sich dann der Kunst eines Seiltänzers, der auf einer nach allen Richtungen gekrümmten Fläche balanzieren muß. Sobald die Neigungen bestimmte Winkel überschreiten, kommt er in Gefahr umkippen und abstürzen.

Der günstigste Zustand für Aeroplane mit starren Flügeln dürfte der sein, bei dem der Gewichtsschwerpunkt des ganzen Apparates etwas unter und etwas hinter dem Tragpunkt der Flügel liegt und bei dem die Propellerschubrichtung zwischen beiden verläuft. Dann wird bei beliebiger Bewegungsänderung die Steuerung annähernd gleich wirksam bleiben.

Es liegt nahe, daß eine selbsthemmende Steuerung beim Aeroplan, bei der die steuernde Hand nicht die feinsten Änderungen äußerer Strömungsstörungen oder die Änderungen der Kraftwirkung einer beabsichtigten Steuerbewegung spürt, ungüstiger ist, als eine nicht selbsthemmende. Der fühlende Körper und das Auge müssen bei selbsthemmender Steuerung das Gefühl der Hand unterstützen. Eine Steuerbewegung kann somit günstigenfalls durch vermehrte Sinnesassoziationen, d. h. unter größerem Zeitaufwand und mit weniger Sicherheit, eingeleitet werden. Daher muß als oberster Grundsatz für die Konstruktion der Steuerungen gelten, daß ihr Gegendruck den steuernden Gliedern die Steuerwirkung gefühlsmäßig übermitteln muß, so daß diese ihre Gegenwirkung nach erforderlicher Übung gefühlsmäßig, ohne die Einschaltung von Überlegungen übertragen, so wie der geübte Radfahrer sein Rad unbewußt in die labile Gleichgewichtsebene einsteuert. Hierbei soll nicht unerwähnt bleiben, daß der größte Teil der gebräuchlichen Aeroplansteuerungen diese Bedingung bereits erfüllt.

90. Der Vogelflug.

Da der Vogelflug zahllose Beispiele einer unter allen Umständen vorhandenen, sich gefühlsmäßig einstellenden Flugstabilität bietet, soll der Versuch gemacht werden, die ihm zugrunde liegenden Bewegungsvorgänge der Flügel zu untersuchen. Erschwerend tritt dabei der Umstand auf, daß der Vogelflügel außer der Tragkraft gleichzeitig den Antriebsimpuls für die Vorwärtsbewegung zu liefern hat.

Die Funktion der einzelnen Federn des Vogelflügels kann ausgeschaltet werden; sie haben neben der Eigenschaft, einen möglichst geringen Eigenluftverdrängungs- und Reibungswiderstand zu erzeugen, nur die konstruktiven Bedingungen zu erfüllen, einen dem Gewicht nach leichten Gesamtverband der Flügel zu bilden, wobei diese durch Auseinander- oder Zusammenschieben der Federn nach Bedarf ihre Gesamtfläche vergrößern oder verkleinern können, die auslaufende Seite der Flügelfläche elastisch zu machen und ein Zusammenfalten der Flügel zu erlauben. Auch das Vorkommen stark voneinander abweichender Flügelformen ändert daran nichts.

Man kann, abgesehen von den schwirrenden und flatternden Vögeln, Unterschiede machen zwischen Schnell- und Langsam- sowie Hoch- und Tieffliegern.

Schnelle Flieger, zu denen auch die relativ schnellen zu rechnen sind, die, wie die Seevögel, oft gegen starke Windströmungen arbeiten müssen, sind durch ungeteilte, schmale und spitz auslaufende Flügel gekennzeichnet, übereinstimmend mit den Grundsätzen, die für den Aeroplanflügel für schnelle Geschwindigkeiten kennzeichnend sind. Langsame Flieger zeichnen sich durch kurze, in der Flugrichtung breite und mehr gewölbte Flügel aus. Die Hochflieger (Raubvögel), die ihr Gewicht in Luftschichten mit merklich vermindertem γ tragen müssen und z. B. auch Storchvögel, die im Frühjahrs- und Herbstwechsel ungeheure Strecken ohne Ruhepause zurücklegen, also auf große Ökonomie im Arbeitsverbrauch angewiesen sind, kennzeichnen sich durch Ausnutzung der Tragflächen bis an die äußerste Grenze. Bei ihnen laufen die Flügel außen nicht in eine Spitze aus, sondern zerteilen sich in eine Reihe hintereinanderliegender Spitzen der einzelnen Schwungfedern. Dadurch wird offenbar die für die Erzeugung günstiger Strömungsbedingungen nötige Spitze in mehrere Spitzen aufgelöst, am Prinzip aber nichts geändert.

Die Schnelligkeit der Bewegungen des Vogelflügels verhindert das menschliche Auge, die Einzelheiten der Flügelbewegung zu erkennen. Der bleibende Eindruck ist der, daß der Flügel abwechselnd nach oben und nach unten gegen die Luft schlägt. Außerdem sind noch bei den verschiedenen Variationen des Fluges: Auffliegen, Steigen und Senken, Schnell- und Langsamfliegen, Wenden und Landen, eine Anzahl leicht erklärlicher Variationen der Flügelbewegungen zu erkennen.

Die wesentlichsten Wirkungen, die Erzeugung der Tragkraft und der Antriebsgröße beim gleichmäßigen Horizontalflug, sind nicht zu erkennen, lassen sich aber mit zwingender Wahrscheinlichkeit rekonstruieren. Daß der Flügel beim Abwärtsschlag durch den Antriebsdruck einer durch ihn erzeugten Luftströmung, eine Tragkraft hervorbringt, steht fest. Daß er beim Aufwärtsschlag keine oder keine nennenswerte abwärts gerichtete Gegenkraft erzeugt, geht daraus hervor, daß viele Vögel beim Horizontalflug trotz der den Körper abwärts drückenden, für die Aufwärtsbewegung der Flügel erforderlichen Beschleunigungsarbeit sich fast ohne Abweichung von der geraden Linie mit dem Körper vorwärts bewegen. Eine in horizontaler Flugebene wellenförmige Körperbewegung mit Aufwärtskomponente beim Flügelniederschlag und Abwärtskomponente beim Flügelaufschlag läßt sich nur bei schweren Vögeln, wie z. B. Schwänen, beobachten. Da außer dem Beschleunigungsdruck der Flügel noch die Schwerkraft des relativen Vogelgewichtes auf die Abwärtsbewegung wirkt, ist zu folgern, daß zum mindesten während des größeren Teils der Aufwärtsbewegung unter dem Flügel noch eine nach oben gerichtete Tragkraft erhalten bleibt. Die durch die Schlagbewegung erzeugte Tragkraft wird noch dadurch unterstützt, daß der Abwärtsschlag einesteils schneller erfolgt, als der Aufwärtsschlag, und anderenteils eine in der Flugrichtung verlaufende Bewegungskomponente erhält. Der Aufschlag dagegen ist mit einer der Flugrichtung entgegengesetzten Bewegungskomponente verbunden.

Von dem Flugvorgang kann man sich an Hand der Figurengruppen I bis V, Fig. 144, eine Vorstellung machen. Alle fünf Gruppen

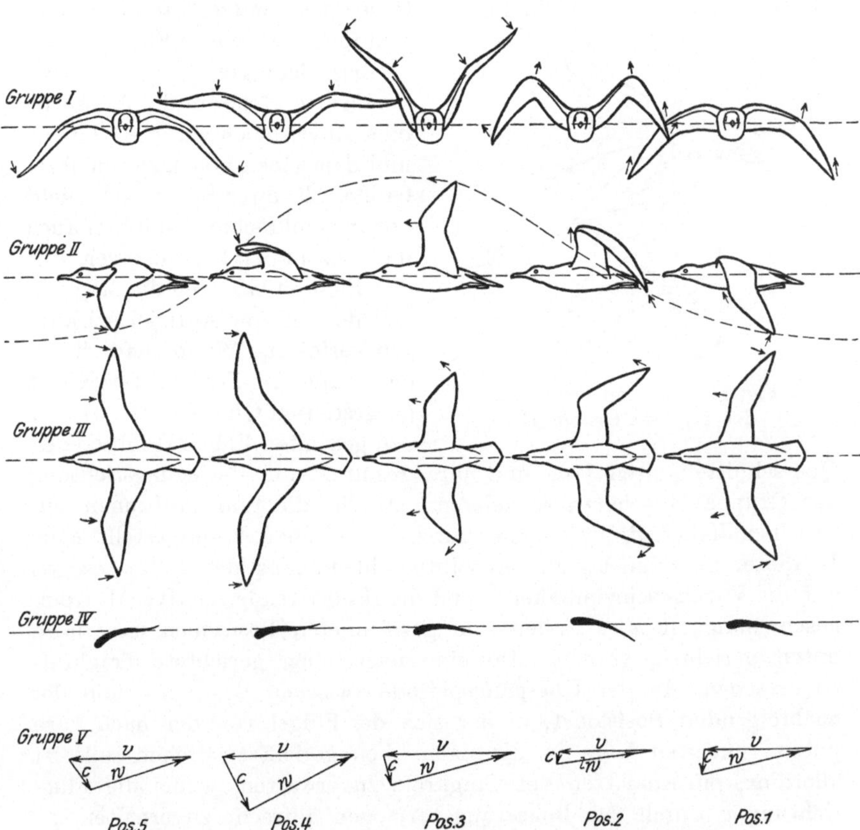

Fig. 144. Vogelflug mit konstanter Horizontalgeschwindigkeit.

beziehen sich auf fünf aufeinanderfolgende Positionen eines vollen Flügelschlages. Wenn man sich den dargestellten vollen Flügelschlag wiederholt denkt, ist zwischen den anschließenden Gruppen ein ähnlicher Zwischenraum zu lassen, wie zwischen den einzelnen dargestellten Positionen. Da sowohl die Auftriebskraft, als auch die Vortriebskraft während eines Flügelschlages wechselt, wird auch die Fluggeschwindigkeit und die Höhenlage des Vogelkörpers etwas schwanken. Die Darstellung ist daher auf konstante Wegintervalle bezogen zu denken. In Fig. 145 sind die fünf Positionen der Seitenansicht (Gruppe II) übereinander gelegt gezeichnet, woraus noch deutlicher hervorgeht, daß der Flügel nicht nur eine auf- und abwärts-, sondern auch eine vor- und rückwärtsgerichtete Bewegung macht. Die Flügelspitzen beschreiben also relativ, zur Fluggeschwindigkeit betrachtet, kreis- oder ellipsenähnliche Kurven, absolut betrachtet solche, die unsymmetrische Wellenlinien bilden. Die Spitzenkurven ändern sich für verschiedene Flugzustände — beschleunigte, konstante oder verzögerte Horizontal-, Aufwärts- oder Abwärtsbewegung — bei ein und demselben Vogel, sowohl ihrer Größe, als ihrer Form nach, nicht nur im senkrechten, sondern auch im horizontalen Durchmesser. Aus den Figuren läßt sich die Möglichkeit der An- und Auftriebswirkungen verfolgen. Wenn man die in der Gruppe IV, Fig. 144, vergrößert dargestellten Querschnitte als für den gesamten Flügel resultierende Querschnitte gelten läßt und ihre resultierende Bewegungsrichtung aus Gruppe II schätzt, so gelangt man für die fünf Positionen auf Geschwindigkeitsdreiecke, die durch die Gruppe V dargestellt sind. In dieser bezeichnet c die Absolutbeschleunigung der Luft, bezogen auf die Vogelgeschwindigkeit v und die resultierende relative Abströmgeschwindigkeit w. In allen fünf gezeichneten Positionen ist c nach unten gerichtet, vermag also eine nach oben gerichtete Tragkraft zu erzeugen. In der Übergangsperiode zwischen Position 5 und der nachfolgenden Position 1, in der sich der Flügel von der nach vorn unten geneigten Lage in die nach oben gerichtete drehen soll, ist allerdings ein Aussetzen der Tragkraft zu erwarten, wobei die Flugrichtung v durch das Beharrungsvermögen aufrecht zu erhalten ist.

Fig. 145. Zusammenstellung der Fig. 144 Gruppe II.

Zerlegt man die Geschwindigkeiten c in ihre horizontalen und vertikalen Komponenten, so kennzeichnet erstere die Antriebsgröße der gesamten in horizontaler Richtung entstehenden Widerstandsarbeit. Aus den Zeichnungen würde folgen, daß Position 1 und 2 eine negative und 3 bis 5 eine positive Horizontal-Antriebsgröße liefern. Es muß dahingestellt bleiben, ob unter diesen Verhältnissen der resultierende Gesamtantrieb ein ausreichender sein würde. In Wirklichkeit sind die Strömungsvorgänge, im Hinblick auf die zusätzliche Eigenbewegung der Flügel, viel zu kompliziert, als daß sie sich, wie hier, durch eine rohe Annäherung erschöpfend darstellen lassen.

Betrachtet man den durch die Fig. 144 dargestellten Flug (konstante Horizontalgeschwindigkeit) als Normalflug, so lassen sich für andere Flugzustände die notwendigen Änderungen des Antriebs ableiten.

a) Schräg aufwärts mit konstanter Geschwindigkeit und Verschieben der Tragkraft nach vorn: Wird dadurch erreicht, daß die Flügelspitzenkurve weiter nach vorn verlegt wird. Erhöhung der Tragkraft durch größeren Flügelausschlag mit Veränderung des Horizontalantriebes.

b) Auffliegen: Spezialfall von a) mit beschleunigter Bewegung und erhöhtem Arbeitsaufwand.

c) Schräg abwärts: Verschieben der Tragkraft nach hinten durch Zurückstellen der Flügelspitzenkurve. Verminderung des Flügelschlages bis zur Ruhestellung. Bei beschleunigter Bewegung Verkleinerung der Flügelfläche und Stellung nahezu parallel zur Bewegungsrichtung; bei verzögerter Bewegung Vergrößerung der Flügelprojektion zur Flugrichtung und schaufelartige Haltung gegen den Wind (Bremsstellung); äußerstenfalls Unterstützung der Bremswirkung durch Flügelschlag.

d) Wendung nach rechts oder links: Schraubenförmige Änderung der Flügelhaltung und des Schwanzes, im Sinne steilgängiger Rechts- resp. Linksschrauben. Hierdurch und durch Stabilitätsmoment Schrägstellung der Flügel in dem Sinne, daß die Strömung c, außer der Tragkraft- und Antriebkomponente, eine Zentripetalkraftkomponente zum Aufheben der Zentrifugalkraft des Körpers erzeugt.

Dies sind die Hauptzustände, aus denen sich, besonders mit Rücksicht auf vorhandene Windströmungen, sehr viele Kombinationen ergeben.

91. Erhöhung der Manövrierfähigkeit von Aeroplanflügeln.

Wenn beim Aeroplan alle Manövriermöglichkeiten der Vogelflügel erfüllt sein sollten, dann müßte es erstens erreichbar sein, den Gewichtsschwerpunkt des Körpers sowohl in der Flugrichtung als auch in senkrechter Richtung zu verschieben. Die erste Forderung erfüllt der Vogel, indem er die Flügel in der Flugrichtung nach vorn oder hinten verschiebt, die zweite, indem er sie, von vorn gesehen, aus der V-Haltung bis in die gestreckte oder sogar darüber hinaus verändert. Diese Bedingungen, die verlangen, daß die Flügel am Körper gelenkartig befestigt werden, sind wegen der hohen Beanspruchungen bei Aeroplanflügeln kaum zu erfüllen.

Außerdem gestattet der Vogelflügel eine Drehung um seine Längsachse, d. h. einer solchen, die durch beide Schultergelenke gedacht ist.

Während die beiden erstgenannten Bewegungsmöglichkeiten der Veränderung der Flugstabilität oder der Veränderung aus einem flugstabilen in den indifferenten oder möglicherweise in labilen Zustand dienen, hat die letzterwähnte Drehmöglichkeit den Zweck, die in der Flugrichtung wirksame Flügelprojektion ihrer Größe nach zu verändern, um dadurch die Tragkraft den vielfachen Änderungen von Richtungssinn und Größe des Relativgewichtes anzupassen.

In Hinsicht auf die weitgehende Anpassungsfähigkeit des Vogelflügels an die erforderlichen Leistungsänderungen und Stabilitätsbedingungen, scheint eine Verbesserung der Flugbedingungen des Aeroplans möglich, wenn man den Flügeln am Körper um die horizontale Querachse etwas Drehfreiheit gibt und die Propellerachsen (für jeden Flügel eine vorausgesetzt) mit diesen starr verbindet, und zwar so, daß mit der Flügeldrehung auch die Propellerachse geneigt wird. Damit läßt sich erreichen, daß beim Aufwärtsdrehen der Flügelvorderkante, d. h. für das Anfliegen oder Aufwärtsfliegen, auch der Propeller bereits eine Auftriebkomponente erzeugt. Beim Abwärtsfliegen kann dann die Flügelvorderkante gesenkt werden, wonach der Körper selbst durch die Fallbeschleunigung eine Antriebskomponente entwickelt und auf die des Propellers verzichtet werden kann. Dadurch wird die der Flugrichtung entgegenstehende Flügelprojektion und damit die Tragkraft, die für beschleunigte Abwärtsbewegung kleiner sein muß, als für Horizontal- oder Aufwärtsbewegung, reduziert. Mittels der Drehfähigkeit läßt sich auch eine Verbesserung der Landungsbedingungen erreichen, wenn vor dem Landen die Flügel wieder in die Aufwärtsstellung gedreht und ihre Tragkraft dadurch erhöht, die Antriebsgröße verkleinert resp. zum Verschwinden gebracht oder negativ wird. Es ließe sich also auf diese Weise die für das Landen auf unebenem Gelände unerwünschte Horizontalgeschwindigkeit mehr oder weniger vernichten, bevor der Apparat den Boden berührt. Fraglich ist allerdings, ob eine Drehung des Propellers in einer mit seiner Längsachse parallelen Ebene, wegen der hierbei auftretenden Gyroskopwirkung des Propellers zulässig ist.

92. Gyroskopwirkungen der Propellerflügel.

Bei der geringen Größe der einen fliegenden Aeroplan richtenden Kräfte, besonders wenn er in indifferentem oder labilem Zustand fliegt, spielt die Einwirkung der gyroskopischen Reaktion, die ein Propeller bei Flugrichtungsänderungen auf den Aeroplan ausübt, eine nicht zu vernachlässigende Rolle. Es liegt nahe, daß die Ursache manches, durch scharfe Wendungen erfolgten Absturzes hierin zu suchen ist.

Wird z. B. ein mit einem rechtsdrehenden Propeller versehener Aeroplan nach rechts gesteuert, so wird sein Vorderteil durch die Gyroskopwirkung nach unten, bei einer Linkswendung nach oben gedrückt. Bei einem solchen Apparat dürfte daher die Linkswendung, da ihr das Fluggewicht entgegenwirkt, größere Sicherheit bieten, als die Rechtswendung, bei einem linksdrehenden Propeller dagegen die Rechtswendung.

Eine Kompensation der Gyroskopwirkung tritt nur dann ein, wenn auf der gleichen Achse zwei zueinander entgegengesetzt drehende Propeller von gleichem Arbeitsvermögen verwendet werden.

Zwei seitlich nebeneinander liegende Propeller, von denen der eine umgekehrten Drehsinn hat als der andere, haben eine gegenseitige Aufhebung ihrer Gyroskopwirkungen zur Folge. Sie beanspruchen also das Flügelgestell auf Verdrehung um seine Querachse. Ist, in der Flugrichtung gesehen, der rechte Propeller rechtsgängig, der linke linksgängig, so versucht bei einer Linksschwenkung der Flugrichtung die rechte Schraube das Gestell nach oben, die linke, es nach unten zu verdrehen, d. h. in dem für die Einstellung der zentrifugalen Schräglage des Apparates günstigen Sinn.

Diese Wirkung kehrt sich bei Rechtsschwenkung, ebenso wie bei Einzelpropellern, um.

Zwei nebeneinander liegende Propeller mit gleichem Drehsinn wirken prinzipiell wie ein einzelner.

Der Luftwiderstand von Geschossen.

93. Begriffserklärung der Geschosse und Schwimmkörper.

In bezug auf die Erzeugung des Strömungswiderstandes und der dadurch entstehenden Widerstandsarbeit verhalten sich Geschosse und Schwimmkörper, ohne Unterschied, ob es sich um solche in Wasser oder in Luft handelt, grundsätzlich gleich. Eine Unterscheidung zwischen beiden kann lediglich durch die Art ihres Antriebes festgestellt werden. Die Geschosse seien dadurch gekennzeichnet, daß ihnen ihr Arbeitsvermögen von einer einmal wirkenden äußeren Energiequelle zugeführt wird, und zwar lediglich bis zu dem Moment, in dem sie ihre maximale Geschwindigkeit erreichen. Ihr Weg (die Flugbahn) ergibt sich als Resultierende aus der erteilten Geschwindigkeit, der Erdbeschleunigung und der Luftwiderstandsarbeit. Auf ihrer Flugbahn verbrauchen sie einen Teil ihres Arbeitsvermögens für Luftverdrängungs-, Nachström- und Reibungsarbeit.

Schwimmkörper dagegen erhalten einen kontinuierlichen oder veränderlichen Antrieb durch eine innere Energiequelle auf längere oder kürzere, aber zeitlich begrenzte Dauer, die durch ihr Fassungsvermögen an latenter oder potentieller Energie bestimmt ist.

Wenn man von Körpern ganz unregelmäßiger Formen absieht, so kommen hier für den Geschoßbegriff lediglich die Geschosse von Feuerwaffen in Betracht, als Schwimmkörper in Luft, Vögel und Luftfahrzeuge, als solche im Wasser, Fische, Torpedogeschosse und Schiffskörper.

In dem nachfolgenden Versuch der Berechnung der Verdrängungs- und Nachströmarbeit werden nur Geschosse behandelt. Für langsame Bewegungen, d. h. diejenigen von Schwimmkörpern, sowohl in der Luft, als auch im Wasser, würde die Anpassung der Rechnung keine großen Schwierigkeiten bereiten.

94. Prinzip der Entstehung der Luftbewegungsarbeit.

Die Strömungserscheinungen, die bei der Bewegung von Geschossen und Schwimmkörpern auftreten, bilden eine Umkehrung der Strömungserscheinungen, die beim Ausfluß aus Mündungen entstehen. Man denke sich ein Geschoß als negative Mündung mit dem Geschoßquerschnitt $F = r^2\pi$ als Ausflußquerschnitt, bei dem auch die Bewegungs- und Strömungsvorgänge umgekehrt verlaufen. Der Strömungsantrieb erfolgt nicht durch die im Gefäß aufgestaute Druckhöhe, sondern durch die Mündung (das Geschoß). Die Strömung verläuft nicht aus dem großen Gefäßquerschnitt in den kleinen Mündungsquerschnitt, um diesen als Strahl vom Querschnitt F und der Weglänge $t \cdot c$ zu verlassen, wo t die Strömungszeit ist, sondern ihr Ruhevolumen ist durch dasjenige der Strömungsbahn $F \frac{v_1 + v_2}{2} t$ gegeben, wobei v_1 und v_2 Anfangs- und Endgeschwindigkeit des Geschosses bedeuten. Der Querschnitt F bildet beim Geschoß den Einlaufquerschnitt der Strömung, und ein aus der Geschoßspitzenform resultierender Querschnitt $F_c > F$ bildet den Ausflußquerschnitt der auf absolute Strömungsgeschwindigkeit c beschleunigten Luftmenge. Ein Teil der aufzuwendenden Antriebsenergie wird dabei in einen an der Spitze entstehenden Luftüberdruck verwandelt.

Ähnliche Überlegungen kann man für das Wiedereinströmen der Luft in die vom Geschoß verlassene Flugbahn anstellen. Soweit Geschosse in Betracht kommen, die am hinteren Ende glatt abgeschnitten sind, ist dann die Strömung mit den Vorgängen zu vergleichen, die an einer negativen Mündung in dünner Wand eintreten würden. Sie wirkt mit einem entsprechend ungünstigen Mengenkoeffizienten.

Am ungünstigsten werden die Verhältnisse, wenn man sich das Geschoß hinten und vorn glatt abgeschnitten oder zu einer ebenen runden Scheibe zusammengeschrumpft denkt. Eine solche Scheibe, die senkrecht zu ihrer Ebene bewegt wird, erzeugt von ihrer vorderen Fläche aus keine direkten radialen Verdrängungskomponenten; ihre verdrängende Wirkung äußert sich nur in der Bewegungsrichtung. Es wird also offenbar ein Maximum an Arbeit für Beschleunigung eines Teils der Luft in der Bewegungsrichtung der Scheibe aufgewandt. Diese ist aber ein nutzloser Betrag der Widerstandsarbeit, denn sie befördert die Luft auf dem denkbar größten Umweg aus der Bahn des Körpers. Sie bewirkt zunächst nur eine Steigerung der Druckhöhe vor der Scheibe, und erst dadurch, daß sich diese mit der Umgebung ausgleicht, eine seitliche Ablenkung des Zustroms.

Ebenso ist das Verhalten der Rückströmung hinter der Scheibe der Beseitigung des dort entstehenden Unterdrucks ungünstig. Nur wenn die Strömungsgeschwindigkeit des Druckgefälles zwischen der Umgebung und der Rückseite der Scheibe größer ist, als die durch die Scheibengeschwindigkeit bedingte, kann die aus der radialen und der Bewegungsgeschwindigkeit der Scheibe resultierende Zuströmgeschwindigkeit den hinter der Scheibe entstehenden absoluten Nulldruck erhöhen.

An der Scheibenrückseite muß demnach die Nachströmung mindestens die Geschwindigkeit u haben, sonst stellt sich dort der Absolutdruck Null ein. Dafür wird bei Bewegung in Luft ein Druckgefälle $p_0 - p_2$ verbraucht, während der Rest des in der Atmosphäre verfügbaren Absolutdruckes p_2 sich auf der Rückseite der Scheibe einstellt. Da auf der Vorderseite außer dem Verdrängungsüberdruck der Luftdruck p_0 herrscht, ergibt die Differenz $F(p_0 - p_2)$ die ideale Kraft, die von der Scheibe für Erzeugung der Nachströmung aufzubringen ist. Ihre Sekundenarbeit wäre $F(p_0 - p_2)\,u$, wenn nicht hinter einer Scheibe dieselben ungünstigen Zuströmverhältnisse herrschen würden, wie bei der Wassermündung in dünner Wand. Es treten durch die sich mit u zur Relativgeschwindigkeit w vereinigenden Radialkomponenten der absoluten Zuströmung Wirbel auf und der tatsächliche Gegendruck sinkt wesentlich unter den idealen. Ein derartiger Körper kann also die Lieferung der Verdrängungsarbeit nur mit einem sehr ungünstigen Wirkungsgrad erfüllen.

Nach diesen Erklärungen ist zu erkennen, daß die Form des Hinterteils des bewegten Körpers in bezug auf die Summe des erzeugten Bewegungswiderstandes ebenso wichtig ist, wie die Form des Vorderteils.

95. Trennung der Gesamtarbeit in Strömungs- und Reibungsarbeit.

Die Aufgabe, die bei der Konstruktion der in Frage kommenden Körper entsteht, läuft fast immer in erster Linie darauf hinaus, den Körper so zu formen, daß die Überwindung aller Widerstände, die sich seiner Bewegung entgegenstellen, in Summa ein Minimum an Energieaufwand erfordert. Diese Widerstände bestehen neben den Reibungswiderständen darin, daß die in der Bahn des Körpers befindliche Luft- oder Wassermenge mit möglichst geringer Geschwindigkeit resp. Antriebsgröße seitlich verdrängt werden muß und hinter dem Körper mit möglichst kleiner Geschwindigkeit und relativ hohem Druck wieder in die Bahn zurückströmen kann. Für die günstige Erfüllung dieser beiden Forderungen ist der Formgebung ebenso wie bei den Ausströmmündungen ein mehr oder weniger großer Spielraum gelassen.

Der kürzeste Verdrängungsweg ist der zentral und in der Ebene senkrecht zur Bahn verlaufende. Folglich soll die für die Keilwirkung der Verdrängungs- und Nachströmarbeit unvermeidliche Beschleunigungskomponente in Richtung u tunlichst klein sein. Das läßt sich grundsätzlich um so vollkommener erreichen, je schlanker ein Körper vorn und hinten ausläuft.

So wie nun bei einer Mündung mit schlanker Form die Reibungswiderstände wachsen, tritt auch hier eine Vermehrung der erzeugten Reibungsarbeit ein, für deren Größenordnung die aus u und der radialen Ab- resp. Zuströmgeschwindigkeit resultierenden Relativgeschwindigkeiten bestimmend sind. Dieser Umstand, sowie die Rücksichtnahme auf den Antrieb und den Zweck, denen der Körper dienen soll, führen zu Zwischenformen, von denen eine große Anzahl von Variationen annähernd gleich günstige Werte der Widerstandsarbeit erzeugen.

96. Luftverdrängungsarbeit.

Es sei als Beispiel ein Geschoß von der Spitzenform Fig. 146 gewählt. Um für die mathematische Untersuchung der Widerstände auf einfache Formeln zu kommen, soll für die Spitze ein Rotationskörper angenommen werden, dessen Erzeugende einen Achtelkreis bildet. Wenn R der erzeugende Radius und r der Geschoßradius ist, besteht die Beziehung:

$$r = R(1 - \cos\alpha); \qquad R = \frac{r}{1 - \cos\alpha},$$

für

$$\alpha = 45^{0},$$

daher

$$R = 3{,}411\, r.$$

Das Geschoß übt auf seinem Flug an allen Punkten der Verdrängungsfläche einen in senkrechter Richtung zum Flächenelement, d. h. in der Richtung von R wirkenden Verdrängungsdruck aus. Die Größe der Verdrängungskomponente c_x ergibt sich aus der Geschoßgeschwindigkeit u und der tangential zum Verdrängungspunkt verlaufenden Relativgeschwindigkeit w_1.

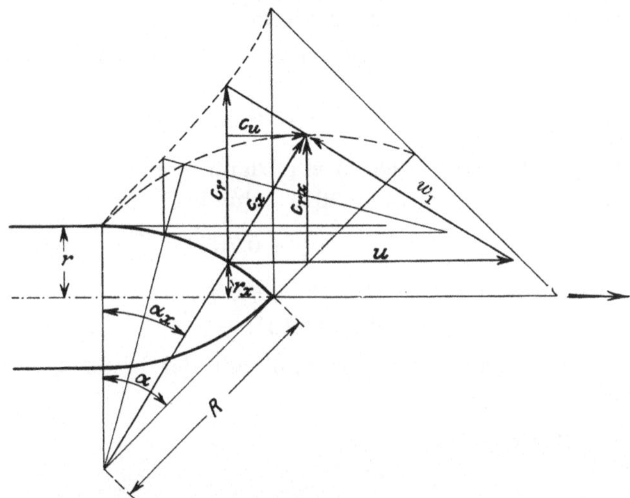

Fig. 146. Luftverdrängung an einer Geschoßspitze.

Der nach diesem Geschwindigkeitsdreieck als Freistrahl-Arbeitswandlung angenommene Vorgang entspricht den tatsächlichen Verhältnissen nicht. Nach der Annahme würden die vorn auf die Spitze treffenden Luftteilchen, nachdem sie die Verdrängungsrichtung angenommen, mit den vom hinteren Spitzenteil umzulenkenden, bevor das Geschoß diese erreicht, kollidieren und sie nach außen ablenken. Die Verdrängungsarbeit wird deswegen, und weil die Luft an sich vom Ruhezustand aus beschleunigt werden muß, unter erheblicher Kompressionsentwicklung vor sich gehen. Trotzdem dürfte der nachfolgende auf dem Freistrahl-Prinzip beruhende Rechnungsgang der Wirklichkeit nahekommen, da lediglich die ideale Energieübertragung, nicht aber deren Nebenverluste berücksichtigt werden.

Die Relativgeschwindigkeit w_1 kann man als Reibungsgröße bezeichnen, denn aus ihr und der aus c_x resultierenden Pressung ergibt sich der Luftreibungsverlust, den man etwa schreiben kann:

$$d L_r = d F p_x w_x \mu .$$

Der Reibungskoeffizient μ hat für Luft sehr kleine Werte (s. Abschnitt 103), infolgedessen hat L_r an den Gesamtverlusten nur geringen Anteil. Der Hauptverlust entsteht durch die Verdrängungs- und Nachströmarbeit.

Die ideale Verdrängungsarbeit läßt sich als Summe aller unendlich klein gedachten Teilarbeiten

$$dL_c = \frac{\gamma}{2g} dF_c c_x^3$$

mit einiger Wahrscheinlichkeit ermitteln.

Es ist zunächst die abgewickelte Oberfläche der Verdrängungsspitze:

$$F_c = \int_0^{45^0} 2\pi r_x R d\alpha_x .$$

Setzt man $r_x = R(\cos\alpha_x - \cos\alpha)$ ein, dann ergibt sich, wenn man gleichzeitig ($\alpha = 45^0$), $\cos\alpha = 0{,}7071$ schreibt:

$$F_c = 2\pi R^2 \left[\sin\alpha_x - 0{,}7071\,\alpha_x\right]_0^{45^0}$$

Der Integralwert ergibt 0,1518, folglich:

$$F_c = 11{,}1\,r^2.$$

Die von F_c verdrängte Luftmenge muß mit der in der Geschoßbahn befindlichen

$$G = r^2 \pi u \gamma$$

gleich sein. Sie ergibt sich aus:

$$G = \int_0^{45^0} 2\pi r_x R c_x \gamma\, d\alpha_x .$$

Setzt man vorgenannten Wert für r_x, sowie $c_x = u \sin\alpha_x$ ein, dann wird:

$$G = 2\pi R^2 u\gamma \int_0^{45^0} (\cos\alpha_x \sin\alpha_x - 0{,}7071 \sin\alpha_x)\, d\alpha_x$$

$$= 2\pi R^2 u\gamma \left[\frac{\sin^2\alpha_x}{2} + 0{,}7071 \cos\alpha_x\right]_0^{45^0} .$$

Der Integralwert ergibt 0,0429, folglich:

$$G = 3{,}135\, r^2 u \gamma .$$

Die Bewegungsgröße der gesamten Verdrängungsarbeit folgt aus:

$$P_c = \int_0^{45^0} 2\pi r_x R \frac{\gamma}{g} c_x{}^2 d\alpha_x = 2\pi R \frac{\gamma}{g} \int_0^{45^0} R(\cos\alpha_x - 0{,}7071)\, u^2 \sin^2\alpha_x\, d\alpha_x$$

$$= 2\pi R^2 u^2 \frac{\gamma}{g} \int_0^{45^0} (\cos\alpha_x \sin^2\alpha_x - 0{,}7071 \sin^2\alpha_x)\, d\alpha_x$$

$$= 2\pi R^2 u^2 \frac{\gamma}{g} \left[\frac{\sin^3\alpha_x}{3} - 0{,}3535\left(\alpha_x - \frac{\sin 2\alpha_x}{2}\right)\right]_0^{45^0} .$$

Der Integralwert ergibt 0,0170, folglich:

$$P_c = 0{,}127\, r^2 u^2 \gamma.$$

Indem man unter dem Integralzeichen noch mit $\frac{c_x}{2}$ multipliziert, folgt die Verdrängungsarbeit aus:

$$L_{cx} = \int_0^{45^0} \pi\, r_x R \frac{\gamma}{g} c_x^3\, d\,\alpha_x$$

$$= \pi R \frac{\gamma}{g} \int_0^{45^0} R(\cos\alpha_x - 0{,}7071)\, u^3 \sin^3\alpha_x\, d\,\alpha_x$$

$$= \pi R^2 u^3 \frac{\gamma}{g} \int_0^{45^0} (\cos\alpha_x \sin^3\alpha_x - 0{,}7071 \sin^3\alpha_x)\, d\,\alpha_x$$

$$= \pi R^2 u^3 \frac{\gamma}{g} \left[\frac{\sin^4\alpha_x}{4} + 0{,}2357 \cos\alpha_x (\sin^2\alpha_x + 2)\right]_0^{45^0}$$

Der Integralwert ergibt 0,00776, folglich:

$$L_{cx} = 0{,}0289\, r^2 u^3 \gamma.$$

Die Geschwindigkeit c_x kann man in die beiden Komponenten c_{rx} senkrecht zur Geschoßachse und c_u parallel zur Geschoßachse zerlegen. Die erstere ist die reine Verdrängungsgeschwindigkeit, die c_x zu liefern vermag, die letztere die Kompressionsgeschwindigkeit. Ihrem Betrag entspricht bei dem Beispiel der dünnen Scheibe der ganze Wert u. Er wird in eine Druckhöhensteigerung verwandelt und kann erst mit Hilfe dieses Überdruckes eine seitliche Abströmung hervorrufen.

Setzt man voraus, daß sich der durch c_u erzeugte Überdruck im Moment des Entstehens wieder in Geschwindigkeit verwandelt, so würde die ganze Verdrängungsarbeit in der Radialkomponente c_r erscheinen. Es tritt dann als Verdrängungsfläche die Radialprojektion der Geschoßspitze auf.

Diese ist:

$$F_r = \int_0^{45^0} 2\pi\, r_x R \cos\alpha_x\, d\,\alpha_x$$

$$= 2\pi R^2 \int_0^{45^0} (\cos^2\alpha_x - 0{,}7071 \cos\alpha_x)\, d\,\alpha_x$$

$$= 2\pi R^2 \left[\frac{\sin 2\alpha_x}{4} + \frac{\alpha_x}{2} - 0{,}7071 \sin\alpha_x\right]_0^{45}.$$

Der Integralwert ergibt 0,1427, folglich:

$$F_r = 10{,}43\, r^2.$$

Nach der Voraussetzung muß γ konstant gedacht werden, und folglich erhält c_r den idealen Wert:

$$c_r = u \operatorname{tg} \alpha,$$

so daß:

$$G = r^2 \pi u \gamma = \int_0^{45^0} 2\pi r_x R \cos\alpha_x\, c_r\, \gamma\, d\alpha_x$$

$$= 2\pi R \gamma \int_0^{45^0} R(\cos\alpha_x - 0{,}7071) \cos\alpha_x\, u \operatorname{tg}\alpha_x\, d\alpha_x$$

$$= 2\pi R^2 u \gamma \int_0^{45^0} (\cos\alpha_x \sin\alpha_x - 0{,}7071 \sin\alpha_x)\, d\alpha_x$$

Die Formel ist mit der aus c_x für G gefundenen identisch, ergibt also das gleiche Resultat.

Die aus c_r resultierende Bewegungsgröße hat einen höheren Wert als P_c; sie ist:

$$P_r = 2\pi R^2 u \frac{\gamma}{g} \int_0^{45^0} (\cos\alpha_x \sin\alpha_x - 0{,}7071 \sin\alpha_x)\, u \operatorname{tg}\alpha_x\, d\alpha_x$$

$$= 2\pi R^2 u^2 \frac{\gamma}{g} \int_0^{45^0} \left(\sin^2\alpha_x - 0{,}7071 \frac{\sin^2\alpha_x}{\cos\alpha_x}\right) d\alpha_x$$

$$= 2\pi R^2 u^2 \frac{\gamma}{g} \int_0^{45^0} \left(\sin^2\alpha_x - \frac{0{,}7071}{\cos\alpha_x} + 0{,}7071 \cos\alpha_x\right) d\alpha_x$$

$$= 2\pi R^2 u^2 \frac{\gamma}{g} \left[-\frac{\sin 2\alpha_x}{4} + \frac{\alpha_x}{2} - 0{,}7071 \ln \operatorname{tg}\left(\frac{\pi}{4} + \frac{\alpha_x}{2}\right) + 0{,}7071 \sin\alpha_x\right]_0^{45^0}.$$

Der Integralwert ist 0,0205, folglich:

$$P_r = 0{,}153\, r^2 u^2 \gamma.$$

Stellt man noch die Arbeitsgleichung mit Hilfe von c_r auf, dann ergibt sich:

$$L_r = 2\pi R^2 u^2 \frac{\gamma}{g} \int_0^{45^0} \left(\sin^2 \alpha_x - \frac{0{,}7071}{\cos \alpha_x} + 0{,}7071 \cos \alpha_x\right) \frac{u}{2} \operatorname{tg} \alpha_x \, d\alpha_x$$

$$= \pi R^2 u^3 \frac{\gamma}{g} \int_0^{45^0} \left(\frac{\sin^3 \alpha_x}{\cos \alpha_x} - 0{,}7071 \frac{\sin \alpha_x}{\cos^2 \alpha_x} + 0{,}7071 \sin \alpha_x\right) d\alpha_x$$

$$= \pi R^2 u^3 \frac{\gamma}{g} \int_0^{45^0} \left(\operatorname{tg} \alpha_x - \cos \alpha_x \sin \alpha_x - 0{,}7071 \frac{\sin \alpha_x}{\cos^2 \alpha_x}\right.$$

$$\left. + 0{,}7071 \sin \alpha_x\right) d\alpha_x$$

$$= \pi R^2 u^3 \frac{\gamma}{g} \left[-\ln \cos \alpha_x - \frac{\sin^2 \alpha_x}{2} - \frac{0{,}7071}{\cos \alpha_x} - 0{,}7071 \cos \alpha_x\right]_0^{45^0}.$$

Die Integralauflösung ergibt 0,0102, folglich:

$$L_r = 0{,}038\, r^2 u^3 \gamma.$$

L_r bedeutet die gesamte vom Geschoß zu liefernde Verdrängungsarbeit.

Die Geschwindigkeit c_r wird in Wirklichkeit nicht entstehen. Es wird nicht nur c_u, sondern auch ein großer Betrag von c_x durch den Beschleunigungsdruck in Druckhöhe umgesetzt. Die Luft wird infolgedessen die Geschoßbahn mit kleinerer Geschwindigkeit, zum Energieausgleich aber mit Überdruck verlassen. An der Verdrängungsarbeit ändert sich dadurch nur der Wirkungsgrad des Vorganges, der jedoch bei der Einfachheit der Arbeitsübertragung einen hohen Wert haben dürfte.

Beispiel 1.

Als solches sei ein Geschoß von $r = 0{,}19$ m, $G = 885$ kg, $u = 762$ m/sk, also einer Mündungsenergie von 26172 mt/sk angenommen. Das für die Formeln gewählte Verhältnis $R = 3{,}411\, r$ hier vorausgesetzt, ergibt eine Verdrängungsarbeit:

$$L_r = 0{,}038 \cdot 0{,}19^2 \cdot 762^3 \cdot 1{,}17 = 711\,000 \text{ mkg/sk},$$

d. s. ca. 2,7 % der Mündungsenergie.

Beispiel 2.

Hier sei das Geschoß mit gleichem Durchmesser und Gewicht, aber mit einer schlankeren Spitze, ausgeführt. Deren erzeugender Kreisbogen soll einen Winkel von nur 30° einschließen. Dann wird

$R = 7{,}47\,r$, und der Maximalwert von $\cos\alpha$ geht von 0,7071 in 0,866 über.

Damit ergibt sich eine Verdrängungsarbeit von

$$L_r = 301\,200 \text{ mkg/sk}.$$

Sie geht demnach durch die verhältnismäßig geringe Änderung auf 1,15% herunter.

Beispiel 3.

Man denke sich die Spitze kegelförmig mit der (praktisch unmöglichen) Länge $h = u$ ausgeführt, dann geht die Arbeit, wenn man die Verdrängung von der Spitze aus rechnet, in die einfache Form über:

$$L_{rk} = \int_0^r 2\,\pi\,r_x \frac{u}{2}\frac{\gamma}{g}(r - r_r)^2\,d\,r_x.$$

Die Auflösung dieses Integrals ergibt:

$$L_{rk} = \frac{\pi}{12}\frac{\gamma}{g}\,u\,r^4.$$

Setzt man hier die Werte von Beispiel 1 und 2, $r = 0{,}19$ m, $u = 762$ m/sk und $\gamma = 1{,}17$ kg/m³ ein, dann findet man, daß die Verdrängungsarbeit fast ganz verschwindet, denn es ergibt sich ein L_{rk} von weniger als 1 mkg/sk.

Dafür würde aber die Luftreibungsarbeit einen großen Wert annehmen.

Die Reibungsgeschwindigkeit kann gleich u gesetzt werden. Die Oberfläche der Spitze wäre

$$F = \pi\,r\,u = \pi \cdot 0{,}19 \cdot 762 = 455 \text{ m}^2.$$

Die Luftpressung pro m² = 10000 kg gesetzt, ergibt:

$$L_l = F p_0\,\mu w_1{}^{1})$$

$$L_l = 455 \cdot 10000 \cdot 0{,}002\,76 \cdot 762 = 9\,560\,000 \text{ mk/sk}.$$

Sie erreicht nach dieser, wegen der aus Fig. 151 entnommenen Größe der Reibungskoeffizienten μ, auf unsicherer Basis ruhenden Rechnung einen Sekundenwert, der über 36% der Mündungsenergie beträgt.

Vergleicht man dagegen die Luftreibungsarbeit der Spitze Beispiel 1, dann ergibt sich mit einem Luftdruck von 10000 kg/m² plus einem nach Abschn. 71 aus c_{xm} geschätzten Verdrängungsdruck und einer geschätzten mittleren Relativgeschwindigkeit von 900 m/sk

$$L_l \sim 0{,}4 \cdot 13\,700 \cdot 0{,}003\,66 \cdot 900 \sim 18\,000 \text{ mkg/sk},$$

d. h. ein im Verhältnis zur Verdrängungsarbeit sehr kleiner Wert.

---

[1]) μ nach Fig. 151 eingesetzt.

97. Nachströmarbeit.

Es sei zunächst ein Geschoß der üblichen Form, d. h. mit einer ebenen hinteren Fläche vom Durchmesser $2r$ angenommen. Wenn sich das Geschoß bewegt, entsteht hinter dieser Fläche ein luftleerer Raum, der erst durch nachströmende Luft wieder ausgefüllt und auf atmosphärischen Druck gebracht werden muß. In diesen Raum wird die Luft, konstanten Druck in der Umgebung vorausgesetzt, zentral nach dem Mittelpunkt der Rückfläche gerichtet zuströmen.

Für die Entfaltung der Nachströmgeschwindigkeit steht das Gefälle, das in der Druckdifferenz zwischen dem atmosphärischen Druck und dem Absolutdruck Null enthalten ist, zur Verfügung. Unter Hinweis auf Abschnitte 69/71 ist dabei zu beachten, daß die ideale Strömungsgeschwindigkeit oberhalb der kritischen Strömungsmenge, d. h. unterhalb ca. 0,52 at abs nicht mehr voll erreicht wird. Nachströmgeschwindigkeiten von 700 bis 800 m/sk, wie sie moderne Geschosse erreichen und überschreiten, erscheinen überhaupt unmöglich, selbst wenn man von den Strömungsverlusten absieht. Es ist daher berechtigt, anzunehmen, daß an der Geschoßendfläche annähernd der Absolutdruck Null herrscht. Folglich lastet auf dem Geschoß entgegen der Bewegungsrichtung außer dem Verdrängungsdruck, (da die vordere Geschoßprojektion dem Luftdruck ausgesetzt ist) noch die Druckdifferenz zwischen diesem und dem absoluten Nulldruck. Für das Beispiel 1 ergibt sich demnach, wenn man die Druckdifferenz zu 10000 kg/m² annimmt, ein Gesamtwert von

$$P_l = 0{,}19^2 \cdot \pi \cdot 10000 = 1134 \text{ kg}.$$

Demnach folgt die von solchen Geschossen für die Nachströmung aufzubringende momentane Sekundenarbeit aus

$$L_n = \pi r^2 (p_0 - p_r).$$

Für Beispiel 1 würde diese Arbeit mit $p_r = 0$ betragen:

$$L_n = 1134 \cdot 762 = 864100 \text{ mkg/sk},$$

d. h. ca. 3,3 $^0/_0$ des Sekundenwertes der Mündungsenergie. Die Nachströmarbeit ist also für ein Geschoß mit der angenommenen Spitzenform noch größer als die Verdrängungsarbeit.

98. Darstellung der Strömung hinter einem glatt abgeschnittenen Geschoß.

Wegen der Ähnlichkeit der Strömungserscheinungen hinter einem glatt abgeschnittenen Geschoß mit denen der Zuströmung zu einer Mündung in dünner Wand, sei eine graphische Darstellung der Strömung hinter dem Geschoß versucht. Streng genommen ist dieses mit einer Mündung Fig. 2 zu vergleichen, die in das Ausströmgefäß hineinragt. Wegen der Unsicherheit des Einflusses der vor der Geschoßendfläche befindlichen Luftmenge sei diese aber vernachlässigt und angenommen, daß nur der halbkugelförmige Raum hinter dem Geschoßende die Nachströmmenge liefert. Dann ergibt sich das Strömungsdiagramm Fig. 147. Die Luft ist zentral zum Mittelpunkt

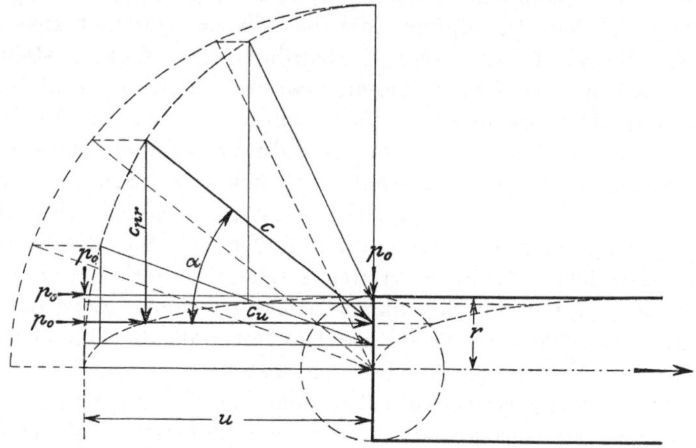

Fig. 147. Nachströmung hinter einem glatt abgeschnittenen Geschoß.

der Endfläche zuströmend gedacht. (In der Fig. punktiert gezeichnet.) Die einzelnen Strahlen c sind von ihrem Treffpunkt auf die Zuströmhalbkugel vom Radius r in axialer Richtung bis an die Fläche verschoben. Jeder Strahl liefert eine axiale Nachströmkomponente $c_u = c \cos \alpha$ und eine normal hierzu gerichtete $c_{pr} = c \sin \alpha$. Letztere wirkt einer zweiten gleichgroßen am Strömungsumfang diametral entgegen und erzeugt dadurch einen Kompressionsstoß, wodurch die Luft in der Geschoßbahn verdichtet und zu zentral auslaufenden Heckwellen reflektiert wird. Außerdem wirkt auf sie in Richtung u der Luftdruck $\sim p_0$ der bereits wieder in der Geschoßbahn befindlichen Luft. Dieser Gegendruck p_0 und der erwähnte Kompressionsdruck bewirken eine Vergrößerung der c_u-Komponenten dahin, daß nach dem äußeren Geschoßrand hin auch die Komponenten c_{pr} mehr und mehr nach Richtung c_u umgelenkt werden. Sie vergrößern also die idealen durch die punktiert gezeichnete Halbellipse mit der großen Halbachse $= u$ und der kleinen $= r$ dargestellten $c_u =$ Werte. Der Einfluß dieser Umlenkung auf den Endzustand der Luft an der Geschoßendfläche ist, wie der Umlenkungsverlust der Mündung in dünner Wand, unökonomisch und ist rechnerisch kaum zu verfolgen.

Als Endgeschwindigkeit und Enddruck der nachströmenden Luft resultiert jedenfalls ein Zustand, der über der Endfläche nicht konstant ist und einer mittleren Gefällsgeschwindigkeit c_{ur} entspricht, die größer ist als der Mittelwert der c_u-Komponenten.

Ist die Geschoßgeschwindigkeit größer, als die durch die absolute Luftdruckhöhe der Umgebung mögliche Geschwindigkeit c_{ur}, so vermag die Nachströmung die Geschoßendfläche nicht zu erreichen, und es bleibt dort Luftleere bestehen. Umgekehrt wird die Luft das Geschoß mit einem mehr oder minder großen Absolutdruck erreichen, wodurch zum Ausdruck kommt, daß die vom Geschoß aufzubringende Nachströmarbeit abnimmt.

Man erkennt aus dem Geschwindigkeitsschema Fig. 147, daß sich hinter dem Geschoß durch den Einfluß der sich ändernden Größe und Richtung der Zuström- und Umlenkungskomponenten ein Ringwirbel bilden muß, dessen Drehrichtung innen in Richtung u und außen entgegengesetzt u verläuft. Da durch eine solche Wirbelbildung die Nutzströmung von ihrer idealen Richtung abgelenkt wird, verzögert sie die Herstellung des Druckgleichgewichtes und bedeutet daher einen vermehrten Verlust. Der Ringwirbel behält, wie die Heckwellen, einen annähernd konstanten Abstand hinter dem Geschoß. Innen wird ständig neue Luft zugeführt, deren Geschwindigkeit außen z. T. in Rotationsbewegung übergeht und durch den entgegengesetzt gerichteten Nachstrom vernichtet wird.

99. Nachströmarbeit hinter einem zugespitzten Geschoßende.

Dadurch, daß man dem Geschoß am vorderen und hinteren Ende in Spitzen auslaufende Verjüngungen gibt, erhält es, ebenso wie Schwimmkörper, die Eigenschaften einer negativen, doppelt erweiterten Mündung, die unter einem Gesamtdruckabfall steht, der sich aus dem Überdruck an der vorderen und dem Unterdruck an der hinteren Verjüngung zusammensetzt. Die an den beiden Verjüngungen umgesetzten Energiemengen können einander gleich oder ungleich sein. Für die in Summa aufzuwendende Antriebsarbeit der Strömungen kommt aber nicht, wie bei der positiven Mündung, die Differenz der endgültigen Zu- und Abströmarbeit in Betracht, sondern deren Summe. Es ist zwar, wie bei Schwimmkörpern, möglich, daß die Verdrängungswelle eine nutzbare Rückwirkung auf die Nachströmung ausübt, wodurch ein Teil der Verdrängungsarbeit zurückgewonnen werden kann; im großen ganzen muß aber, da die Hauptkomponente des Verdrängungsimpulses im umgekehrten Richtungssinn zum Nachströmimpuls verläuft, für den Nachstrom erneute Antriebsenergie aufgewandt werden.

Es sei für die Erzeugende die Rotationsform der Nachströmspitze analog der Verdrängungsspitze ein Kreisbogen angenommen, Fig. 148. Wenn man wieder voraussetzt, daß in der Umgebung konstanter Druck und keine Luftbewegung herrscht, dann entsteht an jedem Flächenelement der Nachströmspitze eine tangential zu ihm nach hinten gerichtete relative Zuströmung w_2 der Luft nach dem Verdrängungsraum. Diese mit der Geschoßgeschwindigkeit u zusammengesetzt, ergibt die Größe der absoluten Zuströmgeschwindigkeit c_x. Die Größenordnung von w_2 und c_x ist unbekannt; daher soll c_x normal zum Oberflächenelement angenommen werden, in

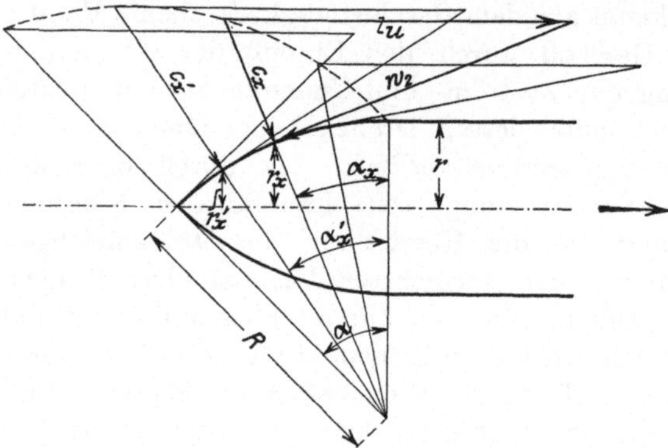

Fig. 148. Nachströmung hinter einem verjüngten Geschoßende.

welcher Richtung es in Wirklichkeit annähernd liegen dürfte. Damit ist das Geschwindigkeitsdreieck der Nachströmung für die angenommene Form bestimmt, und die Möglichkeit einer angenäherten Berechnung des Nachströmdrucks gegeben. Die Größe c_x ist bestimmend für den Druckabfall unter den Atmosphärendruck, der am Flächenelement dF_x eintritt.

Nach Abschnitt 71 kann man den Näherungswert des Druckabfalls $(p_0 - p_2)^{0,695} = p_x{}^{0,695} = c_x$ setzen[1]), folglich:

$$p_x = c_x{}^{1,439}.$$

Die Integration des Druckabfalles:

$$P_a = \int_0^\alpha 2\,\pi\, r_x\, R \sin \alpha_x\, p_x\, d\,\alpha_x$$

ergibt dann, da $c_x = u \sin \alpha_x$; $c_x{}^{1,439} = u^{1,439} (\sin \alpha_x)^{1,439}$:

---

[1]) Die Potenz 0,695 ist willkürlich interpoliert.

$$P_a = 2\pi R^2 u^{1,439} \int_0^\alpha [\cos\alpha_x (\sin\alpha_x)^{2,439} - \cos\alpha (\sin\alpha_x)^{2,439}]\, d\alpha_x$$

$$= \frac{2\pi r^2}{(1-\cos\alpha)^2} u^{1,439} \left[\frac{(\sin\alpha_x)^{3,439}}{3,439} - \cos\alpha \left\{\frac{(\sin\alpha_x)^{3,439}}{3,439} + \frac{(\sin\alpha_x)^{5,439}}{2\cdot 5,439} + \frac{3(\sin\alpha_x)^{7,439}}{2\cdot 4\cdot 7,439}\right\}\right]_0^\alpha .$$

Die Integration von $\int (\sin\alpha_x)^{2,439}\, d\alpha_x$ ergibt sich durch Substitution von:

$$\sin\alpha_x = y\,,$$

$$\cos\alpha_x\, d\alpha_x = dy\,,$$

$$d\alpha_x = \frac{dy}{\cos\alpha_x} = \frac{dy}{\sqrt{1-\sin^2\alpha_x}} = \frac{dy}{\sqrt{1-y^2}}\,.$$

$\frac{1}{\sqrt{1-y^2}}$ läßt für y zwischen $+1$ und -1 in eine konvergente unendliche Reihe entwickeln, und zwar ist:

$$\frac{1}{\sqrt{1-y^2}} = 1 + \frac{1}{2} y^2 + \frac{1\cdot 3}{2\cdot 4} y^4 + \frac{1\cdot 3\cdot 5}{2\cdot 4\cdot 6} y^6 + \frac{1\cdot 3\ldots n-1}{2\cdot 4\ldots\;\; n} y^n,$$

$$\int \frac{y^{2,439}}{\sqrt{1-y^2}} dy = \int \left(y^{2,439} + \frac{1}{2} y^{4,439} + \frac{1\cdot 3}{2\cdot 4} y^{6,439} + \frac{1\cdot 3\cdot 5}{2\cdot 4\cdot 6} y^{8,439} + \frac{1\cdot 3\ldots n-1}{2\cdot 4\ldots\;\; n} y^{n+2,439}\right) dy\,,$$

$$\int \frac{y^{2,439}}{\sqrt{1-y^2}} dy = \frac{y^{3,439}}{3,439} + \frac{1}{2}\cdot\frac{y^{5,439}}{5,439} + \frac{1\cdot 3}{2\cdot 4}\cdot\frac{y^{7,439}}{7,439} \cdots .$$

Durch Einsetzen von $y = \sin\alpha_x$ folgen die in der obenstehenden Lösung der Formel für P_a angegebenen Werte. Die Reihe konvergiert sehr rasch, so daß man sich mit drei Gliedern begnügen kann.

Bezüglich der Unsicherheiten, die diesem Rechnungsgang anhaften und die vor allem in der Unsicherheit der Potenz von c_x liegen, sei ergänzend bemerkt, daß, bei stumpfen Endspitzen, der Wert $c_{x\,max} = u \sin\alpha$ weit über der kritischen Luftgeschwindigkeit liegen kann, so daß dann der Wirkungsgrad der Strömung sinkt.

Durch das Fortlassen der Reihenglieder hinter dem dritten ergibt sich P_a etwas größer als der Idealwert, es wird also dadurch ein Teil der in Wirklichkeit eintretenden Verluste des Vorgangs berücksichtigt.

Beispiel 1.

Es sei das Geschoß Beispiel 1, Seite 239, und seine Nachströmspitze ebenso wie die Verdrängungsspitze, mit $\alpha = 45^0$ und $R = 3,411\,r$

angenommen. Dann berechnet sich der Druckabfall hinter dem Geschoß bei $u = 762$ m/sk zu:

$$P_a = 2 \cdot \pi \cdot 0{,}42 \cdot 762^{1{,}439} [0{,}08829 - 0{,}7071 (0{,}08829 + 0{,}01395 + 0{,}00381)]$$
$$= 492 \text{ kg}.$$

Folglich ist die Nachströmarbeit:

$$L_a = 492 \cdot 762 = 374\,900 \text{ mkg/sk},$$

d. i. nur ca. 43 $^0/_0$ der auf S. 241 für das glatt abgeschnittene Geschoß gefundenen.

Beispiel 2.

Die Länge der Nachströmspitze würde nach dem Beispiel 1: $\frac{S}{2} = R \sin \alpha = 0{,}458$ m betragen, also ausführbar sein. Will man die Nachströmarbeit noch weiter herabdrücken, so muß man auch eine längere Spitze in Kauf nehmen. Setzt man $\alpha = 30^0$, dann wird $\frac{S}{2} = 0{,}709$. Dieses Maß mag schon unbequem groß sein. Man kann aber hier, wie auch beim vorigen Beispiel, das letzte Ende fortfallen lassen und durch eine stumpfe Rundung ersetzen, was wahrscheinlich auch wegen der Wärmeeinwirkungen beim Schuß notwendig ist. Dann wird nur eine verhältnismäßig kleine Fläche ungünstig geformt, deren Wirksamkeit ohnehin ungünstig ist, weil dort die Nachströmgeschwindigkeit größer sein muß, als die kritische, da:

$$c_{x\,max} = u \sin \alpha = 381 \text{ m/sk}.$$

Für $\alpha = 30^0$ berechnet sich:

$$P_a = 2\pi \cdot 2{,}011 \cdot 762^{1{,}439} [0{,}02681 - 0{,}866 (0{,}02681 + 0{,}00212 + 0{,}00029)]$$
$$= 267 \text{ kg}.$$

Folglich ist die Nachströmarbeit:

$$L_a = 267 \cdot 762 = 203\,450 \text{ mkg/sk}.$$

Sie geht damit auf 23,5 $^0/_0$ der für das glatt abgeschnittene Geschoß berechneten herunter, oder von ca. 3,3 $^0/_0$ der Mündungsenergie auf 0,78 $^0/_0$.

Berücksichtigt man, daß die Nachströmarbeit während der ganzen Flugdauer dem Energievorrat des Geschosses entnommen wird, so ergibt sich für große Schußweiten eine enorme Steigerung der Treffenergie des Geschosses mit Nachströmspitze gegenüber dem glatt abgeschnittenen.

100. Luftwellenwirkung der Verdrängungs- und Nachströmarbeit.

Sowohl die Verdrängungs-, als auch die Nachströmarbeit äußern sich, abgesehen von den in Wärme umgesetzten Beträgen, als Oberflächenreibung, innere Luftreibung und Wirbelverluste, in Luftbewegungen, die sich nach Art der Wasserwellen im Endlosen verlieren, resp. durch innere Widerstände aufgezehrt werden, wenn sie nicht auf äußere Widerstände stoßen und dort vernichtet oder reflektiert werden. Beide Wellensysteme erscheinen als angenäherte Kegelmantelflächen, von denen die äußere ihren Ursprung, d. h. ihre Spitze, vor der Verdrängungsspitze hat. Ihre Fortpflanzungsrichtung und Geschwindigkeit resultiert irgendwie aus $\Sigma(c)$ und die Richtung der Mantellinien aus $\Sigma(w_1)$.

Ähnlich, jedoch indirekt als Reflex der hinter dem Geschoß zusammentreffenden Nachströmung, entsteht die Heckwelle.

Es ist möglich, aber nicht ohne weiteres zu erkennen, ob die Bugwelle oder ihr Reflex selbst auf die Nachströmung einen wesentlichen Einfluß hat; jedenfalls werden durch sie die Rechnungsgrundlagen für die Nachströmung unsicherer.

101. Ausnutzung der Verdrängungsarbeit für die Nachströmung.

Die Möglichkeiten der Effektsteigerung sind durch Anwendung von Nachströmspitzen noch nicht erschöpft. Da nach den hier entwickelten Anschauungen die Reibungsarbeit nur einen kleinen Betrag der Gesamtverluste ausmacht, kann man unbedenklich die Oberfläche vergrößern, solange sie den Forderungen günstiger Widerstandsformen entspricht. Es muß daher ein weiterer Energiegewinn erzielbar sein, wenn es gelingt, die Verdrängungsarbeit wenigstens teilweise wieder als Nachströmarbeit nutzbar zu machen. Das ist denkbar, wenn man das Geschoß als Hohlkörper, d. h. als positive doppelt erweiterte Mündung, nach Fig. 149 ausführt. Die Luft wird dann nicht nach außen, sondern nach innen verdrängt, also zum Teil im Mündungseintritt komprimiert. Die Kompression entsteht durch eine, vom Arbeitsvermögen des Geschosses zu liefernde Luftbeschleunigung in Richtung u, über dem Querschnitt F_e, in relativ gleicher Weise, wie in Kapitel Windturbinen erörtert. Das Kompressionsgebiet wird sich in gewölbter Form bis vor die Mündung F_e erstrecken und dadurch bewirken, daß ein Teil der Luft nach außen abfließt, während der Rest in eine Geschwindigkeitserhöhung im Querschnitt F_k übergeht. Im vordersten Teil wird folglich Überdruck über den Atmosphärendruck herrschen, der im hinteren erweiterten Teil der Mündung wieder expandiert. Wenn der Austrittquerschnitt F_a denselben Durchmesser hat wie F_e, wird der Enddruck bei F_a niedriger sein, als der Atmosphärendruck, weil ein Teil der Luft vorn überfließt; es ist also noch ein entsprechender Betrag an Nachströmarbeit zu leisten.

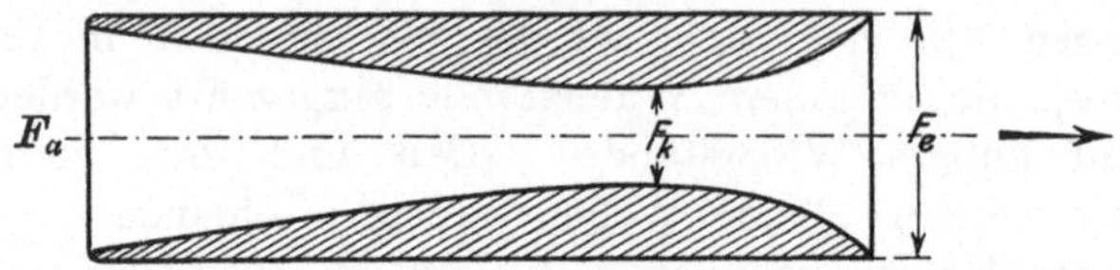

Fig. 149. Ideale Geschoßform für teilweise Ausnutzung der Verdrängungsarbeit für die Nachströmung.

An Hand dieser Überlegungen ließe sich schätzungsweise berechnen, welchen günstigsten Durchmesser der Querschnitt F_k erhalten muß.

Praktisch wird die Geschoßform Fig. 149, sowohl wegen der Beanspruchung beim Abschießen, als auch beim Auftreffen auf das Ziel, nicht brauchbar sein. Wohl aber dürfte sich ein brauchbares Geschoß ergeben, wenn man seine Form als Kompromiß zwischen dem Voll- und dem Hohlgeschoß ausführt, s. Fig. 150. Die Zeichnung ist ohne weiteres verständlich. Das Geschoß erhält eine sehr widerstands-

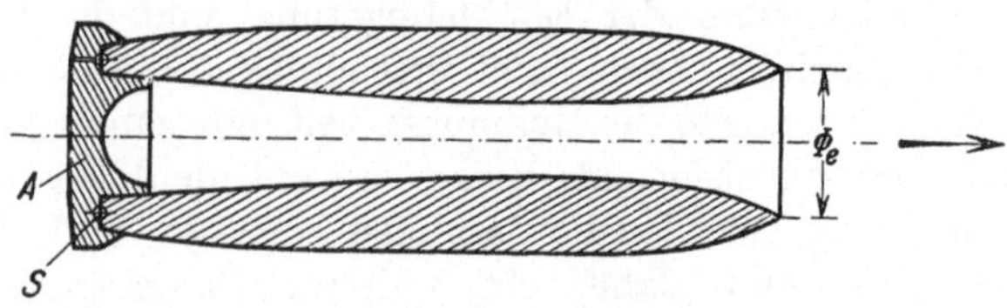

Fig. 150. Praktisch brauchbare Umwandlung der Form Fig. 149.

fähige Treffkante und wird auf das Ziel (Panzerplatten) mit dem Durchmesser ϕ_e als Stanze wirken, und nur der außerhalb von ϕ_e liegende Querschnitt hat Verdrängungsarbeit zu verrichten, während ein Vollgeschoß im Ziel das Material seines ganzen Querschnitts durch Deformationsarbeit verdrängen muß.

Der für den Abschuß eines Geschosses Fig. 150 erforderliche Verschluß der Höhlung ist durch die Platte A gedacht, die nach Verlassen des Geschützes durch die ringförmige Sprengladung S relativ nach hinten beschleunigt, also vom Geschoß gelöst wird, ohne aber eine relative Rückwärtsbeschleunigung zu erhalten, die größer ist, als die Absolutbeschleunigung des Geschosses, so daß die Platte für den Abschußort keine Gefahr bildet.

102. Mittel zur Erhaltung der Geschoßaxenrichtung.

Bei einem hinten gerade abgeschnittenen Geschoß liegt der Schwerpunkt der Luftwiderstandskräfte vor dem Geschoßschwerpunkt. Ein solches Geschoß ist daher während des Fluges im labilen Gleichgewicht, d. h. bei der geringsten Abweichung des Widerstandsschwerpunktes aus der Flugbahntangente, die schon wegen der gekrümmten Form der Flugbahn immer vorkommen wird, tritt ein Umkippen des Geschosses ein. Diese Erscheinung hat zur Erfindung der gezogenen Geschütze und Gewehre geführt, durch die eine Rotation des fliegenden Geschosses herbeigeführt und eine, auf der Gyroskopwirkung beruhende Erhaltung der Axenrichtung parallel zur Geschützaxe gesichert wird. Infolge der Krümmung der Geschoßflugbahn tritt bei einem solchen rotierenden Geschoß ein vorn nach oben drehendes Moment der Widerstandskräfte auf, auf das die Gyroskopwirkung bei Rechtsdrall mit einer Rechtsabweichung, bei Linksdrall mit einer Linksabweichung des Geschosses von seiner senkrechten Flugebene reagiert. Durch die Rotation wird also einerseits die Treffsicherheit des Geschosses beeinflußt, andererseits eine erhöhte Beanspruchung des Geschützes bewirkt, weil dieses dem Geschoß zusätzlich zur Mündungsenergie die Rotationsenergie zu erteilen hat, und weil im Rohr durch die Züge ein bedeutender zusätzlicher Widerstand gegenüber dem glatten Rohr zu überwinden ist. Wenn es daher gelingt, die Axenrichtung der Geschosse ohne Anwendung des Dralls zu erhalten, können diese Nachteile beseitigt, und mit dem gleichen Energieaufwand kann eine größere nutzbare Geschoßenergie erzielt werden.

In dieser Beziehung ist das Geschoß mit Nachströmspitze ohne weiteres dem glatt abgeschnitten überlegen, denn der Gewichtsschwerpunkt rückt, auf die Gesamtlänge bezogen, weiter nach vorn, der Schwerpunkt der Widerstandsfläche, wozu offenbar auch die Fläche der Nachströmspitze zu rechnen ist, weiter nach hinten. Ein solches Geschoß kann also an sich Flugstabilität besitzen; wenn es nicht der Fall ist, läßt sich diese Eigenschaft durch Anbringung einiger, nur geringen Widerstand leistender Steuerflächen am hinteren Ende erzielen, außerdem dadurch, daß der Gewichtsschwerpunkt durch Hohlräume im hinteren Geschoßteil möglichst nach vorn verlegt wird.

Es ist auch denkbar, bei einem solchen Geschoß mittels glatten Geschützrohres die Gyroskopwirkung zur Unterstützung der Geradlaufwirkung heranzuziehen, wenn man den Steuerflächen selbst etwas Drall gibt, durch die das Geschoß während des Fluges ein Drehmoment entwickelt und mit zunehmender Flugstrecke die Geschoßrotation einleitet. Dann würde immer noch der Vorteil der Anwendbarkeit glatter Geschützbohrungen gewonnen.

103. Reibungskoeffizienten für Luft.

Die Unterlagen für die nachfolgend berechneten Koeffizienten wurden als Gelegenheitsresultat während der Messungen an einer großen Reibungswasserbremse gewonnen. Sie können nicht als einwandfreie Zahlen gelten und müssen sich wahrscheinlich bereits einer Modifikation unterwerfen, wenn man ihre Übereinstimmung mit anderen zuverlässigeren Messungen untersucht.

Die Bremse besitzt acht vollkommen überdrehte, aber nicht geschlichtete Scheiben von außen 25 mm Dicke und 3500 mm Durchmesser. Um ihren Wasserwiderstand zu erhöhen, hat jede Scheibe 560, in konzentrisch angeordneten Reihen gebohrte Löcher von 40 mm Durchmesser. Die äußerste Reihe ist 150 mm vom Rande entfernt. Durch diese Löcher wurde eine Steigerung der Wasserbremsleistung von ca. 80 Proz. über die der glatten Scheibe erzielt. Jede Scheibe ist von der benachbarten durch eine Zwischenwand des Gehäuses getrennt.

Die Messung des Luftwiderstandes ohne Wasser in den Kammern und bei geschlossenen Auslaßschiebern ergab folgende Resultate:

Tourenzahl n pro Min.	Scheibenumfangsgeschwindigkeit auf 3 m ∅ m/sk	Luftbremsarbeit PS_r	Reibungskoeffizient μ
104	16,32	1,248	0,00000479
200	31,4	7,2	0,0000144
300	47,1	20,7	0,0000275
400	62,8	45,6	0,0000455
445	69,9	60,0	0,0000538

Vernachlässigt man den Einfluß der Welle und des äußeren Scheibenumfangs und nimmt man für den auf der Scheibenoberfläche herrschenden absoluten Luftdruck den konstanten Wert $p_0 = 10000\ \mathrm{kg/m^2}$ an, dann ist der Differientialwert der Reibungsarbeit:

$$dL_r = 2\, r_x \pi\, p_0\, \mu\, dr_x\, u_x.$$

Da $u_x = \frac{2\, r_x \pi\, n}{60}$ ist, so entsteht die Gesamtarbeit für alle $z =$ 8 Scheiben aus:

$$L_r = \int_0^r 2\, z\, 4\, r_x^2 \pi^2 \frac{n}{60}\, p_0\, \mu\, dr_x = \frac{2\pi^2}{15}\, z\, n p_0\, \mu \int_0^r r_x^2\, dr_x$$

$$= \frac{2\pi^2}{15}\, z\, n\, p_0\, \mu \left[\frac{r_x^3}{3}\right]_0^r = \frac{2\cdot\pi^2\cdot 8\cdot 10000\cdot 1{,}75^3}{45}\, n\, \mu = 188055\, n\, \mu\,.$$

Hieraus folgt:

$$\mu = \frac{L_r}{188055\,n} = \frac{75\,PS_r}{188055\,n} = 0{,}000399\,\frac{PS_r}{n},$$

oder, wenn man u am $\phi = 3{,}5$ m einführt:

$$\mu = 0{,}0000731\,\frac{PS_r}{u}.$$

Danach sind die der Meßtabelle beigeschriebenen Werte von μ berechnet. Die Kurve, die sich hierfür ergibt, folgt ziemlich genau der Form

$$\mu = C\,u^{1,65}.$$

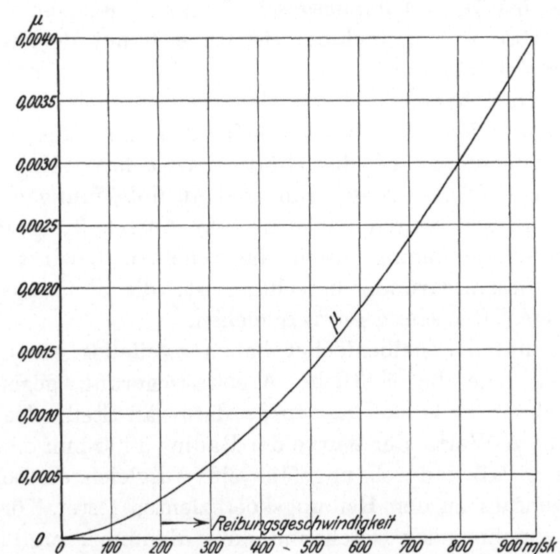

Fig. 151. **Luftreibungskoeffizienten für durchlöcherte Metallfläche.**

Mit Hilfe der Tabellenwerte berechnet sich die Konstante zu

$$C = \mathrm{Num}\,(\lg \mu - 1{,}65 \lg u)$$

$$C = \frac{0{,}04859}{10^6},$$

so daß für μ die allgemeine Form

$$\mu = 0{,}0486\,\frac{u^{1,65}}{10^6}$$

geschrieben werden kann und die der Reibungsarbeit:

$$L_r = F \cdot p_0 \cdot \mu \cdot u = \frac{0{,}0486}{10^6}\,F \cdot p_0 \cdot u^{2,65}.$$

Dieser Formel entsprechen die Kurvenwerte Fig. 151.

104. Kritik der Kurvenwerte.

Wie eingangs erwähnt, können die Werte keinen Anspruch auf Zuverlässigkeit erheben. Die Formel wurde lediglich zu dem Zweck abgeleitet, um wenigstens einen oberflächlichen Einblick in die Größenverhältnisse der Reibungs- und Verdrängungsarbeit von Geschossen ermöglichen zu können, wenn man die Lösung der Frage nach der Luftwiderstandsarbeit von Geschossen auf dem hier eingeschlagenen Weg versucht.

Aus einer zufällig vor Jahren gewonnenen Meßreihe von fünf Punkten, die bis 70 m Umfangsgeschwindigkeit reichen, eine Extrapolation bis 1000 m vorzunehmen, ist an sich mit dem Risiko eines größeren Irrtums verknüpft.

Die Scheiben haben von den Gehäusewandungen einen Abstand von ca. 40 mm. Es ist wahrscheinlich, daß die Nähe dieser Wandungen einen Einfluß auf die Größe von μ hat. Dagegen dürfte das umgebende Gehäuse, dessen Ein- und Ausflußöffnungen bei diesem Versuch geschlossen waren, nahezu eine Ausschaltung der zentrifugalen Luftbeschleunigung durch die Scheiben bewirkt haben, so daß es aus diesem Grunde berechtigt ist, die Reibungsarbeit mit der geradlinigen Bewegung zu vergleichen.

Die erwähnten Scheibenlöcher haben zweifellos wie bei Wasser, so auch hier eine beträchtliche Arbeitssteigerung gegenüber den glatten Scheiben zur Folge. Es wurde dafür an Stelle des Reibungsradius für die μ-Werte der Kurve der Radius 3000 mm eingesetzt, in der Annahme, daß dadurch ungefähr ein Ausgleich entsteht.

Im Gegensatz zu den Reibungskoeffizienten fester Körper, deren Größe mit zunehmender Geschwindigkeit abnimmt, ergibt sich hier das umgekehrte Verhalten. Das scheint aber dem physikalischen Vorgang zu entsprechen, denn sobald auf die Luft eine Reibungskraft ausgeübt wird, tritt eine im Sinne dieser Kraft wirkende Luftförderung ein, deren Geschwindigkeit ebenso wie bei Flüssigkeiten mit zunehmendem Abstand von der Reibfläche sinkt, weil der Schubwiderstand zwischen den einzelnen Luftschichten geringer ist, als der zwischen Luft- und Reibfläche. Letztere hat also nicht nur Reibungsarbeit, sondern im Sinne der Bewegungstangente auch Beschleunigungsarbeit an die Luft zu liefern.

Daraus folgt aber weiter, daß bei konstantem p eine Abhängigkeit von der Temperatur T bestehen muß, weil sich dadurch γ ändert.

Abgesehen hiervon, besteht noch die für jede Reibungsarbeit geltende Abhängigkeit von der Beschaffenheit der reibenden Flächen, so daß eine exakte Darstellung des Luftreibungskoeffizienten ein dreidimensionales Kurvensystem erfordern würde.